〈図説〉生物多様性と現代社会

「生命(いのち)の環」30の物語

Nozomu KOZIMA
小島 望

農文協

1992 年地球サミット「未来世代からのメッセージ」からの抜粋

　大変なことがものすごい勢いで起こっているのに，私たち人間ときたら，まるでまだまだ余裕があるようなのんきな顔をしています．まだ子どもの私には，この危機を救うのに何をしたらいいのかハッキリわかりません．でも，あなた方大人にも知ってほしいのです．あなた方もよい解決法なんて持ってないってことを．

　オゾン層にあいた穴をどうやってふさぐのか，あなたは知らないでしょう．死んだ川にどうやってサケを呼び戻すのか，あなたは知らないでしょう．絶滅した動物をどうやって生き返らせるのか，あなたは知らないでしょう．そして，今や砂漠となってしまった場所にどうやって森をよみがえらすのか，あなたは知らないでしょう．どうやって直すかわからないものを壊し続けるのはやめてください．

セヴァン・スズキ　当時 12 歳

はじめに

　現代が「環境の世紀」と呼ばれながらも自然破壊がいっこうに止まらないのはなぜなのか．この偽看板が通用する矛盾の原因はどこにあるのか．そのような根本的な問題意識を欠いては環境問題を語ることなどできないという思いが，本書を貫く基本姿勢となっている．

　そのため，「環境問題は社会問題である」という認識のもと，一般的に摩擦が大きく複雑とされている題材をも敢えて取り上げて，わかりやすい解説を試みている．また技術的な解決方法や生態学的知識の提供にのみ焦点を当てるのではなく，現代社会の抱える構造的欠陥を明らかにし，問題解決への道筋を示すといった，環境教育関連の授業を意識したつくりとなっている．

　このように，「生物多様性」をキーワードに，科学や産業，市民社会のあり方をめぐる幅広い議論を行なうために作成された本書は，それぞれの題材について，①生物多様性と人とのつながりを，自然・歴史・文化など多面的視点からとらえること，②地域から地球環境への問題のつながりを意識すること，③自然破壊を容認する現代社会システムの歪みを認識すること，のおもに3視点から分析・検証を行なっているのが特徴である．これらの視点をつねに問題意識のなかに留めておくことが，総合的な考察力や思考力，さらに想像力や創造力を養う訓練となっていくと考えている．

＊

　本書の章構成は，以下のようになっている．
　第1章では，生物多様性の概要および生物多様性科学の基礎を説明している．
　第2章では，森・川・海などにおける代表的な生態系を，個々に切り離して扱い，必要な予備知識の提供をしている．それによって，次章以降の各生態系同士のつながりが認識しやすくなっている．

第3章では，生物多様性を損なわせている種々の事例を取り上げ，その根底には必ず他者を犠牲にする社会システムが働いていることを示している．

　第4章では，まとめとして，人と自然との持続的なかかわりを阻害する原因を浮き彫りにしつつ，地域の問題がつねに地球規模の問題とつながっていることを示すとともに，生物多様性と人とのあるべき関係や，あるべき姿を問うている．

*

　人と自然との共生は，私たちに投げかけられた今世紀最大の問いである．私たちの生活は豊かな自然に支えられていることが明らかであるにもかかわらず，経済成長を優先することこそが豊かになるための必須条件であるとの認識がいまだ根強く残っている．このような戦後の日本人の自然に対する価値観は，自然への理解力や共感力不足，無関心によってつくられてきた感が否めない．加えて，古くから地域共同体社会がもっていた，人と人，人と自然との「かかわり」や「つながり」が崩壊しつつあることが自然観の歪みに拍車をかけていると考えられる．

　つねに何かに支えられ，何かを支える関係性は，自然界と人間社会のいずれにおいても生命活動の基本であることに変わりはない．したがって，新たな「かかわり」や「つながり」を模索し，「生命（いのち）の環」を構築し直すことが生物多様性を守るための有力な方法に結びついていくのではないか．同時に，歪んだ自然観を正し，有効に機能しなくなった社会制度や組織を見直すための議論を可能とする環境教育を確立することが求められる．そのためには，「弱者の視点」で物ごとをとらえ，「小さな生命の鼓動」に耳を傾け，「時の積み重ね」を感じ取る想像力を備え，生命のつながりが絶たれようとしている「声なきものの代弁者」となって，問題が生じている現場を基本に行動できる人材の育成が必要となる．

　本書が，現実社会の不合理を打破できる人たちをひとりでも多く生み出すきっかけとなることを，そして生物多様性保全のための提案書代わりとなることを願ってやまない．

　　　2010年8月　　　　　　　　　　　　　　　　　　　　　小島　望

目　次

はじめに　　1

生き物たちはみなかかわり合って生き，生命は循環している
1章　生物多様性とは

生物多様性とは ……………………………………………………………8
私たちが失ったもの，守らなければいけないもの／生物多様性って何？／生物多様性パズル／生物多様性の価値とは／生物多様性と文化の多様性とのかかわり／生物多様性を損なう行為とは

遺伝子の多様性，種の多様性 …………………………………………14
遺伝子の多様性／種の多様性／種の分化

生態系の多様性 …………………………………………………………18
世界のバイオーム／日本のバイオーム

column　生物多様性の宝庫「熱帯多雨林」のシンボル　　23

「共生」から「強制」へ，多様性は急速に失われつつある……
2章　生物多様性を育む生態系

里山 ………………………………………………………………………26
里山にいろいろな生物がいるのはなぜか／都市の犠牲となる里山の自然／里山の自然はなぜ失われつつあるのか

森林 ………………………………………………………………………31
水源涵養と水の浄化／土砂災害，斜面崩壊の防止／生態系保全と精神的安らぎ／緑のダムを検証する／森林生態系ピラミッドの頂点，クマ

河川 36
BODからみる河川の水質汚濁／水の汚れを測る生物／河川工事の弊害／ダムの功罪／縦割り行政の弊害

湿原 45
湿原の仕組み／ヨシ群落と人とのかかわり／渡り鳥における湿地の重要性／ラムサール条約

干潟 50
干潟は巨大な浄化槽／干潟の減少／赤潮の発生／諫早湾干拓事業

サンゴ礁 56
サンゴは植物？動物？／多様性を生み出す秘密／環境変化とサンゴ礁／サンゴの海とジュゴン

column 国敗れて山河なし　　60

身近な生き物たちや見たこともない生き物たちが，私たちの知らない間に姿を消していく……

3章　失われゆく生物多様性

レッドリストと絶滅危惧種 64
種の絶滅が意味するもの／絶滅の原因／レッドリストとレッドデータブック／レッドリストの評価と日本の絶滅危惧種／日本のレッドリストの問題点

生物多様性保全にかかわる国内法 70
代表的な自然保護関連法／法は生物多様性を守ることができるのか

野生生物の保護増殖事業 76
保護増殖事業とは／シマフクロウ／トキ／ツシマヤマネコ

飼育される野生生物たち 82
餌づけの罪／意図しない餌づけが獣害を生む／餌づけが動物を死に追いやるという現実／輸入されるペットたち

生物多様性と農業 90
殺虫剤と生物濃縮／軍拡競争に似た農薬の使用／途上国へ拡大する農薬被害／いろいろな生物と仲良くする農業へ／これからの農業政策

遺伝子組み換え作物 97
遺伝子組み換え作物をめぐる論点／遺伝子組み換え作物混入の表示義務／

カルタヘナ議定書とカルタヘナ法／遺伝子組み換え作物を規制する条例／食用植物の遺伝子多様性の危機／食の安全を一部の企業が独占することの脅威

林業の衰退と森林の荒廃 ……………………………………………………… 105
林業の労働と焼畑農業／外材依存と世界的森林破壊／森林生態系を破壊する大規模林道

捕鯨問題をとらえなおす ……………………………………………………… 112
クジラって？／モラトリアムの背景／鯨肉食品の危険性／捕鯨にみる日本の隠ぺい体質／迷走する捕鯨政策

生態学からみた水俣病 ………………………………………………………… 120
水俣病の最初の被害者たち／患者たちの闘い／悲劇を風化させてはいけない

環境ホルモン …………………………………………………………………… 129
環境ホルモンとは／野生動物への影響／残留性有機汚染物質への対策／環境ホルモン騒動は嘘？

column ロード・キル　　137

多様性の回復とは，人と自然，人と人との「つながり」を取り戻すこと
4章　生物多様性の保全とこれからの私たち

野生生物保護対策にみる日米の比較 ………………………………………… 140
エコロジカル・フットプリント／絶滅危惧種に対する日米の保全策の比較／日米における自然保護団体の会員数の比較

環境アセスメント ……………………………………………………………… 146
環境影響評価法成立の経緯／環境アセスメントの手順／環境アセスメントの問題点／哀・地球博……

自然の権利 ……………………………………………………………………… 155
野生動物は誰のものか／自然の権利とは／日本における自然の権利訴訟と原告適格／アメリカでは自然の権利は認められている？

外来生物が及ぼす影響 ………………………………………………………… 161
外来生物の増加原因／外来生物が引き起こす問題／代表的な侵略的外来生物たち／外来生物法による規制

自然再生 ... 169
自然再生事業とは／「土壌シードバンク」を活用した自然再生／自然再生の試金石「釧路湿原自然再生事業」／自然再生の先駆け「アサザプロジェクト」／自然再生事業への評価

ビオトープをつくるということ ... 179
さまざまなビオトープ／国内であっても外来生物／ビオトープの意義を適切に伝えるには

森は海の恋人，川は仲人 ... 185
海由来栄養物質が森林を育てる／川をめぐる生命のつながりを切断するもの／アイヌ文化に学ぶ「自然との共生」

☆世界遺産 ... 193
世界遺産とは／世界遺産登録のプロセス／自然遺産の現況／世界遺産の課題

温暖化に追われる生き物たち ... 201
温暖化に追われる野生生物／風車の増加とバードストライク／自然エネルギーと原子力発電

最大の生物多様性破壊「戦争」 ... 211
沖縄米軍基地建設がジュゴンに与える影響／戦争による油汚染／戦火に追われる霊長類／ベトナムにおける枯葉剤の影響

生物多様性国家戦略 ... 217
自然保護の高まりとともに／生物多様性国家戦略／なぜ生物多様性を保全しなければならないのか

引用・参考文献　224

あとがき　240

謝辞　241

キーワード索引　242

生き物たちはみなかかわり合って生き，生命は循環している

1章
生物多様性とは

生物多様性とは，時間・空間軸を踏まえた生命の「つながり」を意味する．ただし，生き物だけでなく，土壌や水，空気など無機的なものも含めた存在すべてがその「つながり」を支える一員であることを忘れてはいけない．

生物多様性とは

パズルにたとえられる生物多様性

　私たちの住む地球には，森林，草原，湿地，砂漠，河川，海洋，島々などのさまざまな生態系が存在し，そこでは，さまざまな生き物たちがかかわり合い，互いに影響し合って生きている．それらはすべて，約40億年前の地球で偶然に生じた原始生命体から始まり，その後，長い歴史のなかで進化と絶滅が繰り返され，さまざまな種へと分化し，生命の営みの積み重ねを通じてかたちづくられた結果である．同時に，私たち人間自身もまた，あらゆる生命の積み重ねから生み出された存在であり，自然の一部なのである．

〈私たちが失ったもの，守らなければいけないもの〉

　きれいな水や空気から，食糧を生み出す大地，家や家具をつくる木材，病気を治す薬，心を和ます生き物や景色に至るまで，今の私たちの生活を支えるありとあらゆるものは自然から享受したものである．その意味では，私たちは自然に育まれ，自然に生かされてきたといっても過言ではない．しかし，人間はその恩恵に背を向けて今や破滅の道に進もうとしている．

これまで私たちは，自然があってもなくてもまるで不都合がないかのように生活をおくり，自然の存在価値を正当に評価することも，守る努力も十分にしてこなかった．その結果，経済発展の名のもとに自然破壊や環境汚染が繰り返され，野生生物の絶滅に留まらず，私たち自身までもが有害化学物質による健康被害や，地球温暖化がもたらす急激な環境変化によって存続の危機にさらされている．
　もはや躊躇している時間はない．今，私たちに求められているのは，自然の豊かな恵みを次世代へと引き継ぐ使命に目覚め，大規模な自然破壊を招いたこれまでの社会のあり方を批判し，真摯に反省する視点を養うこと，そして人と自然のつながりを取り戻し，疲弊した自然を回復する方策を考え，それらを行動に移していくことではないだろうか．

〈生物多様性って何？〉

「生物多様性」という言葉を聞いたことがない人は，この言葉からいったいどのような想像をするのだろうか？　生物多様性とは，1986年に昆虫学者のE.O.ウィルソンによってつくられた造語「Biodiversity」が日本語に訳されたものである．1992年にブラジルのリオデジャネイロにおいて開催された「地球サミット」で"生物多様性に関する条約（通称：生物多様性条約）"が採択され，1993年に日本がこの条約に締結[1]したのを契機に，日本でも広く紹介された．しかし，いまだにこの言葉は十分に理解されず，一般に普及しているとはいえない状況にある．実際に，2004年に行なわれたアンケート調査では，「生物多様性という言葉を知っているか」との問いに対して，約7割が知らないと回答したとの結果が出されている[2]（生物多様性国家戦略関係省庁連絡会議，2004）．
　言葉を聞いたことがある人のなかでも，生物多様性の意味を説明できる人となるとさらに少なくなり，ほとんどゼロに近くなる可能性が高い．なぜなら，生物多様性は非常に広く階層的な概念をもっているために，理解するのも説明するのも難しいからだ．言葉が与えるイメージのように，単に生物の種類の多さをいうのではない．生物学的な概念に限定するなら，"長い歴史のなかで変化しながら，互いにつながりをもって生きているさまざまな生物と，それらを支える環境から

1章　生物多様性とは——9

なる全体"を示し、さらに概念を広げると、"人も含めたさまざまな生き物のつながりとそれらを支える環境からなる全体"を示すといってよいだろう。さまざまな生物間の「つながり」が、生物多様性を説明するキーワードと考えると理解しやすいかもしれない。

　生物多様性条約は、生物多様性を遺伝子・種・生態系の3つのレベルでとらえ、生物多様性の保全、それらの構成要素の持続可能な利用、遺伝資源の利用から生ずる利益の公正な配分を目的としている。本条約には190ヵ国が批准[3]している（2008年10月時点：外務省Webサイト）。

〈生物多様性パズル〉

　地球上のあらゆる生き物は、生物多様性があってこそ、そのなかで生きていくことができている。もちろん、私たち人間もこの集合体のなかに組み込まれて生かされている。この様子をパズルにたとえてみよう。パズルはピースのひとつひとつが大切な構成要素であり、それらが互いに組み合わさることによってはじめて絵として成立する。この特殊なパズルのピースは一度失ってしまうと同じものは二つとなく、また新たにつくり出すことはできない。そして、失われた部分が増えて虫食い状態になっていくと、何の絵かわからなくなる。

　つまり、生物多様性は、互いにつながり合い関係し合って成立しているパズルのようなものであり、いったんそれらの結びつきが失われてしまうと、同じものは二度と取り戻すことができない。そして全体として正常に機能しなくなってしまうのである。

〈生物多様性の価値とは〉

　生物多様性は、人類にとってもっとも貴重でありながら、もっとも評価されていない資源といわれている。実際に、私たちの生活が生物多様性によって支えられていることはあまり知られておらず、またそれを意識している人もそう多くはないだろう。たとえば、非常に有名な鎮痛剤のアスピリンは、シモツケソウという植物から抽出された物質が材料になってつくられた薬である（物質が特定され

れば，あとは化学的に調合できる）．このように医薬品の大部分は野生生物由来で，ほかにも，難病を治す薬や強力な抗がん剤が野生生物からつくられている．

　また，農作物の品種改良においても生物多様性の確保は不可欠となっている．現在の数少ない農作物の品種は病害虫の蔓延（まんえん）に弱いため，生産者はつねに農作物の病気に脅かされている．たとえば，かつてインドからインドネシアにかけてイネの病気が広がって壊滅的な被害を被ったことがあった．その際に，その病気に抵抗力のある，それまで利用されたことのなかった野生種とこれまで栽培されていたイネとを交雑させ，病気に強い新たな品種を開発することによって危機を逃れたという有名な話がある（以上はWillson, 1992を参考）．

　以上は，生物多様性が私たちの生活にとって非常に身近であり，その生物多様性を守ることが私たちの生命や生活を守ることにつながっていると理解するのによい例である．しかし，実際には，私たちが利用している野生生物は地球上にある利用可能な膨大な資源のごく一部にしかすぎない．医療分野はもちろん，農林水産業や，そのほかの産業を飛躍的に復興させる力を秘めているものがまだ多く存在しているにもかかわらず，そのほとんどが利用されないまま，名前さえつけられぬまま，知らないうちに地球上から消滅し続けている．

〈生物多様性と文化の多様性とのかかわり〉

　生物多様性と文化の多様性には深いかかわりがある．たとえば，現在使用されている医薬化合物の大部分は，何世紀，何世代にもわたって民間伝承や伝統のなかで受け継がれてきた伝統薬をもとにしてつくられたものが多い．それらはまさにさまざまな地域のさまざまな民族による「叡智（えいち）の結晶」である．ところが，それら伝統薬は近年，原料となる多くの動植物が急速に消滅していくのと並行するように失われてしまっている．つまり，文化の多様性は，生物多様性と密接につながっているがゆえに，ともに失われてしまうのである．このことは，生物多様性が人間の文化や経済活動と密接にかかわっていることを示している．

　人類の歴史が始まって以来，人間はつねに生物多様性とともにあり続けてきた．このような，生物多様性の考え方からすると，開発が進められる際によく議論さ

れる．人間と自然，開発と自然のどちらを選択するかなどといった単純な二項対立図式でのとらえ方は，稚拙であまり意味がないといえるだろう．

〈生物多様性を損なう行為とは〉

　生物多様性が急速に失われつつある原因のほとんどは，私たち人間が引き起こしている．特に，生物多様性に悪影響を与える身近な問題としては，①ダムや道路建設などに代表される野生生物の生息地・生育地を破壊する開発行為，②野生動物との接触に起因する生態系バランスの崩壊や病気の蔓延，③盗掘や違法捕獲，④有害化学物質の使用や遺伝子組み換え作物の栽培，⑤外来生物の持ち込みや放逐，などがあげられる．これらすべてに共通しているのは，人間側の都合がつねに優先され，同じ地球上の生き物に対して何の配慮もしてこなかった結果が今や人間に跳ね返ってきているということである．

　生物多様性の破壊の大部分は国や企業によって引き起こされているが，なかには消費者としての誤った認識が原因となっている場合がある．たとえば，マフラーやセーターに使用する高級毛織物を求めた結果，その材料となるチベットにいる野生の羊アンテロープが密猟され，間接的に絶滅に手を貸してしまっていることや，ペットとして外国から連れてこられたアライグマが逃げ出し（あるいは捨てられ），野生化してさまざまな問題を引き起こしていることなどは，私たちの何気ない日々の行為の積み重ねが，生物多様性を損なう原因をつくったといえそうである．

注）
1）条約や協定，協約などを結ぶこと．
2）2009年の調査〔「環境問題に関する世論調査（平成21年6月）」内閣府Webサイト〕でも「知らない」との回答は6割を超えており，生物多様性という言葉はいまだ市民権を得たとはいえない状態である．
3）条約を国家が正式に認めることをいう．先進国で唯一生物多様性条約を批准していないのはアメリカだけである．これは途上国の遺伝子資源などから得られる利益を公平に分配するべきであるとする条約の趣旨が，自国のバイオテクノロジー産業などの利益に反するためであると指摘されている．

「生物多様性」は，長い歴史のなかでつくりあげられた，さまざまな生物間のつながりと，それらを支える環境からなる全体のことをいう．水や空気，食糧，薬など私たちの生活を支えているほとんどすべてのものは，その生物多様性からの恵みである．

遺伝子の多様性，種の多様性

大きな気候変動や病気の蔓延などの急激な環境変化によって大部分が死んでしまうことがある…

絶滅

しかし，生き残った集団は新たな種の分化につながる可能性も…

遺伝子の多様性はなぜ必要なのか？

　両親がそれぞれの遺伝子を提供し合って子どもをつくる，有性生殖を行なう生物は通常，個体ごとに異なった遺伝的特性をもっている．種の形質が親から子へ遺伝されることを繰り返すうちに，遺伝子情報を司るDNAの複製ミスなどによって，遺伝子がつねに少しずつ変異していくからである．このような遺伝的変異が，集団内あるいは種内で蓄積されていくことによって，新たな遺伝的特性をもつ集団や種の誕生につながっていく．

〈遺伝子の多様性〉
　ヒトという同じ種に属している私たちがひとりひとり違う個性や容姿をもっているように，動植物も同じ種のなかに姿かたちや性質の異なる個体や集団が含まれている．
　生き物は，その種ごとの情報が書かれた遺伝子をもち，親から子へとその情報を受け継いでいく．両親がそれぞれの遺伝子を提供し合って子どもをつくる有性生殖の場合，両親からの遺伝子が半分ずつ組み合わされているため，子どもの遺

伝子は両親とすべて同じになることはない．もちろん，血のつながりのないほかの個体についても遺伝子がまったく同一になることはない．

このように，さまざまな遺伝子の組み合わせ（＝"遺伝子の多様性"）があると，大きな気候変動や病気の蔓延などの急激な環境の変化に対応できる遺伝子をもつものがいて，絶滅から免れることができるといわれている．また，新しい種も遺伝子の多様性のなかから生まれる．つまり，遺伝子のバリエーションが豊富であれば，その生物の生存にとって有利になるというわけである．逆に，遺伝的な多様性が低下すると，地域個体群[1]の絶滅や種の絶滅につながり，ひいては生態系の構造の変化や縮小，崩壊を引き起こすおそれがあり，生物多様性のすべてのレベルに影響が及ぶことになる（生物多様性センター，2001）．

〈種の多様性〉

"種の多様性"とは，さまざまな種が存在することを意味する．その"種"とは，生物を分類するときのもっとも一般的で基本的な単位で，おもに形態学的定義と生物学的定義の2つの方法で定義される（プリマック・小堀，1997）．

形態学的定義では，ある複数の個体から構成されるグループが，ほかのグループと共通する形態的，生理的，生態的特徴をもっているかどうかで区別される．同じであればそれらのグループは同種であり，異なれば違う種と認識される．生物学的定義では，ほぼ形態的

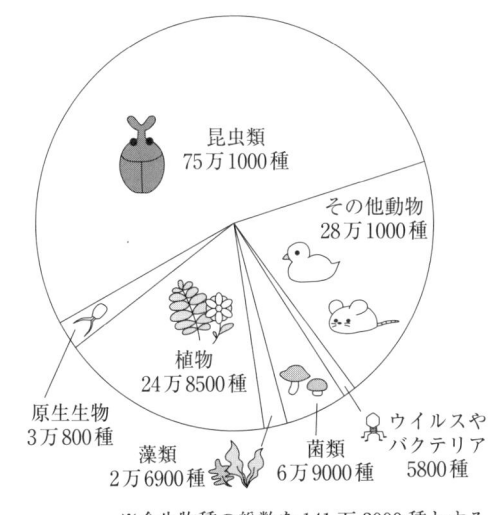

図1-1　現在知られている地球上の生物の種数
（Willson［1992］をもとに作成）

- 昆虫類　75万1000種
- その他動物　28万1000種
- 植物　24万8500種
- 原生生物　3万800種
- 藻類　2万6900種
- 菌類　6万9000種
- ウイルスやバクテリア　5800種

※全生物種の総数を141万3000種とする

に共通したつくりをもった個体の集団で，かつ自然条件下で自由に交配できるような集団（Willson, 1992），つまり，あるグループの個体間で子どもをつくることができれば同じ種であり，できなければ互いに違う種であると区別される．

地球上に存在している生物の種は3000万〜5000万種とも1億種ともいわれているが，現在，科学者によって分類されているものはそのうちの200万種にも満たないとされている（図1-1）．

〈種の分化〉

地球上に生存しているさまざまな生物は，均一に分布しているわけではない．地域によって生息・生育できる生物とできない生物があり，さらに，それぞれの地域の環境に適応して生息・生育している．このような現象はなぜ生じたのであろうか．

生物は，ひとつの種が複数の種に分かれることを繰り返して多様化してきた（種の分化）．そうすることによって，新しい環境にすめるようになり，ほかの生き物が食べられないものを食べられるようになるなど，新しい生活様式を身につけていったのである．新しい食物や環境をうまく利用できれば，生き残れる可能性が高まる．たとえば，ハワイミツスイ類のくちばしの形は，それぞれの食物に対応して種が分かれていったことを示している（図1-2）．また，

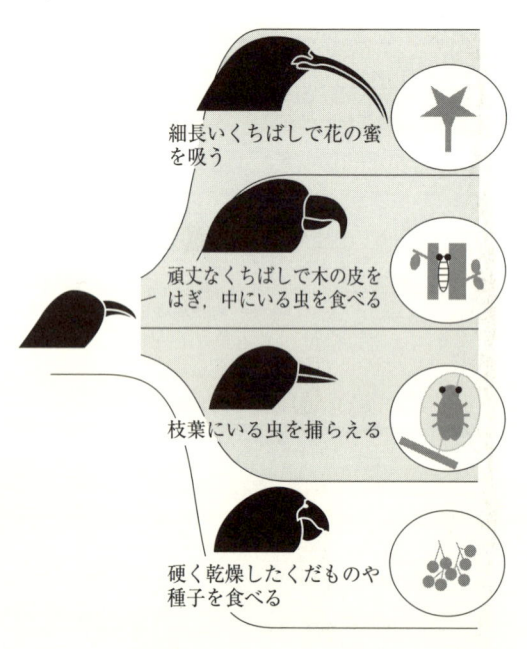

図1-2 食物に対応してさまざまなくちばしをもった種へと分化したハワイミツスイ類
（フツイマ［1991］をもとに作成）

1つの種の分布域が何らかの理由で地理的に分断されることによって，種が分化することもある．分断（隔離）された集団間で遺伝的な交流がなくなり長い年月を経ると，集団間で遺伝的な格差が広がっていき，その結果，互いに独立した種へと分かれていく．このように新しい種が誕生するには100万年単位の時間が必要と考えられている（岩槻，2003）（図1-3）．

　長い進化の結果として生み出された種は，それぞれの環境のなかでほかの種とさまざまなつながりをもちながら，固有の役割をもつようになっていく．したがって，私たち人間が引き起こしたたった1種の絶滅が，互いに支えあっていた生命の連鎖を次々と切断していき，結果的に地域の生物を一気に崩壊に導いてしまう危険性がある，ということを知っておかなければならない．

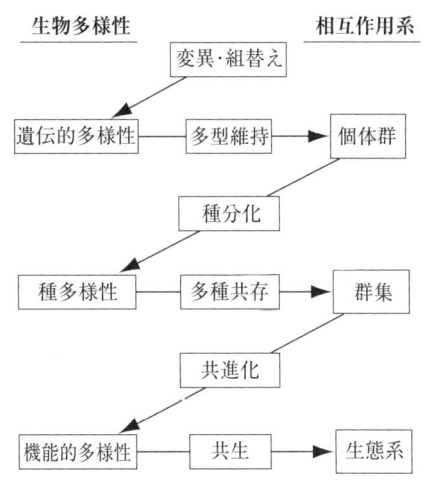

図1-3　生物多様性の階層（東［1998］より）

　さまざまな遺伝の違い（遺伝的多様性）をもったひとつの種の個体群が別の種に分かれていき（種分化），種の多様性が生じていく．さまざまな種が共存することによって群集がつくられ，そのなかで，競合・共存が起こり影響し合うことによって，あるいは同環境に適応することによって，さまざまな機能をもつ形質へと変化し（機能的多様性），そのような多様化した機能をもつ生物が共生することによって生態系を形成していく．

注）
1）ある地域に生息する同種の個体の集まりをいう．同じ種内であっても，遺伝的あるいは生態的特性に地域差がみられる場合がある．

　遺伝子のバリエーションの豊富さがさまざまな環境変化に対応できる個体を生み出し，さらにはそれが新種の現出へとつながっていく．長い進化の結果として生み出された種は，それぞれの環境のなかで，ほかの種とさまざまなつながりをもちながら，固有の役割をもつようになっていく．

生態系の多様性

生態系は,「ある一定の空間にすむさまざまな生物の集まり（生物群集）と，その周りの大気，水，土壌など（無機的環境）からなるシステム」と定義される．換言すれば，生態系とは，植物，動物，そして微生物と，土壌，水，空気などが相互に関係をもって成り立っている空間ということができる．したがって，その空間的な範囲は，大きくも小さくもとること（さまざまなスケールに区分）ができ，

生態系の多様性——さまざまな環境にすむ生物たち

明確な境界線を引くのは困難である．

このような"生態系の多様性"をわかりやすく図示する概念として，動物と植物を統合したバイオーム（生物群系）がある（小池，2003）．これは，気候帯に応じた植生と動物の分布を合わせた生物地理学的な概念で，気候に応じて分けられた生態系に含まれる生物群集（ある生態系において相互関係をもつ生物のまとまり）をあらわしている（図1-4　上）．

ただし，それぞれのバイオームでは，今ではかなりの面積が農地や植林地などになっており，元来の自然な生態系が人工的な生態系に置き代えられている場合が多いことに注意が必要である．

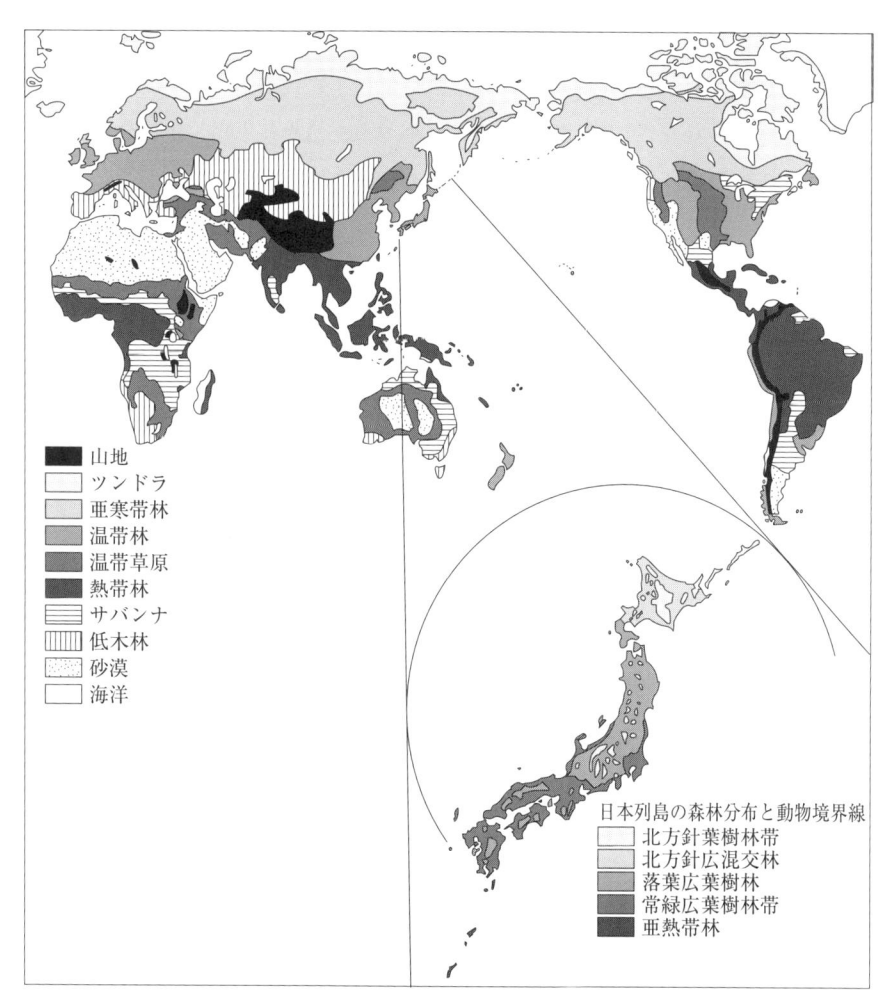

図1-4 世界のバイオーム（上）と日本のバイオーム（右下）（藤巻［1994］とWWFジャパン［1997］を改変）

凡例（世界）：山地、ツンドラ、亜寒帯林、温帯林、温帯草原、熱帯林、サバンナ、低木林、砂漠、海洋

凡例（日本列島の森林分布と動物境界線）：北方針葉樹林帯、北方針広混交林、落葉広葉樹林、常緑広葉樹林帯、亜熱帯林

〈世界のバイオーム〉

　山地，ツンドラ，亜寒帯林，温帯林，温帯草原，熱帯多雨林，サバンナ，低木林，砂漠，海洋といった図示されている世界のバイオームのうち，代表的なバイオームは以下のようなものである（以下は松本，1993：Pullin, 2004を参考）．

1章　生物多様性とは——19

ツンドラ ツンドラは，北極の縁のアラスカ，カナダ，ロシア，シベリア，グリーンランドなどに分布している．年平均気温は1℃以下で，永久凍土（通年にわたって地面が凍っている）に覆われ，一部でコケ類や地衣類，矮性化した（背の低い）植物が生育しているのが特徴である．永久凍土層は，夏になると上部が溶けるため，地表面は湿地状態となる．気温が低く冬季が長く厳しいため，生物は非常に限定されている．変温動物である両生類や爬虫類は生息できず，雪のなかに穴を掘って生活するレミングや，それを捕食するホッキョクギツネやオコジョなどが生息している．

亜寒帯林 亜寒帯林は，ロシア，北アメリカ，ヨーロッパ北部といった北半球の北部に分布している．ツンドラに次ぐ冬の厳しさをもつが，ツンドラに比べると夏季が長く，気温も比較的高いため，夏季と冬季の季節変化が大きくなる特徴がある．針葉樹林が優勢で，リスのような樹上性の動物をはじめ鳥や昆虫にすみかを提供している．数種のクマや大型猛禽類のオオワシ，大型草食動物のムースなどが生息しており，冬季にはツンドラに生息するカリブーやタイリクオオカミのように群れで移動してくる動物もいる．一方で，昆虫から両生類，クマに至るまで多くの生き物が冬眠や休眠をすることによって厳しい冬を生き延びている．

温帯林 温帯林は，日本を含む東アジア，極東ロシア，ヨーロッパ，北アメリカ南東部など北半球下半部を横断するように分布しているほか，ニュージーランドや南アメリカの一部にも点在している．冬季と夏季の境界が明確で，夏季に葉を生長させ，冬季に葉を落とす落葉性の広葉樹林，もしくは1年中葉をつけている常緑広葉樹林が広がっているのが特徴である．亜寒帯林に比べるとより多くの生物が生息し，移動をしない定住性の生物が多くなる．なお，爬虫類はこの温帯林から南方に生息している．

熱帯多雨林 熱帯多雨林は，おもに中央アフリカ，中央・南アメリカ，東南アジアといった赤道付近に分布している．年平均気温が25℃以上と比較的高く安定し，年間降水量が2000mm以上と多く，樹種が豊富で，さまざまな高さの木々から構成されているのが特徴である．特に東南アジアや中央アフリカ，アマゾン流域には地上でもっとも生物の種類が多いとされる熱帯多雨林が発達している．熱帯

多雨林は地表の7%にすぎないが，地球上の半分以上の生物種が生息していると考えられている．昆虫をはじめ樹上性の動物が豊富であり，ゴリラ，オラウータンやチンパンジーなど霊長目の多くも生息している．もともと現在の2倍ほどあったといわれる熱帯多雨林は，近代のゴムやコーヒーなどのプランテーション，牧場開発によって急速に減少している[1]．

熱帯季節林（雨緑林） 熱帯季節林は，おもにインド，ミャンマー，タイ，オーストラリア北部や，南アメリカやアフリカの熱帯多雨林の縁に分布している．年間降水量1000〜2000mm以下で，4〜6カ月の乾季がある．乾季と雨季が明確で，雨季に葉をつける落葉広葉樹で構成されているのが特徴である．植生，動物相ともに熱帯多雨林とサバンナの中間的なものとなっている．

サバンナ サバンナは，東アフリカ，オーストラリア，北アメリカなどに点在して分布している．1年を通してほとんど20℃以下にならず，短い雨季と長い乾季が特徴である．樹木が点在する草原で，草丈の高いイネ科の多年生草本が広く分布する．代表的な動物として，キリンやシマウマ，サイやゾウなどの大型草食動物，ライオンやチーター，ヒョウなどの大型肉食動物が生息している．ダチョウやペリカン，フラミンゴなど鳥類の種類も豊富である．サバンナの成立の要件としては，気候によるものだけではなく，乾季に生じる野火や大型草食動物による被食圧があげられる．

砂漠 砂漠は，中国南部，中東，アフリカ北部と南部，ニュージーランドなどに分布しているほか，南北アメリカやインドにも点在する．陸地の約3割を占める砂漠は，年間の降雨量は200mm以下と少なく，日中の気温は40℃を超えるほど高温で，湿度が低く，昼夜の温度差が大きく，強い日射が特徴である．一般の植物は生育できないが，場所によって，サボテンに代表されるような乾燥に適応した植物や一年生植物（一年で生活史を終え，乾季に種子で過ごす植物）が，種類は少ないながらも生育している．生息する動物は，フェネックギツネやオオトカゲのように穴を掘るか日陰に避難して日中の強い日射や暑さを避け，冷涼な夜間に行動する．

〈日本のバイオーム〉

　日本のバイオームは全体的には温帯林に当たる．南北に緯度の差が大きく，標高変化も大きな日本列島の特徴から，さらに亜寒帯林から亜熱帯林までの5つのバイオームに細分される（図1-4　右下）．春・夏・秋・冬の明瞭な四季をもち，適度な降水量があることや，大陸と離れて独自の進化を歩んだことなどから，世界のなかでも日本は自然に恵まれ，生物多様性に富んだ国となっている．

注）
1）百瀬（1998）は，熱帯多雨林を守るべきと理由として，①狩猟民族や焼畑民族の生活基盤である，②子孫に残すべき遺産である，③未知の可能性が秘められた遺伝子の宝庫である，④周辺地域の治水や地形維持に重要である，⑤地球規模での物質循環やエネルギー収支の維持に重要である，⑥木材をはじめとする林産物が供給される，などをあげている．

　　生態系とは，植物，動物，そして微生物からなる生物群集と，土壌，水，空気などの無機的環境が相互関係をもって成り立っているシステムまたは空間をいう．気候帯と対応したバイオーム（生物群系）が，生態系の多様性を示すものとしてわかりやすい．

column

生物多様性の宝庫「熱帯多雨林」のシンボル

熱帯多雨林は，大きく3つの地域に分布している（図C-1）．そのうち，現在もっとも広い面積をもつのが中南米地域で約400万km²，次がアジア地域の約250万km²，アフリカ地域の約180km²となっている．そのほか，オーストラリアやマダガスカル島の一部にも，あるていどの面積の熱帯多雨林が広がっている．いずれの地域も，開発行為や人間活動の拡大によって，その面積は急激に減少の一途をたどっている．

図C-1　1980年時の世界の熱帯多雨林の分布と10年後の面積の変化（前田［1996］より）

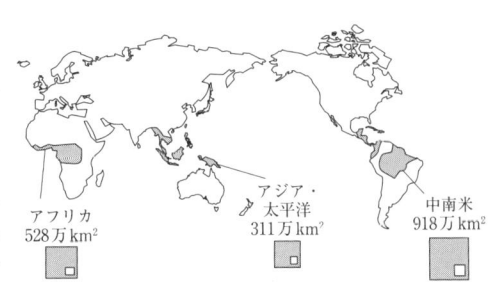

アフリカ 528万km²　アジア・太平洋 311万km²　中南米 918万km²

大きな四角形と数字は1980年時の面積，内部の小さな四角形はその後10年間に失われた面積をあらわす．

陸上でもっとも生物多様性の高い場所である熱帯多雨林の消失は，そこにすむ膨大な数の生物の消失へとつながっている．近年，熱帯多雨林における生物多様性の危機的状況を知るための手がかりとして，私たちヒトの遺伝子と96％以上を共有する，チンパンジー，ボノボ，オランウータン，ゴリラなどの大型類人猿の個体数の増減が注目されている．これらの動物の，摂食・営巣行動や，遊びなどを通じて木々の枝を折る行動が，森林内に光を呼び込んで林内のさまざまな植物の生長を促し，さまざまな果実を食べる行動が森林を構成する植物の種子分散を助けるなど，熱帯多雨林の生態系を維持するのに欠かせない独特かつ重要な役割を果たしているからである．熱帯多雨林の消滅や悪化を反映するかのように，私たちにもっとも近い親戚であるこれらの大型類人猿は現在，生息地破壊をはじめ，エボラ熱の蔓延，ペットや食用のための密猟や密輸などによって絶滅の危機に瀕し，20世紀初頭から比べるとその数を90％も減少させたといわれている（図C-2）．

1900年：200万頭
1960年：100万頭
2003年：17万2,000～30万1,000頭
赤道ギニア共和国のチンパンジーの推定総数
1989～90年：990～2,450頭

Source: World Atlas of Great Apes and their Conservation. UNEP-WCMC, 2005.

図C-2　チンパンジーの推定総数（Barry［2006］より）

「共生」から「強制」へ，多様性は急速に失われつつある……

2章
生物多様性を育む生態系

　人間の開発行為が，生物多様性を崩壊させる最大の原因となっているのは間違いない．自然との「共生」をいいながら人間の都合のみを優先し，自然への配慮をせずに開発を進める現代社会の姿勢は，「共生」ではなく「強制」でしかない．
　生息環境の破壊は，多くの生命のつながりを地上から一瞬にして消滅させてしまう．近年，その代償措置と称する，動植物の移動・移植や代替地の造成が容易に行なわれがちとなっている．生命のつながりを人為的につくり出そうとする，あるいは既存のつながりを切断して新たに結びつけようとするこの試みは，単に人間側の意図を押しつけているだけではないだろうか．「生命のつながり」を再生させることよりも，そのつながりを切らずに維持する努力を何よりも優先とすべきであろう．

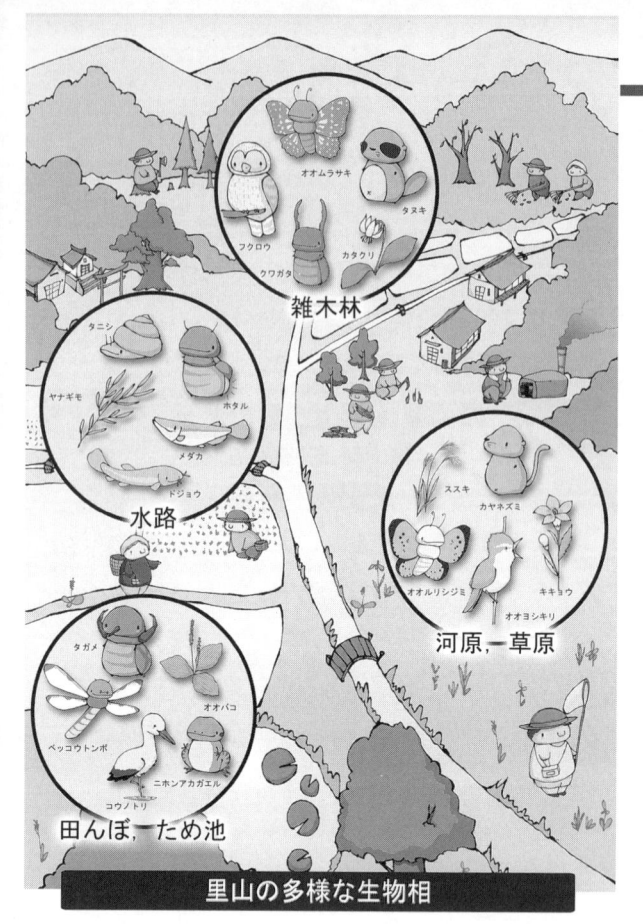

里山

"里山"とは，人と自然とのかかわりによって維持されてきた二次的自然のことを指す．また農耕地や集落の近くにあり，かつての伝統的な農業や暮らしにおいて必要な植物資源の採集に利用された雑木林やマツ林などの里山林（二次林），水田，灌漑水路，畦道，ため池，草地などからなるモザイク状の自然をいう．農地や集落も合わせて里山と呼ぶこともある．

里山の多様な生物相

これまで，里山の自然は，作物を育てるための肥料や水，家畜を養うための飼料，燃料の薪や炭焼き，家屋の建築や補修のための資材集め，日常品や工芸品づくり，保存食となる山菜取りなど，里山の人びとの暮らしを通して維持されてきた．しかし，このさまざまな環境から構成される里山は，開発や土地利用の変化で失われ，農林水産業の近代化や人びとの生活の変化によって利用されなくなるなどして，その多様性は急速に失われつつある．

〈里山にいろいろな生物がいるのはなぜか〉

里山には，地域ごとの異なる伝統的な管理方法に沿って多様な生物相が残され

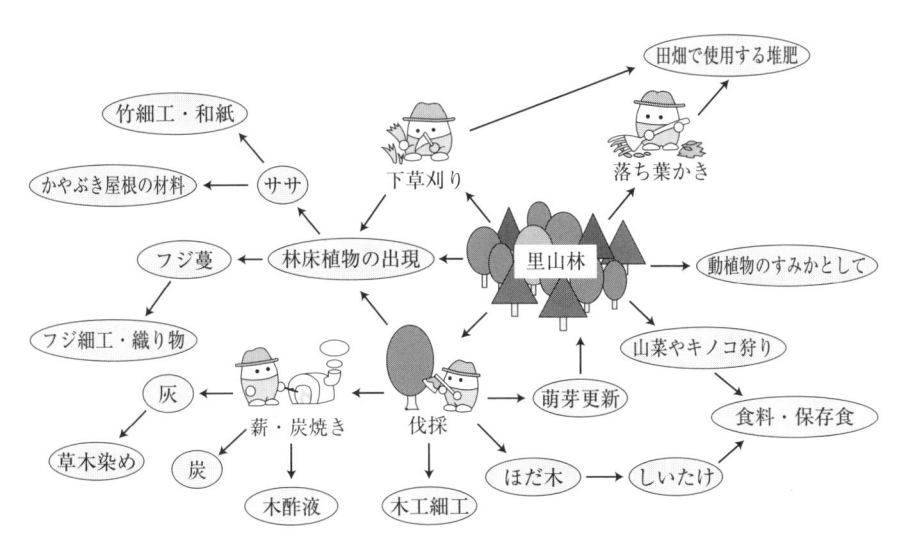

図2-1　里山に住む人びとの日常の営みと里山林とのつながり

てきた．定住してきた人びとが自然と対立して全面的に破壊するのではなく，順応するかたちで自然に働きかけ，うまく利用することによって，自然と人間の共生関係が維持されてきた．たとえば，里山林では，おもに薪・炭づくりや，農業用の肥料をつくるために，間伐や下草刈り，落ち葉かきなどが行なわれるほか，山菜やキノコを採って食料とするなど，人の日常生活と自然との間に「つながり」があった（図2-1）．

有機農法は，管理のまったく行なわれない耕作放棄地や，機械と化学物質によって行なわれる近代農法によって生じた画一的で単純な農地に比べて，適度なかく乱[1]が行なわれるために多様性が大きくなると考えられている（清水，1998）．人間の働きかけ（かく乱の頻度やていど）の違いや多様な環境（特に水辺や森林）との組み合わせによって，多様性はさらに高まる．このような里山の環境のモザイク性が，動植物の生存を高める重要な要因となっているのである．

比較的水深のあるため池には，マコモやヨシなどの水生植物が生育し，灌漑水路の流水に接した土手には，草刈りによって維持されることでリュウキンカやセリなどの多年生草本が生え，水がゆるやかに流れる水路は，バイカモやエビモな

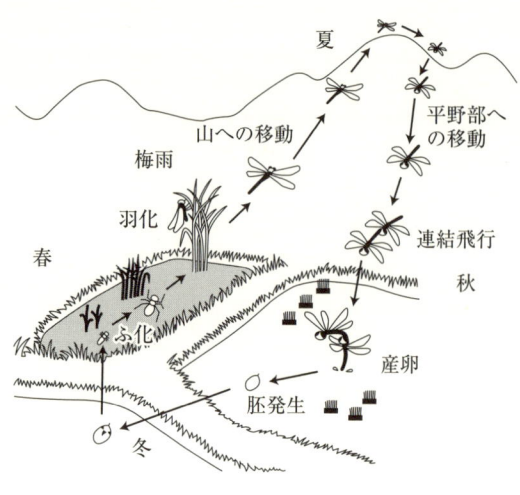

図2-2 アキアカネのライフサイクル（上田[1998] より）

「赤とんぼ」と呼ばれて親しまれているアキアカネは，夏に山へ移動し，秋の水田地帯に戻ってきて産卵する．冬は卵のまま休眠し，春になると孵化し，夏に水田で成長し，梅雨の頃に羽化する．水田の水を張った時期をうまく利用している生物である（上田，1998）．

どの水生植物の生育場所となる．草原は人が草刈りや火入れをすることによって樹木の侵入を抑え，森林とは異なった環境を好む生き物がすむようになる．水田は，田植えの前にはアキアカネ（図2-2）やアカガエルなど北方系の生物が，田植えの後にはゲンゴロウやミズカマキリ，タガメなど南方系の生物が利用するなど，田植え期間の前後で異なる生物相が存在する（守山，1997）．

猛禽類のサシバは，水田を見渡すことのできる斜面の林に営巣し，田植え期には水田周辺でカエル・ヘビ類を，季節の進行

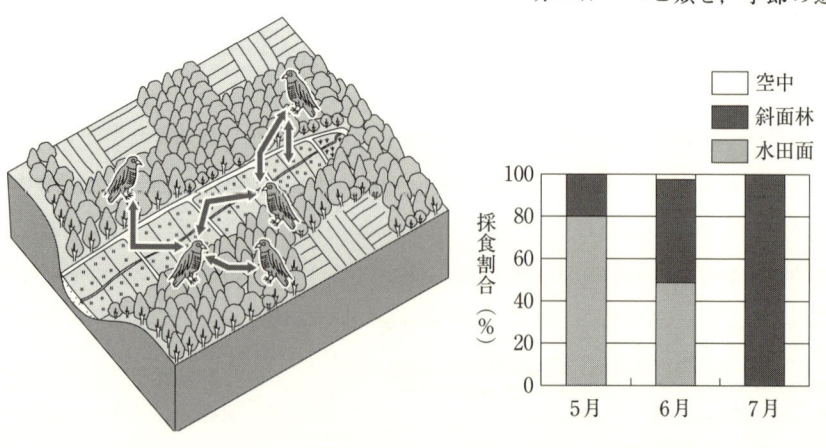

図2-3 谷津田のある里山におけるサシバの採食行動とその季節変化（東[2001] を改変）

にともない周辺の樹林にいる昆虫類を捕るようになっていく（図2-3）．見通しのよい草丈の低い場所を好むサシバは，初夏にはエサが多くて捕りやすい水田を利用し，水田の草丈が高くなってくるとエサの豊富な斜面林へ採食地を変えていくと考えられている（東，2001，2005）．

このように，人間がつくった環境と周辺の自然な環境とが混ざり合い，それに人間の季節ごとの生活様式が合わさることで，多種多様な生き物のすみかが提供されているのである．自然保護というと，一般的には自然に手をつけてはいけないと考えがちであるが，里山の自然や生き物は，人間の継続的な働きかけによって存続し，その生息環境が維持されてきたのである．それらは，つまり，里山に住む人びとの暮らしによって支えられてきたといえる．しかし，里山の大部分はなくなりつつあり，現在，里山の生物は日本の絶滅危惧種[2]のほぼ半数を占めるに至っている（環境省，2002）．

〈都市の犠牲となる里山の自然〉

里山は近年，ゴルフ場をはじめとするレジャー施設用地，宅地造成地，そしてゴミや廃棄物の捨て場と化している（有岡，2004）．特に廃棄物処理の場となることが多く，地域住民にとって深刻な問題となっている．里山がこのようなレジャー施設・迷惑施設の集中や迷惑・違法行為などの隣接する都市のしわ寄せを受ける原因としては，①高齢化や過疎化，休耕田化が進んで里山が人目に触れにくくなってきている，②地域のなかで循環していたものの流れや人のつながりが希薄となり，里山の土地利用における意思統一が図れなくなってきている，③企業による土地の転売・転用の横行に歯止めがかからない，などがあげられる．「水の安全性」といった視点から考えると，里山に存在する大量の不法投棄物や産業廃棄物処理場，ゴルフ場から流れ出る有害物質は，川を通じて都市へとつながっており，決して里山に限定された問題ではない．

〈里山の自然はなぜ失われつつあるのか〉

里山の自然が失われていく原因を探るには，農業技術やその担い手の変化に注

目する必要がある．

　かつての高度経済成長にともない，農業の兼業化（農業のほかに仕事をもつ）や労働力の都市への流出による農山村の労働力不足が生じ，一方では所得増加を目的とした農業の大規模化が進められた．労働力不足を補い，さらに農業規模を拡大するために，農薬や化学肥料の大量使用といった農業の合理化・集約化が急速に進んでいったのである．その結果，人間の働きかけと自然の力とのバランスが大きく崩れ，害虫・病気の大発生や土壌の栄養分サイクルの破綻（地力の低下）を招くことになった．

　今や日本は農薬や除草剤を散布する世界有数の近代農業国となり，里山の農業技術は廃れ，農村景観は劇的に変化または破壊され，水田や畑そのものはもちろん，トンボやホタル，メダカなど里山を代表する多くの生き物が消えていっている．このように里山の自然が失われつつあるのは，農業の過度な効率化・工業化が進み，里山と人とのかかわりが寸断されてしまったためであるといっても過言ではない．

　しかしその一方で，近代農業への反省や農業従事者の健康・安全の確保，所得の安定，コスト削減・品質向上の必要性から，堆肥など地域資源を活かした資材の自給や，減農薬栽培・有機栽培が農家の自発的な取り組みとして始められ，一部自治体では景観や環境に配慮した農業へ転換する政策も始まっている[3]．里山の自然を取り戻すためには，現在の第一次産業のあり方を含め，私たち消費者の生活スタイルを問い直すことが不可欠といえるだろう．

注）
1）ここでいう「かく乱」とは，自然の状態を人為的にあるていど破壊することを示す．
2）66-68ページ参照．
3）95ページ参照．

　農業の近代化や人びとの生活の変化によって，里山に依存して生息・生育する多くの野生生物は絶滅の危機に瀕している．

森林

森林の生態系は，地球上の生態系のなかで特に複雑なもののひとつと考えられ，生物資源，遺伝子資源の宝庫として生物多様性の保全に重要な機能を果たしている．同時に，木材や食糧の供給，水資源の涵養，炭素の吸収や貯蔵など，人間にとっても大切な働きをする．このような森林のもつ公益機能は，日本全体の森林で考えた場合，年間75兆円の価値があるとされている（野口，2001）．

図中テキスト：
- 水と浄水の役割
 ・緑のダム
 （水量調節機能，水資源貯水機能，水質浄化機能）
- ●森林生態系の保全と人間の精神的安らぎを与えてくれる役割
 …大気保全機能，野生鳥獣保護機能，保健・レクリエーション機能
- 間を自然災害から守る役割
 表面侵食防止機能，表層崩壊防止機能，防風雪機能
- 森林の働き

〈水源涵養と水の浄化〉

森林は，大雨が降ると水を地下に蓄えて洪水を防ぎ（＝洪水緩和機能）（図2-4），渇水時にはその水を川に流出させて水量を一定に保つ（＝水量調節機能）．土壌に大量の水を溜め込む働きがあることから「緑のダム」とも呼ばれる（＝水資源貯水機能）．ある林業従事者は，かつて天然林が豊かだった時代の広葉樹に覆われた場所の地面はふわふわしていて歩きにくく，まるで多量の水を含んだスポンジみたいだったと語る．

森林は水を浄化する．雨に含まれた不純物は土のなかで吸着・除去され，各種

のミネラルや酸素などが適度に含まれた安全で味のよい水に変わって流出されるのである（＝水質浄化機能）．

このように，森林は貯水と浄水の役割を果たしている．

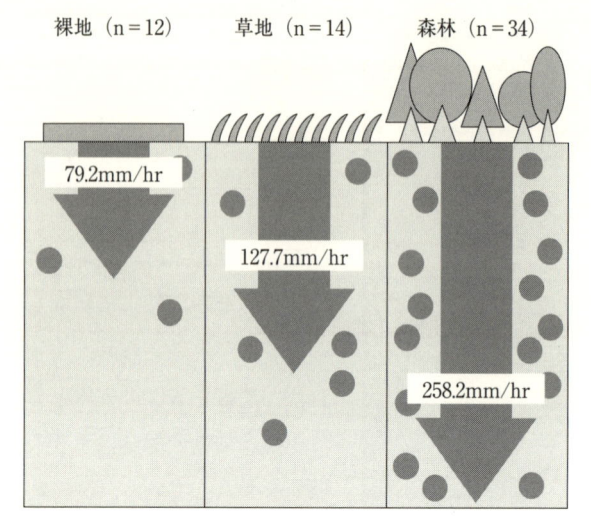

図2-4　植生による浸透能の違い（村井・岩崎［1975］をもとに作成）

森林は，大雨が降った際には水を地下に蓄え，洪水を防ぐ．渇水時にはその水を川に流出させ，川の水量を一定に保つ．森林の土を分厚いスポンジのように考えればわかりやすい．

〈土砂災害，斜面崩壊の防止〉

森林の樹木の枝葉，落ち葉や林床の植物は，地表面を保護する働きによって，地表に当たる雨の勢いを弱めて土砂の流出を防ぐ（＝表面侵食防止機能）．さらに，森林土壌は間隙(かんげき)に富んでいるため，ほとんどの雨水を地中に浸透させて地表侵食を防ぐ（＝表層崩壊防止機能）．また，地中の樹根が発達して表層土を斜面につなぎとめて表層崩壊を防ぎ（＝斜面崩壊防止機能），森林が存在することで強風を弱めている（＝防風機能）．

このように，森林は自然災害から人間を守る役割を果たしている．

〈生態系保全と精神的安らぎ〉

森林は空気を浄化（＝大気保全機能）して，地球温暖化のおもな原因となっているCO_2の吸収や貯蔵を行なう．多くの生物に安全なすみかを与え（＝野生鳥獣保護機能）（図2-5），人間にも安らぎや憩いの場を提供する（＝保健・レクリエーション機能）．

このように，森林は森林生態系を保全し，人間の健康を支え，精神的安らぎを

与えてくれる役割を果たしている．

　間伐や下草刈りなどの森林の整備，針葉樹から針広混交林への転換，林業・炭焼きなどの体験学習，森林機能の学術調査研究などを通じて，野生鳥獣の保護やレクリエーション機能の向上を求める需要が高まってきていることから，今後は従来の木材生産や林業振興のためだけでなく，森林の公益機能を重視した林業政策への転換がさらに求められていくと考えられる．

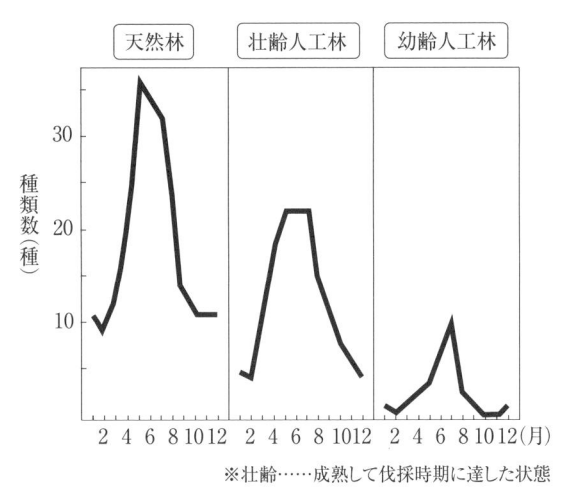

図2-5　天然林，壮齢人工林，幼齢人工林における生息鳥類の種類数の比較（藤巻［1994］を改変）

※壮齢……成熟して伐採時期に達した状態

〈緑のダムを検証する〉

　洪水を防ぐには森林の荒廃を防ぐことが必要である．これまでのような，洪水が起こる＝ダムをつくるといった発想は変わりつつある．ダムによる影響[1]があまりにも大きく深刻であることに加え，森林の治水能力の検証・解明が進められ，莫大な予算を必要とするダム以外の洪水・利水対策が求められていることなどから，「緑のダム」という考え方が生まれてきた．しかし，緑のダム構想には賛否があり，科学的データでは証明し切れない部分もある[2]．特に現在のように間伐などの手入れがなされていない人工林の森林では，林床に草が生えず土壌がむき出しになるため，雨の勢いで侵食されて土砂災害につながり，さらに降雨量が多い場合には，水が染み込まずに地表に流れることによって洪水を引き起こす可能性が想定され，治水機能を十分に検証できないからである．もちろん，緑のダムがあれば万全というものではないが，自然や人間社会に対して膨大な負荷を強い

るダムの建設と，さまざまな治水対策を組み合わせた柔軟な方法（遊水池の設置や水没する耕作地への補償など）とを比較検討し，これまでの「ダムありき」の一辺倒な考え方ではなく，治水対策の選択肢を増やして議論することこそが求められている．つまり，緑のダム構想とは，これまでの河川行政による非民主的なダム建設プロセスへの反省を促し，市民参加や生物多様性保全の視点を取り戻すための象徴といえるだろう．

〈森林生態系ピラミッドの頂点，クマ〉

拡大造林政策[3]によって伐られた広葉樹とその後に植えられた針葉樹の生長が，ツキノワグマやヒグマの生息に深刻な影響を与えていることは疑いようがない．たとえば，ツキノワグマの減少は，エサとなる木の実をつけブナやクヌギなどの広葉樹が伐採されたうえに，密植され十分な間伐がされないままに生長した針葉

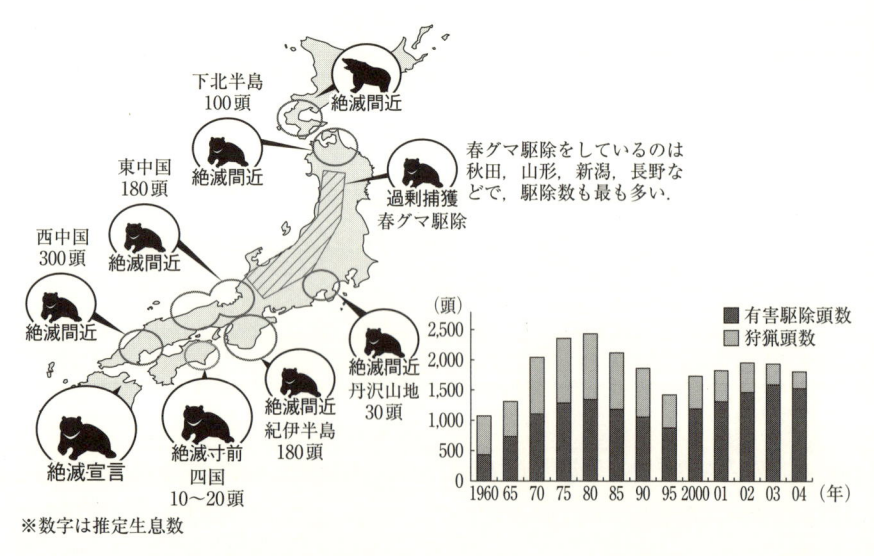

図2-6　日本に分布するクマ（ツキノワグマとヒグマ）の危機的状況（地球生物会議［2006］と朝日新聞［2006］を改変）
　拡大造林に加え，道路開発や宅地開発などによる生息地の直接的・間接的破壊がクマの生息数を激減させている．

樹が日陰をつくり，エサとなるグミやアケビなどが生えなくなってしまったことが原因とされている．食べ物がなくなったツキノワグマはエサを探して人里に下りてきて，農業被害や人身事故を起こし，結果的に駆除されてしまう．

つまり，生態系ピラミッドの頂点として森林の豊かさを示す象徴であるクマの減少は，開発行為による生息地破壊に加え，拡大造林という国の林業政策の失敗が招いたものであり，その意味では「人災」といえる．現在の林業政策や林業経営の見直しがなければ，クマの絶滅は免れられないだろう（図2-6）．さらに，クマの胆[4]の高額取り引きが，クマの違法捕殺や必要のない駆除を助長する誘因になっているとの指摘（石原，2005）も見逃せない事実である．

注）
1）40-42ページ参照．
2）研究が進まない原因のひとつとして，河川上流部のダムにおいて観測されている流入量データを電力会社が公開しないことがあげられる．ダムの流量に関するデータは，ダム建設についての是非や地域住民のライフライン（生命線）に直結する「公益」である以上，「企業秘密」を盾にした公開拒否など決して許されるものではない．
3）60-61，107ページ参照．
4）「クマノイ」とは胃ではなく，胆嚢のこと．古くから薬として重宝されており，同じ重量の金と同じ価値があるといわれるほど高価格で取り引きされている．海外のものも含め一切の取り引きを禁止するか，厳格な流通管理を行なわなければ違法捕獲は止まらない．

森林は水を浄化し，多量な水を貯え，洪水を防ぐため，「緑のダム」と呼ばれる．しかし，その森林を大規模に伐採し，植林した人工林を放置したことで，緑のダムの機能は低下してしまっている．

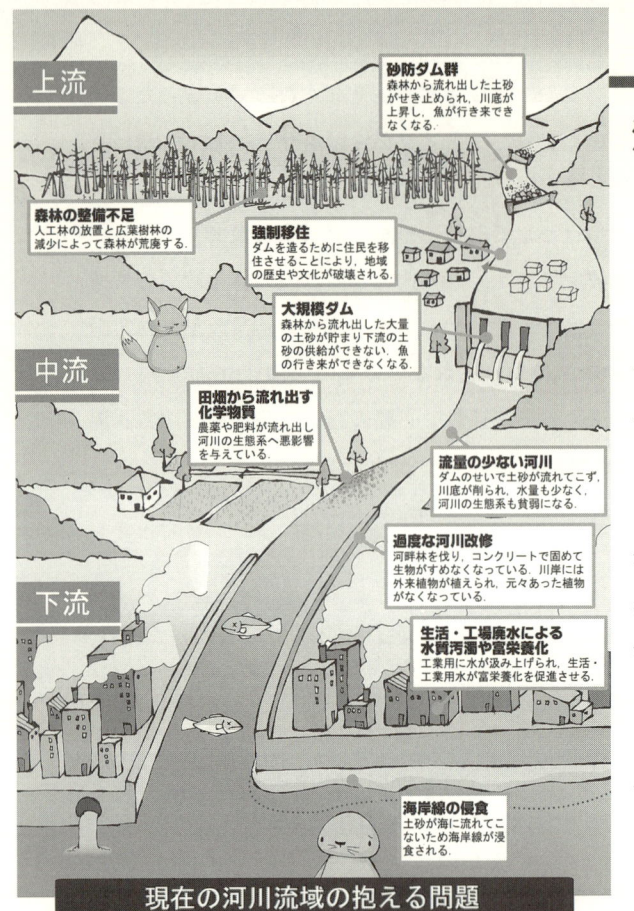

河川

川は，水の湧き出る源流部から，山を下り，街を通り，やがて海へと流れ出る．このことは，「河川」の問題を取り扱う際には，上流部から下流部まで，川につながる水が集まる範囲すべて，すなわち，流域全体を考えなければならないことを意味する．

しかし，日本の河川行政は，流量調節のためにダムを建設し，河川を直線化し両岸をコンクリートで固めて水を封じ込める「治水」と，都市用水，工業用水，農業用水の確保などを目的とする「利水」を最優先し，自然の特性や地域性を考慮しない画一的な河川事業を続けてきた．その結果，大規模な洪水の発生や水質の悪化，河川生態系の破壊といったさまざまな問題が生じ，河川行政は今や明らかに破綻をきたした状態となっている．

〈BODからみる河川の水質汚濁〉

日本の河川は，汚れのもっともひどい時期であった1970年代をピークに，少しずつきれいになってきたといわれている（図2-7）．しかし，大都市付近の河川については下水道処理が追いつかないため，依然としてきれいになったとはいえ

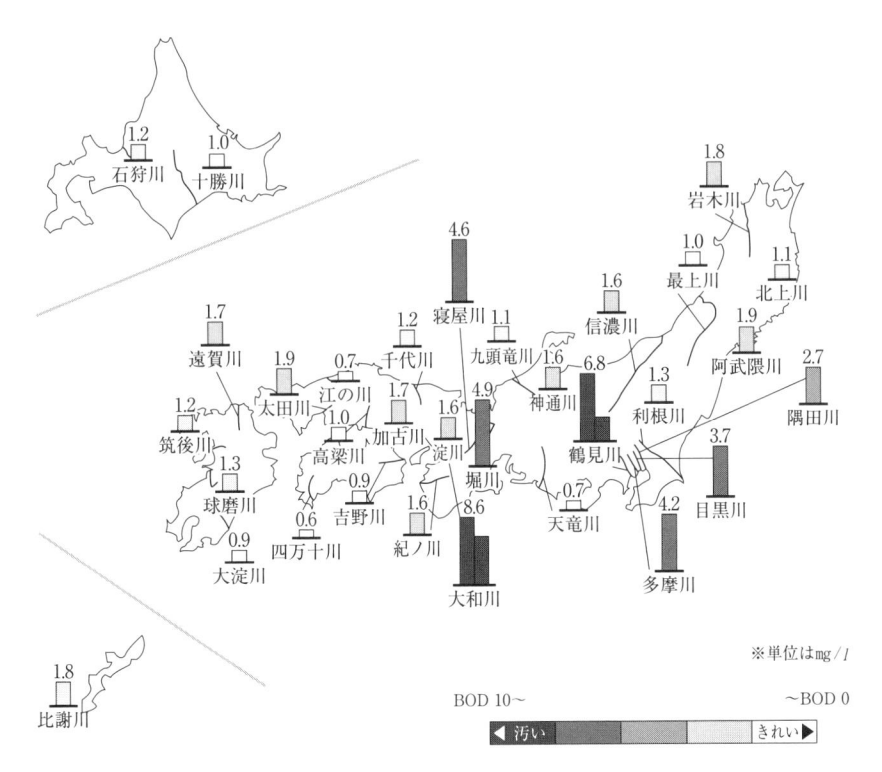

図2-7　全国主要河川の水質汚濁状況（松井［1999］を改変）
　大都市を流れる河川を中心に5 mg/l付近の値を超えている場所があり，依然として汚染がひどい場所のあることがわかる．

ない状況である．河川の水の汚れは，一般的には微生物が水の汚れを分解する際に使用する酸素量を示すBOD（生物化学的酸素要求量）などによってあらわされるが，調べる時間や場所などによっては汚染状況が反映されないため，あくまで目安ていどと考えたほうがよい．下水道や浄化槽の整備，排水規制，クリーンナップ（清掃）運動などによって河川の水質は以前と比べると確かに向上したのかもしれないが，有害物質などの種類やそれらが含まれている量はほとんど調べられていないため，本当の水質の安全性についてはわかりづらくなっている．

〈水の汚れを測る生物〉

水生生物には，生息可能かどうかが水の汚れ（のていど）に大きく影響する種が多くみられる（たとえば久居，1985）．もちろん幅広い水質に適応できる水生生物もいるが，水の汚れに強い生物と弱い生物とにあるていど分けることが可能なことから，特定の水生生物の分布を調べることで水の汚れを判別することができる（図2-8）．

特定の生物を「ものさし」として注目して環境条件を推し量る考え方は，天気の予測，開花や作物の種播きの時期，土壌の状態，動植物の存否や出現など，古くからある．現在でも気象学・農学・地理学・生態学などの視点からさまざまな

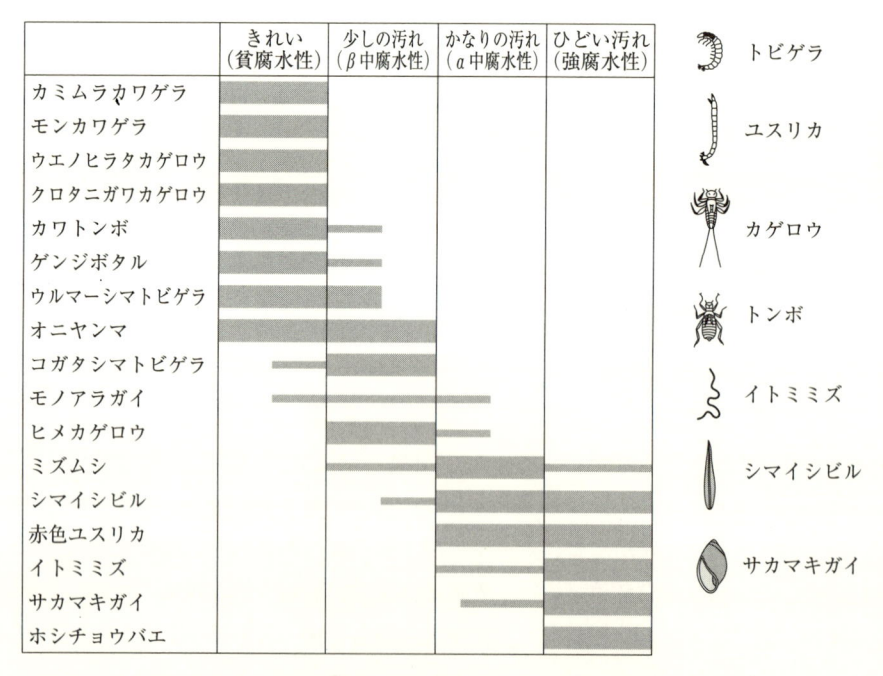

	きれい （貧腐水性）	少しの汚れ （β中腐水性）	かなりの汚れ （α中腐水性）	ひどい汚れ （強腐水性）
カミムラカワゲラ	■			
モンカワゲラ	■			
ウエノヒラタカゲロウ	■			
クロタニガワカゲロウ	■			
カワトンボ	■	■		
ゲンジボタル	■	■		
ウルマーシマトビゲラ	■	■		
オニヤンマ	■	■		
コガタシマトビゲラ		■		
モノアラガイ		■		
ヒメカゲロウ		■		
ミズムシ		■	■	■
シマイシビル			■	■
赤色ユスリカ			■	■
イトミミズ			■	■
サカマキガイ			■	■
ホシチョウバエ				■

図2-8　河川の水質と水生生物の生息分布の関係（久居［1985］を改変）

このような判断基準をつくることで，水質汚濁の状況をあるていど判定することができる．しかし，これらの生物の生息環境は水質のみに左右されるわけではないため，その地域の特性などを加味する必要がある．指標生物は，あくまでも身近な生物を通して「自然環境の重要性への認識を高める」ことにもっとも大きな意味がある．

研究が行なわれ，特に環境アセスメントやモニタリング（継続して行なう監視・調査）における重要な研究対象となっている．このような，特定の生息環境や生息条件の判定に用いられる生物を"指標生物"という．

〈河川工事の弊害〉

河川では，流れの速さや水深の違いによって形成される瀬や淵，中洲と，それらに川底の性質（岩石地や砂礫地，泥地など），植物の存在などのさまざまな要素が組み合わさって，多種多様な環境が生物に提供される．なかでも河川の水際は，トンボやカゲロウをはじめ，カエルやエビなどの水生昆虫や両生類，甲殻類，魚類に至るまでの多くの水生動物にとって，またヨシやマコモ，ヒシなどの水生植物にとって，採食場所や産卵場所，生育場所として非常に重要な場所となっている．しかし，護岸のコンクリート化や河川の直線化などにみられる過剰なまでの河川工事によって，自然のままの姿を見る機会は少なくなっているのが現状である．実際に日本の河川の水際の4分の1以上が人工的に造成された護岸である

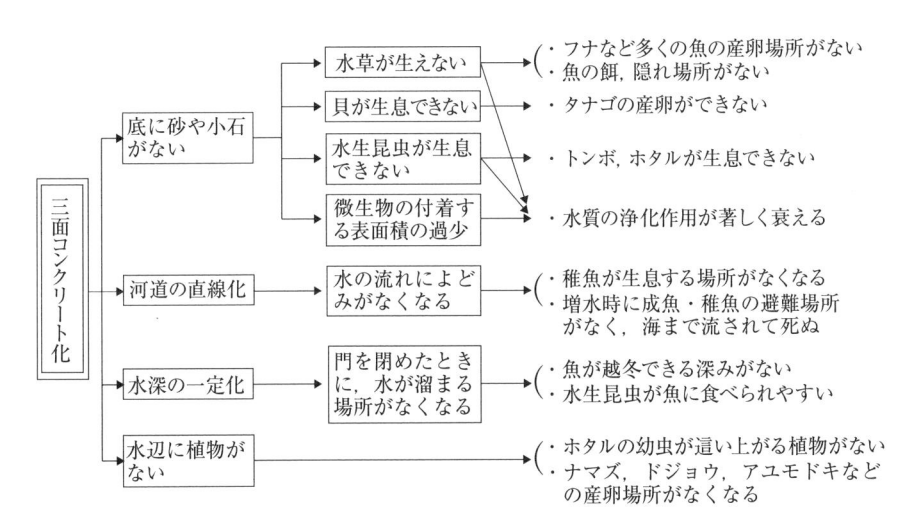

図2-9　河川が三面張りに改修された場合の環境変化（小林［1989］を改変）
　人工護岸化は，水を浄化する生物の生息・生育場所を破壊するため，水質の悪化につながる．

(＝集落が集中する下流部に人工護岸が集中しているため，人目に触れる場所は大部分がそうであると考えてよい）（環境省，2003）．特に川幅が比較的広くない河川では，両岸に加え川底もコンクリートで固める「三面張り」が行なわれ，河川における生物多様性のさらなる低下をもたらした（図2-9）．その結果，単なる排水路と化した河川からは，さまざまな生き物が消えるだけでなく，そこを遊び場所としていた子どもたちの姿も消えてしまうことになった．河川の変化は，河川にかかわる人間の営みをも変えてしまったといえるだろう．

〈ダムの功罪〉

大規模ダムの多くは，高度経済成長以降に，電力や水の供給，流域の水害防止，地域振興を目的としてつくられてきた．国内で設置されているダムの正確な数は把握されていない[1]が，15m以上の完成済みのダムや河口堰だけでも，2545基を数える（国土交通省，2007）．ひとつの河川に数百のダムが設置されているところも珍しくないことから，規模の小さいものまで合わせると，いったいどれほどの数のダムが国内に存在しているのか想像もつかないほどである．

これら莫大な数のダムによる河川環境や人間社会への影響は計りしれない（図2-10）．広い範囲にわたって景色を一変させてしまうほどの甚大な自然破壊に加え，ダム建設による地域住民の生活圏の消失や生活の変化によって，地域文化はもちろん，地域社会そのものが消滅するといった深刻な問題をもたらす（藤田，2004）．

たとえば，ダムは水や土砂の流れを遮断するため，上流部では河床上昇（土砂の堆積によって川底が上昇していく現象）による水害が多発し，下流部では流量の減少や河床低下（川底が掘り下げられて低下する現象）が漁業へ悪影響を及ぼす．さらに下流の河口部では，上流からの土砂をダムで留めてしまうことによって土砂が海岸に供給されずに海岸侵食（海岸線の後退）を起こす．ダムは河川だけでなく，海の生態系まで大きく破壊してしまうのである．

特に生物多様性に与える影響としては，①ダム建設時の調査や工事などによる野生生物の生息・生育地の破壊や悪化，②ダム湖への水没による生息・生育地の

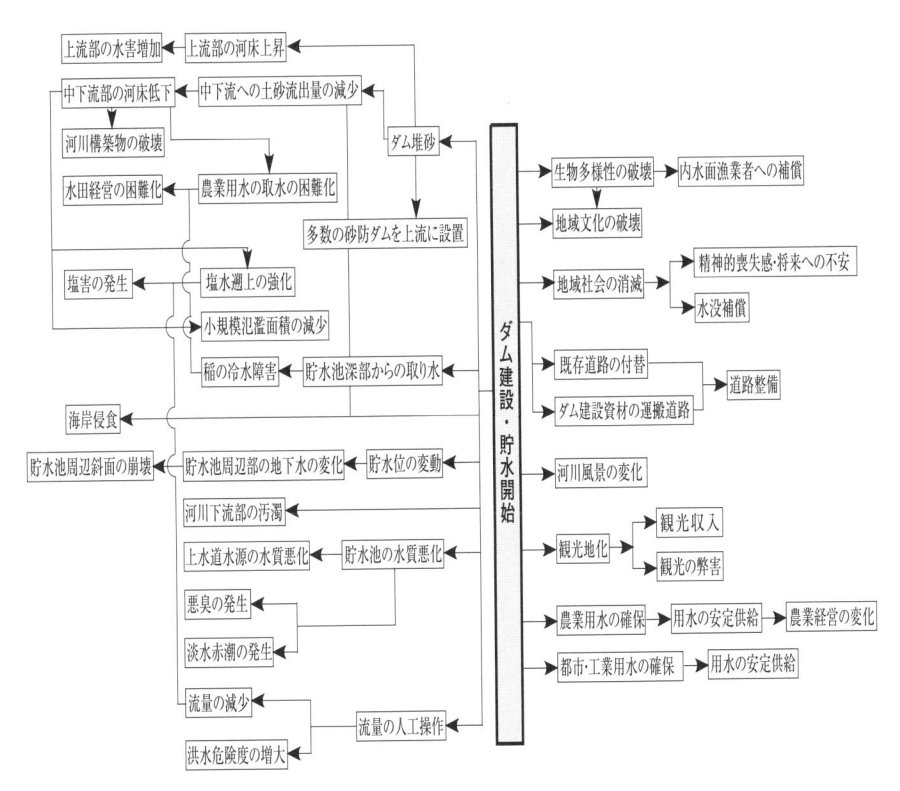

図2-10　ダム建設にともなう環境の変化（笠原［2001］を改変）

消滅，③ダム湖の富栄養化による生態系の悪化，④流量の減少による水生生物の移動阻害など河川下流部における生態系の破壊，⑤ダムサイド法面への外来牧草（おもに外国産の牧草）の吹きつけやダム湖への外来魚（おもに外国産の魚類）の放流などによる外来生物[2]の侵入機会の増大，など多くの問題があげられる．

加えて，大規模ダムの耐久年数は想定されているよりも短くなる傾向がある．半数以上が20～30年ほどで土砂の堆積率が3分の2を超え，なかには90％を超すものもみられる．平均すると50年ほどで満砂になってしまうため（たとえば富山，1979：水利科学研究所，2002），土砂流入を防ぐ目的で，上流に大量な砂防ダム群を建設する，または新たに大規模ダムをつくるといった悪循環が続いていくことになる．

2章　生物多様性を育む生態系——41

このように解決困難な問題が山積みとなっているダムを、はたしてこれ以上つくる必要があるのか疑問である。ダム建設は、莫大な予算が必要とされるにもかかわらず、地域振興や地域再建などにはつながらず、一時的な経済効果しかもたらされないことが明らかにされている（丸山，2006）。それでも、現在も依然として建設計画が強行されるのは、ダム建設が癒着や利権構造の温床となっていることが背景にあるといっても過言ではない（たとえば保母，2001：藤田，2004）。

他方、日本が途上国に出資するODA（政府開発援助）の資金によって計画されたダム建設が、他国の生物多様性や文化の多様性の脅威となっているとの指摘がある（たとえばFoE Japan・IRN，2003）。希少野生生物の生息・生育地が失われ、住民は強制移住させられたうえに新たな職業も保障されていないなどの問題が続出し、結果的に出資国と出資先国双方で住民が訴訟を起こす事態にまで発展したコトパンジャンダム[3]はその典型的な事例といえる（RWESA・IRN・FoE Japan，2003）。

これらには日本政府のずさんな外交や一部企業への利益供与、出資先の汚職が結びついており、国内のダム建設の際に生じるさまざまな問題と共通または類似している点が多くみられる（保母，2001：丸山，2006）。その意味では、ダムを介して、建設をめぐる腐敗や汚職などの社会構造の舞台をそのまま海外に輸出しているといえる。私たちの税金でつくられたダムが、地域の生物多様性や文化的多様性を破壊し、他国の人びとに苦しみを与えているという不条理な現実は、援助金だから正しいことが行なわれているに違いないという先入観から目を覚ますのに十分な事実となるだろう。莫大な予算が動くダム建設には、国内に限らずつねに注意を払い続ける必要がありそうだ。

ダムをつくることを唯一の選択肢とするような流域管理のあり方について改めて考え直してみる時代がきているのではないだろうか。

〈縦割り行政の弊害〉

健全な農林水産業の育成のためには、山・川・海のつながりを考えた総合的な対策が必要となる。しかし、国有林は林野庁、都道府県有林なら各都道府県庁、

一級河川はおもに国土交通省，二級以下の河川は自治体，海岸は場所によって国土交通省，農水省，自治体がそれぞれ個別に管理している．現在のような行政の縦割りに合わせて決められた環境（河川環境）を管轄するという考え方ではなく，環境省，あるいは流域の複数の自治体が協議会などを設置するなどして流域全体を一元化できるような体制づくりが求められる．そのためには，①天然林の減少や人工林の整備，②ダム建設計画，③過剰な河川工事，④下水道・浄化槽の整備，⑤田畑から流れ出る化学肥料や農薬，工場廃水，⑥海岸線の侵食，などについて，流域という総合的視点から解決策を模索していくべきだ．

その際，河川というものをどのように考えていくのかについて地域住民の意見を取り入れながら合意形成を進めていくことが重要となってくる．ところが，国土交通省は，現在，河川計画に地域住民の意見を反映させるために設置された「流域委員会[4]」を一時休止に追い込み，「ダムを不必要」とする委員会の提言を無視するなど，市民参加が重要視される昨今の流れを妨げるかのような方針をとっている．

注）
1）砂防ダムは農林水産省が，特定多目的ダムは国土交通省や水資源公団が管理し，そのほか，自治体や電力会社，民間企業が管理するダムが多数あり，ダムの総数は正確には把握されていない（畠山，2002）．
2）161-166ページ参照．
3）1996年，日本の援助でインドネシアにつくられたコトパンジャンダム建設によって，4885世帯，計2万3000人が移転させられ，この地域にすむスマトラトラやマレーグマ，スマトラゾウなど絶滅危惧種をはじめとする熱帯動植物が失われた．日本政府は，ダム建設への融資条件として，建設の影響を受ける世帯からの公平かつ平等な手続きによる同意，移転前と同等かそれ以上の生活水準の確保，対象地の野生生物の保護を事業者に提示していた．しかし実際は，住民は金銭や威嚇によって無理に同意させられ，移転後の生活はほとんど保障されず，野生生物には何ら適切な対処がなされずに希少な動植物の多くが失われ，条件はまったくといっていいほど守られなかった．外務省はこれらの事実を知りつつ，隠ぺいや捏造を続けて融資を行なっていた（鷲見，2004）．
4）1997年の改正河川法の「住民の意見を反映させるために必要な措置」を根拠につくられた委員会．その象徴ともいえる淀川水系流域委員会は，徹底的な住民参加の手法を導入した「淀川方式」と呼ばれ注目を集めた．国土交通省の意向に添わない「ダムは原則建設しない」との決定を出したことで，同省と対立関係となり，その後も紛争を繰り返した（古谷，2009）．ダム建設に固執する同省の異常さを露呈した出来事といえる．

川は，山と海をつなぐ生命線である．しかし，戦後の日本はダムの設置や河川工事によって川を徹底的に破壊してきた．その原因のひとつに，国土交通省，農水省，環境省，自治体が自らの所管の場所を個別に管理していることがあげられる．流域全体をひとまとまりとして考えることのできる体制づくりが求められている．

湿原

ウェットランド（湿地）は比較的水深の浅い場所をいい，湿原はもちろん，田んぼから川岸，湖沼，海岸の浅瀬や干潟，サンゴ礁などに至るまでさまざまなタイプがある．これらの湿地には，貝や魚が生息し，それをエサとする鳥が集まり，その鳥を食べに猛禽類や獣が訪れる．特に，渡り鳥にとっては，渡りの途中で羽を休め，エサを食べることのできる重要な場所となっている．このように，湿地は多くの生き物の生命を支えているのである．さらに，人間活動によって排出される汚水を分解して水をきれいにし，天然のダムや防波堤の働きをして水害を防ぐなど，私たちの生活を守ってくれてもいる．しかし，自然のままの湿地は，埋め立てなどの開発によってほとんどなくなっているのが現状である．

〈湿原の仕組み〉

"湿原"は，1年の大部分が湿った土壌のままの状態の場所をいい，その形状や植生から「低層湿原」「中層湿原」「高層湿原」の3つに分けられる．低層湿原は，枯れた植物の分解が早いために泥炭は形成されず，ヨシやマコモなどが優占する．

2章　生物多様性を育む生態系——45

高層湿原は植物が分解されず，泥炭として堆積され，ミズゴケ類が生育する．中層湿原は低層湿原と高層湿原の中間の性質をもつ（以上は鈴木，2003を参考）．

北海道には大規模な湿原が多く残されており，なかでも釧路市市街地の北部に広がる釧路湿原は，約200 km^{2}の面積をほこる日本最大の湿原である．しかし，湿原周辺部の宅地化や，河川上流部での農地開発と森林破壊，河川の直線化などの影響で乾燥化が進み，近年その面積は小さくなってきている（図2-11）．

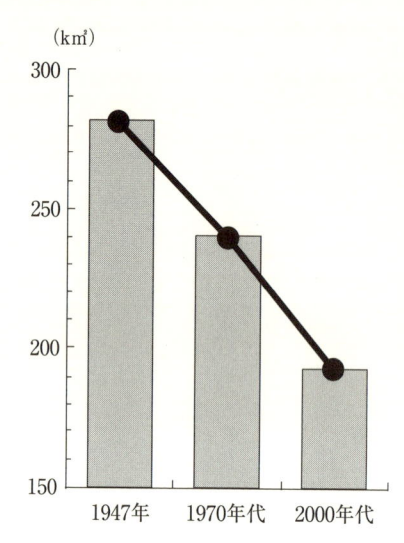

図2-11 釧路湿原の湿原面積の減少（釧路湿原自然再生プロジェクトデータセンターWebサイトより改変）
戦後から現在までに3割以上の湿原面積が失われた．

釧路湿原に限らず，湿原の多くは水が溜まりやすい地形に成立している．そのため，河川の氾濫や湧水など水の供給がなければ維持されない．したがって，河川上流に堤防やダムなどがつくられて，冠水が妨げられたり，河川や地下水などの水の流れが変えられたりすると，また農地造成や道路掘削によって土地の乾燥化が進むと，湿潤な環境は確実に悪化し，湿原は消失の一途をたどることになる．

〈ヨシ群落と人とのかかわり〉

ヨシは，熱帯から亜寒帯にかけて世界中に広く分布し，日本では北海道から沖縄に至るまで各地の湖沼や河川などの水辺に生育する植物である．古くから人びとの生活と密接にかかわってきた[1]植物で，食料，薬，肥料，燃料，紙の原料，葭簾（よしず）（ヨシの茎で編んだすだれ）や茅葺（かやぶき）屋根の資材として，さらには神事や祭りなどの伝統行事に利用されてきた．これらに使用されるヨシは，共有地での刈り取りや火入れによって維持管理されてきた．作業はおもに農作業のない冬期に行なわれ，刈り取り終了後，①ヨシを休眠状態から活性化させるため，②害虫や雑

草を除去するため，③焼けた後の灰を肥料とするために，火入れが行なわれる．仕分されたヨシは束ねて乾燥させた後，出荷される（以上は下田，1996；西川，2002を参考）．地域の風物詩でもあったヨシ焼きは，地域社会の変化や需要の減少などによって廃れつつある．

近年，湖沼や河川などの水辺，または泥炭湿原に見られるヨシ群落（ヨシが優占する，ガマやマコモなどの水辺の抽水植物[2)]とそれらに付着する藻類）が注目されている．特にヨシ群落がもつフィルター機能によって窒素・リンを除去する「水質浄化機能」（図2-12）や，上記の植物群落がさまざまな生物のすみかを創出する「生物多様性を支える機能」についての認識が広まってきたからである（細見，2003）．

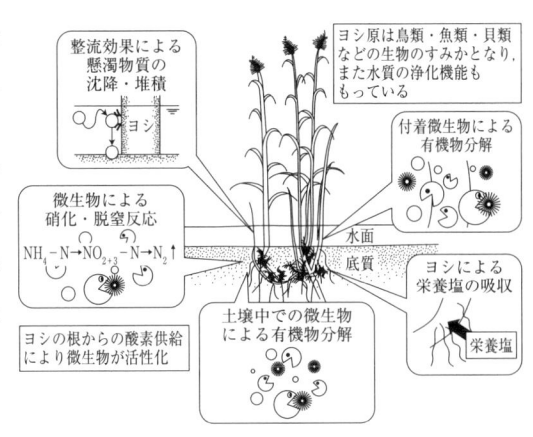

図2-12　ヨシ湿地生態系における水質浄化機能
（細見［1999］より）

ヨシ群落は漁業とも関係が深い．たとえば，琵琶湖で有名な「ふな寿司」の材料になるニゴロブナの漁獲量の減少は，琵琶湖のヨシ群落の減少と関係しているといわれている（藤原ほか，1998）．宍道湖のヤマトシジミの減少もまた，幼貝のすみかとなっているヨシ群落を中心に自然湖岸の77％が人工護岸に改変されたこと（細見，2003）が原因であることは容易に推測できる．鳥類に対してもヨシ群落の減少は深刻な影響を与えている．特に水鳥についてはヨシ群落の面積の増大にともなって繁殖種数が増大する傾向が示され，琵琶湖周辺でのヨシ原では，300㎡以下では営巣する鳥類はわずかで，それ以上になるとカイツブリやバンが，600㎡以上になるとオオヨシキリが，900㎡以上ではオオバンが，2000㎡以上になるとカルガモやカンムリカイツブリが営巣し，さらに1万㎡以上の大面積になると希少種のサンカノゴイやチュウヒが営巣することがあると報告されている（佐々木・浜端，1996）．

しかし，今やヨシ群落は琵琶湖に限らず，護岸工事や干拓事業，リゾート開発などによって全国的に減少し，大規模群落はほとんど見られなくなっている．

〈渡り鳥における湿地の重要性〉

私たちが普段目にする鳥類には，通年見かける「留　鳥(りゅうちょう)」と特定の季節にしか見かけない「渡り鳥」がいる．渡り鳥は，さらに「夏鳥」「冬鳥」「旅鳥」に分けられる．夏鳥とは，ツバメ，コチドリ，コアジサシなど夏季に東南アジアなどの南方から日本に飛来し繁殖する渡り鳥で，冬鳥とは，マガモ，オオハクチョウなど冬季にシベリアや中国などの北方から日本に飛来し越冬する渡り鳥である．旅鳥とは，キアシシギ，ハマシギなど北方で繁殖し，南方で越冬するための途中で採餌や休息のために日本に立ち寄る渡り鳥をいう．なかでも，シギ，チドリの仲間はオーストラリアから日本を通り，アラスカまでの1万km以上にも及ぶ長い距離を移動することで知られている．

このような渡りの習性をもつ鳥類は，近年著しくその数を減少させており，特に湿地に依存して渡りをする水鳥たちは深刻な危機に直面している．営巣地や越冬場所，集団ねぐら地，渡りの中継地として重要な場所となっている湿原や干潟などの湿地が，土地開発のために急速に失われつつあることがその一因である．いくつもの国々にまたがって移動を行なう渡り鳥を守るためには，北の繁殖地から南の越冬地はもちろん，それらから点々とつながる中継地となる湿地をもつ国々が協力して，それらの場所を積極的に保全することが不可欠である．また，本来湿原を利用する湿原性鳥類にとって，激減している湿原の代わりとなっているのが水田であり，失われた湿原の代償環境の役割を果たしていることから，水田の重要性にも目を向ける必要がある．

〈ラムサール条約〉

"ラムサール条約"は，1971年にイランのラムサールで採択された国際条約で，正式には"特に水鳥の生息地として国際的に重要な湿地に関する条約"という．加盟国が重要な湿地を指定・登録することによって，特に水鳥の生息地，またそ

こにすむ動植物を保全することを目的としている．本条約には159カ国が加盟し，1886カ所の湿地が登録されている（2010年2月時点：環境省「ラムサール条約と条約湿地」Webサイト）．日本は1980年に加盟し，国内では釧路湿原をはじめ37カ所の湿地が登録されている（2008年11月時点：同Webサイト）．

　本条約では，湿地を水鳥の生息するだけの場ではなく，水資源を確保する場として，また人びとの生活環境を支える重要な場として，うまく利用しながら保全していくことを提言している．しかし，指定基準がそれほど厳しくなく，「利用」を重視しているために，開発行為に対する抑制力をほとんどもっていない．その証拠に，国内で特に重要な湿地であるにもかかわらず，開発の波にさらされ，緊急に保護が求められる千葉県の三番瀬干潟，沖縄県の泡瀬干潟や辺野古海域，長崎県の諫早湾海域は登録されていない．明らかに摩擦の大きい地域を避けて登録を進めている環境省の姿勢から考えると，登録することでさまざまな開発行為から湿地を守るといった働きはあまり期待できそうにない．

注)
1) たとえば戦国時代，石田三成が豊臣秀吉から五百石の加増をするとの話が出た際に，領地の代わりに宇治・淀川のヨシを刈る権利を与えられるならば一万石の軍役を勤めたいとの申し出をして許され，その後，そのヨシに課した税金によって莫大な利益を得て，約束どおりの役目を果たしたとの逸話がある（中嶋，1978）．当時のヨシの経済的価値の高さがうかがえる．
2) 葉と茎の大部分が水面から上にある植物．

> 　湖沼・河川などの水辺や湿原に見られるヨシは，食料，薬，肥料，燃料，紙の原料や茅葺屋根の資材として，さらには伝統行事に利用されるなど古くから人びとの生活と密接にかかわってきた歴史がある．鳥類の営巣などに重要なヨシの大規模群落は，護岸工事や干拓事業，リゾート開発などによって全国的に減少し，現在ではほとんど見られなくなっている．

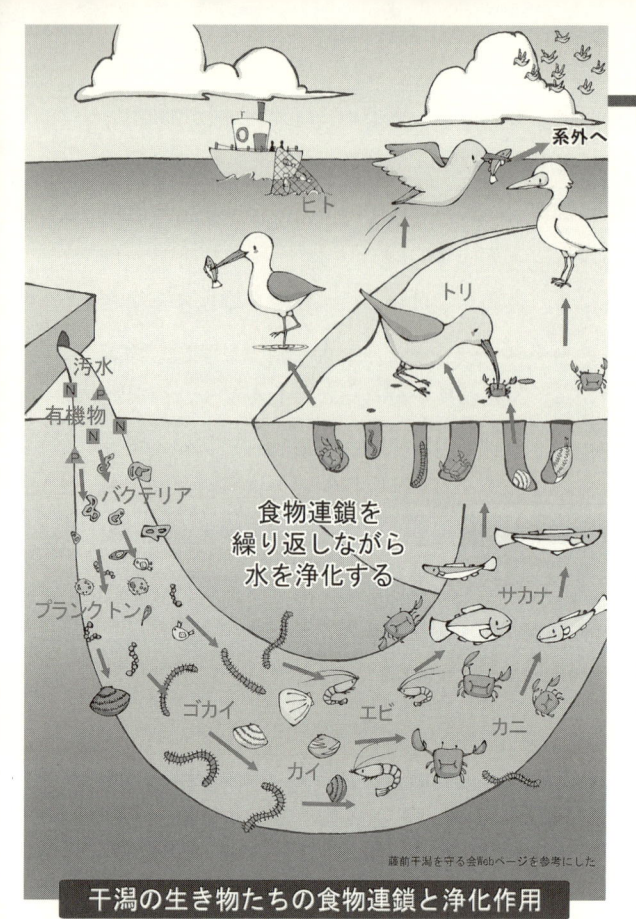

干潟

"干潟"とは河口などによく見られる砂や泥でできた浅瀬のことで，潮が満ちれば海の下に沈み，潮が引けばその姿をあらわす場所である．一見，砂や泥が溜まっているだけのようにも見えるが，そこは，河川によって運ばれてきた栄養塩や有機物と，海のプランクトンとが出合う場所であり，陸と海の両方から定期的に届く豊かなエサによって，おびただしい数の生き物を養うことができる．

干潟の生き物たちの食物連鎖と浄化作用

「生命のゆりかご」と呼ばれる干潟における生き物の営みは，漁業を支え，渡り鳥にも重要な中継地点を提供している．

〈干潟は巨大な浄化槽〉

干潟には，生活・工場排水などの汚水が流れ込んでくる．その汚水に含まれる有機物の分解・除去や，窒素・リンなどの栄養塩の除去が，干潟の生物によって行なわれる．まず，植物プランクトンや海藻類が栄養塩を吸収し，それらを食べたゴカイ，カニ，貝類などの堆積物捕食者が魚や鳥に食べられる（特に鳥は干潟から窒素・リンを運び去る重要な役割を果たしている）．そして，これら干潟に

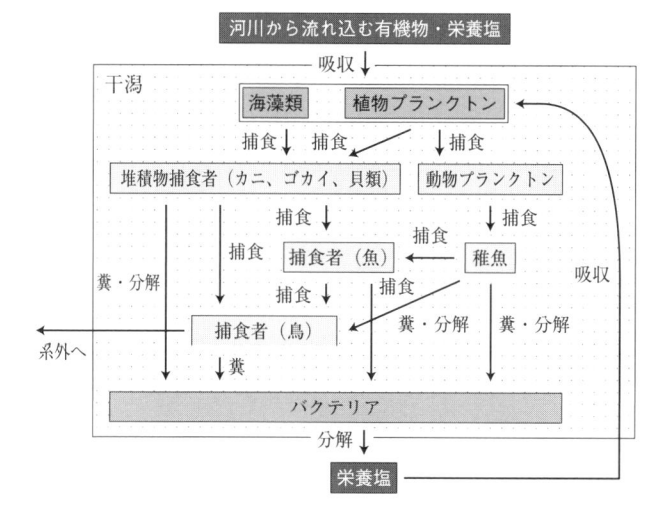

図2-13　干潟の食物連鎖とその浄化機能（山下［1993］をもとに作成）

すむさまざまな生物が出した排泄物や死骸などをバクテリアが分解して栄養塩に戻す．栄養塩はまた植物プランクトンや海藻類によって吸収され……というように循環し，この循環過程のなかで汚水が浄化される（図2-13）．なかでも，ゴカイは無数の穴をつくって干潟の表面積を増大させて，バクテリアによる有機物分解や脱窒素作用[1]を助け（稲盛ほか，1994），二枚貝は強力なろ過作用を通じて，濁りの原因である懸濁物質を除去することで，干潟の浄化作用に大きく貢献している．

このような干潟の生態系は，食物連鎖によって高度な浄化層の働きを果たしている．佐々木（1998）の試算によると，干潟1000haは10万人分の下水処理施設に相当し，建設費約681億円，年間維持管理費約11億円分に匹敵する経済価値をもつと推定されている．

〈干潟の減少〉

干潟は近年まで役に立たない場所とされて，頻繁に埋め立てが行なわれてきた．港やゴミ処分場，工業地帯をつくるための埋め立てや，田畑をつくるための干拓，護岸工事，浚渫（水底の土砂をさらうこと）などによって，50年ほど前には8万3000haあった干潟は今ではおよそ40％も減ってしまった（図2-14）．干潟の開発による損失として，漁業被害や浄化機能を失ったことなどによる経済的損害が大きなことはいうまでもない．さらに，あまり注目はされないが，市民の遊び場所

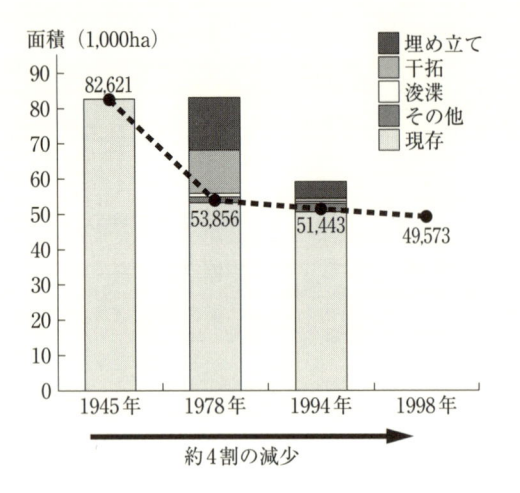

図 2-14 日本の干潟面積の減少（環境省［1998］と環境省［2002］を改変）

戦後の高度経済成長期には，沿岸地帯での臨海コンビナートの建設や工業用地造成のために急激に干潟が失われた．その後，農地余りの時代となっても農地造成を目的にした必要性の疑わしい干拓事業などが進められ，干潟はますます減ってしまった．

としてまた自然の恵みを享受する場所の消失などによる社会的精神的喪失，つまり人と干潟との「かかわり」が失われたこともまた大きな痛手であった．干潟における生物多様性を理解し，「生命のゆりかご」を守ってきたのは，社会的精神的に干潟とつながりをもつ人たちであったからだ．

〈赤潮の発生〉

チッソやリンなどの有機物を含んだ生活・工場排水などの流入によって富栄養化が進むと，植物プランクトンの異常増殖が起こり，「赤潮」が発生する．赤潮は，植物プランクトンが異常増殖することによって水が赤く変色する現象で，特に夏季に多くみられる．大発生した植物プランクトンが捕食されることなく死んで分解される際に酸素を多量に消費するため，酸素不足が生じることによって，また植物プランクトンがもつ毒性によって，魚介類を大量に死滅させる．

発生過程や魚介類の大量死についてのメカニズムは十分には解明されてはいないが，おもな原因のひとつとして，干潟や浅海域の埋め立て・干拓などによって生態系による水質浄化能力が損なわれてしまったことが指摘されている（佐藤ほか，2001）．赤潮による漁業への被害総額は，多いときには日本全体で年に数十億円に達することもある（環境省，1997～2006）．

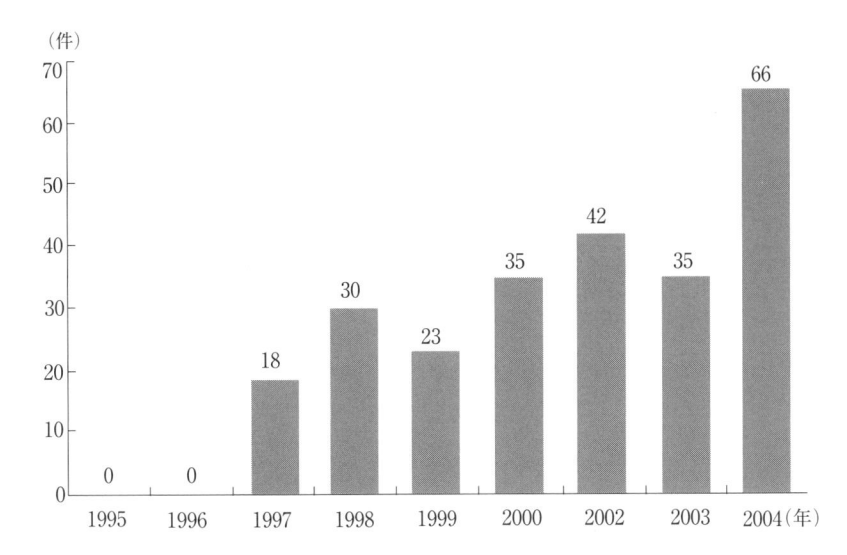

図2-15 有明海における赤潮発生件数（環境省［1997～2006］をもとに作成）
　過去にはほとんど見られなかった赤潮が，潮受け堤防を閉め切った1997年以降毎年発生するようになった．赤潮発生の原因は，諫早湾干拓事業以外に見当たらない．

〈諫早湾干拓事業〉

　長崎県の有明海は，日本の干潟面積の全体の約40％を占める国内最大の面積をもち，最大の干満差，最多の固有種[2]をほこる海域である（加藤，1999）．そのもっとも奥に位置しているのが諫早湾だ．魚介類の宝庫であったこの諫早湾に，防災と農地開発を目的として，海をせき止めて干拓化させるという総事業費2500億円を超える大型公共事業「諫早湾干拓事業」が計画された．

　この事業は，干潟の生産性や浄化能力，豊かな生物多様性への評価についてはとんど考慮せず，費用対効果[3]が低く必要性に疑問がもたれていたために，当初から多くの批判が寄せられていた．しかし，事業主の農水省は，事業による生態系や漁業への影響はないと説明して反対を押し切って事業を進めてきた．ところが「ギロチン[4]」と呼ばれる全長7kmにも及ぶ潮受け堤防の建設によって潮の流れが変わり，湾の一部を干拓化したことによって浄化能力が低下した結果，度重なる大規模な赤潮の発生を招いた（図2-15）．

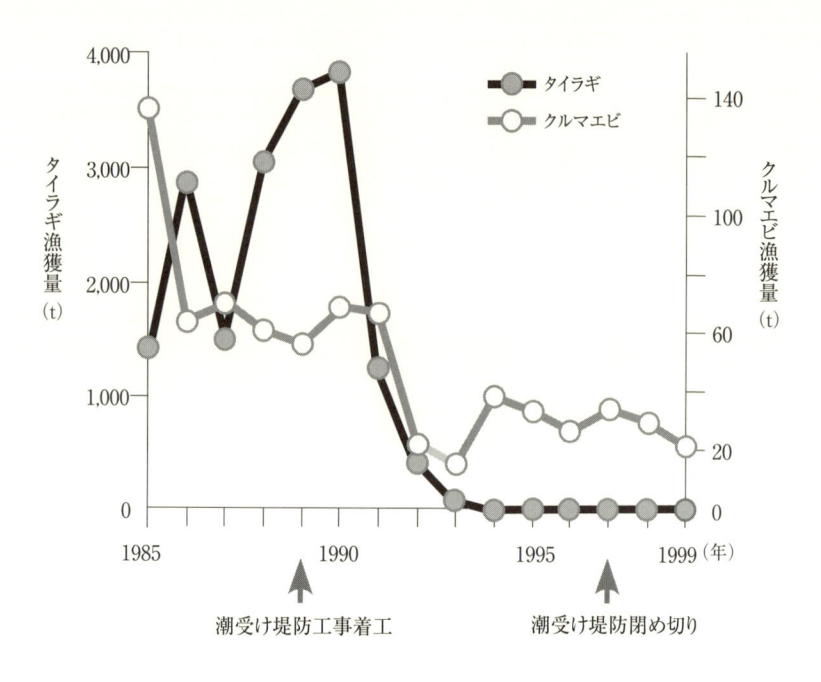

図2-16 有明海（長崎県）における漁獲量の変化（佐藤ほか［2001］を改変）
　特にタイラギの漁獲被害は明らかに諫早湾干拓事業の影響である．結果，1993年から現在まで休漁となっている．

　その後10年以上が経過するなかで，諫早湾の生態系や漁業者の生活は確実に破壊されてきた．事業が始まって以来，実際に長崎県における魚介類の漁獲量は激減し，地元漁師たちの生活が成り立たないほどの深刻な状況が続いている（佐藤ほか，2001）（図2-16）．また，有明海全体の漁獲量も明らかに減少している（佐々木，2005）．特に2000年のノリの不作は未曾有の出来事であり，漁業関係者の多くは潮受け堤防が原因であるとして開門を要求している．しかし，農水省は諫早湾干拓事業と漁業被害の因果関係は不明であると主張して事業を継続させており，現在も干拓事業の見直しや潮止め堤防の開門をめぐって漁業者を中心とする地元住民と裁判で争っている．多くの専門家が事業開始以前から警告したように，有明海の水質は悪化し，漁業は衰退の一途をたどっている（以上は羽生，2006：堀，2006：陣内，2006を参考）．

注）
1）水中や土中の窒素化合物を窒素ガスに転換して大気中に放出する作用．
2）特定の地域のみに分布が限られている生物種のこと．ここでは，ムツゴウロウ，アリアケガニ，アリアケシラウオなど（加藤，1999）．
3）支出した費用に対して得られる効果のこと．公共事業ではこの数値がプラスにならなければ，優先性は低いとされる．諫早湾干拓事業では費用対効果は「0.83」となり，効果が費用を下回っている．しかもそこには干潟の浄化機能や漁業被害，地域文化の損失は計算に入っていないため，実質的には「0.19」にまで下がる公共性の著しく低い事業といえる（宮入，2006）．
4）1997年，堤防の閉め切りが行なわれる際，一斉に鋼鉄の水門が閉められていく様子が，ギロチンのように見えたことから名づけられた．ギロチンが人の首をはねて息の根を止めるのと同様，この「ギロチン」も豊かな諫早湾の息の根を止めてしまったことは皮肉としかいいようがない．

生命のゆりかごと呼ばれる干潟は漁業を支え，渡り鳥に重要な中継地点を提供し，高度な水質浄化の働きをする．人間にとって必要不可欠でもあるにもかかわらず，干潟の埋め立ては一向に止まらず，赤潮の発生や漁業不振の原因となっている．

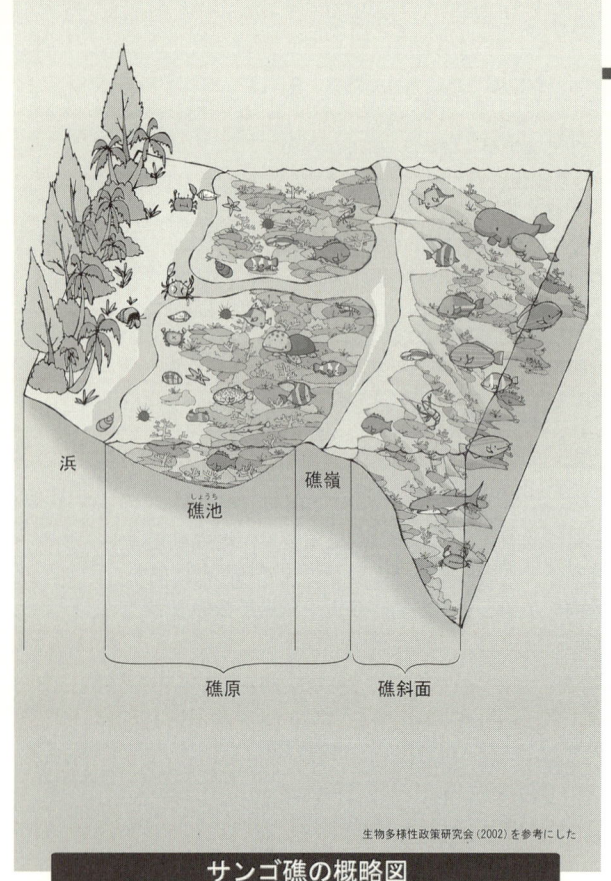

サンゴ礁

サンゴ礁海域は，地球上の水系全体の0.2％足らずのわずかな面積に約25％の海洋魚類が生息する，海洋の生物多様性にとって重要な生態系である（Spalding et al., 2001）．しかし，近年の河川から流出する汚染物質や海岸部での開発，地球温暖化にともなう海面上昇や水温上昇によって，サンゴは消滅や劣化の危機に瀕している．

生物多様性政策研究会 (2002) を参考にした

サンゴ礁の概略図

〈サンゴは植物？動物？〉

　硬いサンゴは石のようにも植物のようにも見えるが，クラゲやイソギンチャクと同じ仲間の「刺胞動物」である．「ポリプ」と呼ばれる数mm単位の小さな個体が集まって数mになり，サンゴの骨格をつくっている（図2-17）．サンゴの体内には褐虫藻という直径0.01mmほどの単細胞の藻類がすんでおり，光合成を行なってサンゴに栄養を提供している．サンゴ自身は触手を使ってエサとなる動物プランクトンを食べる動物であるが，体内に共生藻をもっているという点からは植物の性質を合わせもつ特殊な生き物といえる．

　これらサンゴが集まって"サンゴ群体"をつくり，サンゴ群体がたくさん積み

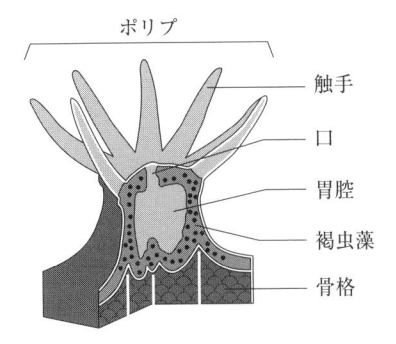

図2-17 サンゴを構成するポリプ（サンゴ個体）（松本［2008］より）

細胞内に褐虫藻を共生させていて，その光合成を利用して栄養を得る一方，サンゴ自体もプランクトンなどを食べる．

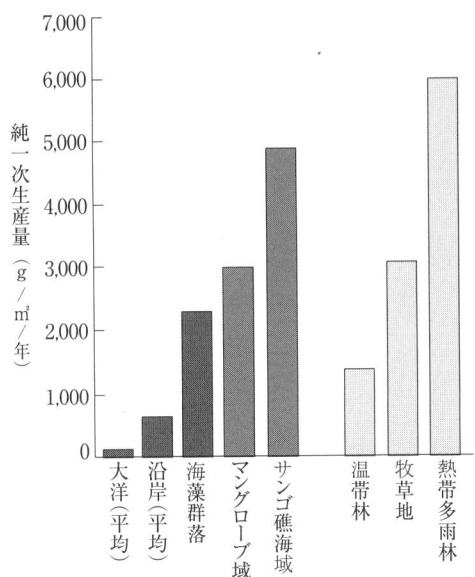

図2-18 各環境における単位面積当たりの純一次生産量の比較（中村ほか［2003］を改変）

重なってできた地形を"サンゴ礁"という（以上は茅根・宮城，2002を参考）．

〈多様性を生み出す秘密〉

一次生産者[1]である植物は陸地に多く見られ，なかでも熱帯多雨林の純一次生産量[2]は陸上で最大である．それに対して海洋では，その単位面積当たりの純一次生産量でみればサンゴ礁が熱帯多雨林に匹敵する（図2-18）．サンゴ礁の一次生産者は，サンゴの体内にすんでいる膨大な量の藻類であり，その生産力の高さや生息する生物の豊富さは「海中の熱帯多雨林」といえる．

サンゴ礁はその隙間や陰を利用して生活する生物たちにすみかも提供している．サンゴ礁のつくった浅瀬を「礁原」，礁原の外側の高まった部分を「礁嶺」といい，礁原の内側は「礁池」と呼ばれる穏やかな環境が保たれる．礁池には小型の生物がすみ，礁嶺より外側の外洋には中・大型の生物がすむこの独特な環境

は，サンゴ礁という地形がつくり出したといえる．このように，サンゴ礁の複雑な地形に対応して，さらに水深や底質の変化などの環境要素が複雑にからみ合って，多種多様な生物の生息を可能としている．また，サンゴ礁は自然の防波堤として島々を海岸侵食から守る役割も果たしている．

〈環境変化とサンゴ礁〉

サンゴの生育にとって適正な海水温度は23～29℃と非常に狭く，温度変化に敏感なことが知られている．その上限温度から1～2℃の上昇が続くと，体内の共生藻類を放出して白化現象が起こる．この現象が世界中のサンゴ礁で発生していることから，地球温暖化による悪影響が危惧されている．

このような，温暖化による影響に加えて，開発行為にともなうさまざまなストレスが，サンゴ礁を危機的状況に追いやっている．これまで，埋め立てや浚渫による直接的な破壊はもちろん，公共事業や森林伐採，農地改変などによって大量に流出した赤土が河川を通じて沿岸のサンゴ礁に流れ込み，継続的にストレスを与えてきた．赤土は，浮遊して光を遮ったり付着したりしてサンゴに共生する藻類の光合成を阻害してサンゴを死滅させる．また，赤土が堆積すると，サンゴの幼生は岩盤に着生できなくなる．さらに，陸地からの排水などに含まれる栄養塩によって植物プランクトンが大発生し，それをエサにするオニヒトデの幼生の生存率が上がり，サンゴを食害する成体の大発生につながる．通常であれば，サンゴ礁海域ではプランクトンの密度は非常に低いうえに，オニヒトデの幼生はサンゴによっても捕食されるため，極端に増加することはない．赤土によって死滅するサンゴが多くなったうえに，オニヒトデの大発生が重なり，サンゴ礁に壊滅的ダメージを与えていると考えられている（以上は樋口，1996：加藤，1999：茅根・宮城，2002：中村ほか，2003を参考）．

つまり，サンゴ礁の減少は，水温上昇による白化現象に加え，開発行為による赤土の流出や，生活廃水・農薬の流出，それらに誘引されて大発生したオニヒトデによるサンゴ食害，など複合的要因によって引き起こされていると考えられる．これらの人間活動が原因となって，世界のサンゴ礁の3分の1が危機的状況にさ

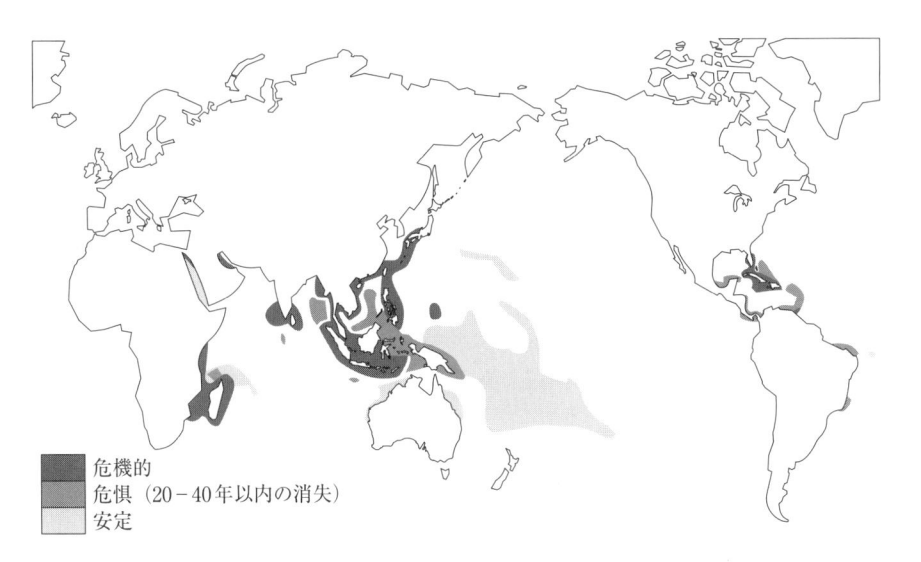

■ 危機的
▨ 危惧（20-40年以内の消失）
□ 安定

図 2-19　世界のサンゴ礁の状態（Wilkinson［1992］より）
　おもに琉球列島と小笠原諸島に分布する日本のサンゴ礁は，世界のサンゴ礁分布の北限に位置している．

らされている（図 2-19）．

〈サンゴの海とジュゴン〉

　人魚伝説のモデルといわれるジュゴンは，世界的にその数を減らしており，絶滅の危機に瀕している．その生息地の北限にあたるのが日本の沖縄県で（Marsh et al., 2002），天然記念物[3]かつ絶滅危惧ⅠA類[4]に指定され，生息数は現在50頭未満とされる（川道，1997）．日本ではほとんど不明であったジュゴンの生態は，皮肉にも米軍基地移転問題[5]にともない，その存在がクローズアップされたことによって，少しずつ解明されてきた．現在沖縄県辺野古で計画されている飛行場建設は，国内唯一ともいえるジュゴンの採食場所である海岸の藻場（サンゴ礁の内側にあり，海草が生えている場所）や，休息場所であるサンゴ礁の沖合とを結ぶ移動ルートを破壊してしまうと指摘されている．

　沖縄島のジュゴン分布域のほぼ中央部に位置するこの海域での開発行為は生息域を分断して，ジュゴンの絶滅スピードをさらに速めてしまう可能性がきわめて

高い．このような状況下で，ほぼ絶滅したと考えられていた沖縄のジュゴンが近年頻繁に姿を現しているのは，自然との共生とは何かを，ジュゴンが私たちに問いかけているからなのかもしれない．

注）
1）光合成によって無機物から有機物を合成（生産）することからこう呼ばれる．おもに植物を示す．
2）植物が光合成によってCO_2を固定して生産する有機物の量のこと．また植物の光合成による炭素吸収量（＝総一次生産量）から呼吸による炭素放出量を引いたもの．
3）72ページ参照．
4）67-68ページ参照．
5）211-213ページ参照．

サンゴは体内に植物をすまわせて，大量のCO_2を吸収固定して地球温暖化を緩和している．そのサンゴが多く集まってつくられるサンゴ礁はさまざまな魚介類がすむ，海洋の生物多様性の要（かなめ）といえる．しかし近年，開発や農地改変，生活排水などに起因する河川からの赤土や汚染物質の流入，温暖化にともなう海面上昇や水温上昇によって，サンゴは消滅や劣化の危機に瀕している．

---

column

国敗れて山河なし

1950～60年代に，国は国有林，民有林を問わず天然林や二次林を伐り，スギやヒノキなどの針葉樹を植林して「人工林」への転換を奨励する「拡大造林」を進めた（図C-3）．

かつて1ha当たり3000本以上が密植（非常に狭い間隔で植林）された多くの人工林は，その後，採算が合わなくなったために，間伐（樹木の生長を促進するために，適度な間隔で間引く）が行なわれないまま放置されてきた．その結果，森林のなかに日射が入らず，樹木の生長は止まり，下草も生えないために土砂流失が起こりやすくなり，森林荒廃を招く原因となっている．

さらに針葉樹の植林の奨励によって，針葉樹の植樹に適さない沢筋や急斜面地などにまで植林をしたことや，広葉樹の伐採後に針葉樹ばかりを植林したことが，生き物がすみにくい針葉樹中心の単純な森林へと変えてしまった（図C-4）．

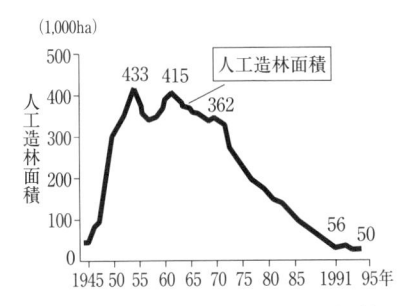

図C-3 年間人工造林面積の増減（白石 [2004] より）

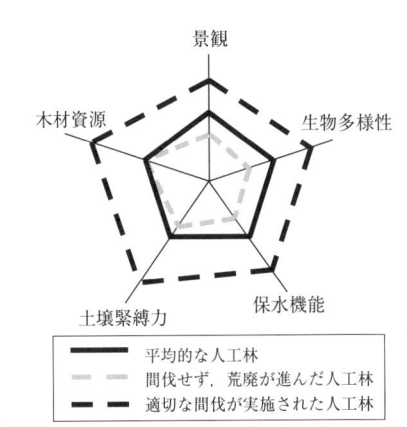

図C-4 適切な間伐を実施した場合の10～20年後の改善効果と，間伐をしないで放置した場合の比較（姫野 [2004] を改変）

　荒廃した森林は台風や大雨による土砂崩れを引き起こし，砂防ダムの設置や道路改修などの土木工事が頻繁に行なわれるようになった．そのせいか，林業を主幹産業としていた地域の多くでは，衰退していく林業と入れ替わるように，土木建設業が台頭している（図C-5）．もっとも今ではその建設業も斜陽となっているが……．

　日本という国では，「国敗れて山河あり（国が戦争で滅んでも山や川の姿は変わらない）」という有名な詩とは反対に，第2次世界大戦で敗れた後，山河は歯止めなく開発され続け，急速にその姿を変えていったのである．「国敗れて山河なし」とでもいうべきであろうか．生物多様性を犠牲にして一時的に経済復興を果たした日本は，その犠牲のつけを払わなければならない時期にきている．

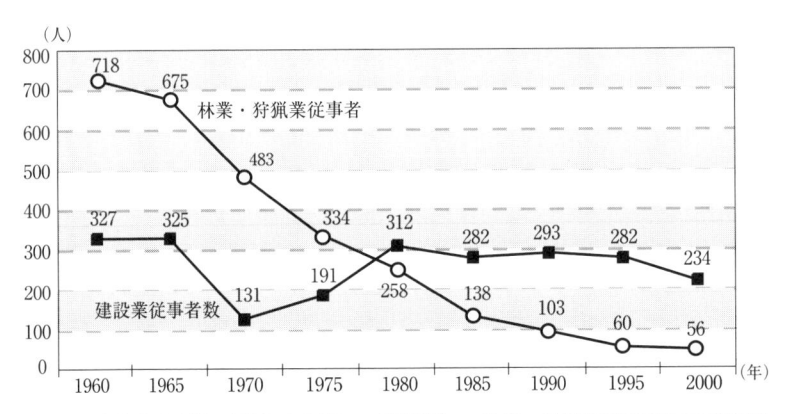

図C-5 徳島県木頭村（現在は合併して那賀町）の林業・狩猟業従事者と建設業従事者数の変化（丸山 [2006] を改変）

身近な生き物たちや見たこともない生き物たちが，
私たちの知らない間に姿を消していく……

3章
失われゆく生物多様性

　生物多様性保全を理解する近道は，絶滅の危機に瀕した生物に注目することである．対象の生物が絶滅しつつある現状や絶滅を防ぐ対策について分析・検証し，危機的状況がなぜ変えられないのか，対策がなぜうまく機能していないのかを掘り下げていくとよい．そうすれば，その背景にある現代社会の矛盾が浮き彫りとなり，これから私たちが解決しなければならない課題がみえてくるだろう．
　さらに，歪められた情報やそれにもとづいて導き出された決定が今なお生物多様性を失わせ続けている実態にも気づくはずである．

レッドリストと絶滅危惧種

　1つの種が，地球上から完全にいなくなってしまうことを「種の絶滅」という．地球が誕生してから40億年の間に起こった5回に及ぶ種の大量絶滅の原因は，異常気象や地殻変動，巨大隕石の衝突の影響によるものであったと考えられている．しかし，第6回目の大量絶滅と呼ばれる近年の種の絶滅の99％は人間によって引き起こされている点で，これまでの絶滅とはまったく異なっている（Raup and Stanley, 1978）．

〈種の絶滅が意味するもの〉

　野生生物は地球の自然を構成する重要な要素であり，それらの絶滅や減少は自然に多大な影響を及ぼし，自然界のバランスを崩壊させてしまいかねない[1]．IUCN[2]（2009）によると，1600年以降，世界で確認されているだけでも800種以上もの種が絶滅し，現時点では，実に約1万7300種もの生物が絶滅の危機に瀕していると報告されている（表3-1）．しかも，昆虫や微生物など目立たない生物はこの数に入っていないものが非常に多く，人知れず絶滅するものも少なくない．

表3-1　2009年度版IUCNレッドリストにおける絶滅危惧種の種数
（評価対象は4万7677種）

分類	絶滅危惧ⅠA類 CR	絶滅危惧ⅠB類 EN	絶滅危惧Ⅱ類 VU	絶滅危惧種 合計
哺乳類	188	449	505	1,142
鳥類	192	362	669	1,223
爬虫類	93	150	226	469
両生類	484	754	657	1,895
魚類	306	298	810	1,414
無脊椎動物	479	560	1,600	2,639
植物	1,577	2,316	4,607	8,500
その他	3	2	4	9
合計	3,322	4,891	9,078	17,291

IUCN Web SiteとWWF-Japan Webサイトをもとに作成

　現在，地球上にすむ生物種は，自然に絶滅する速さの1000～1万倍というかつてないスピードで絶滅していると考えられている（Willson, 1992）．種の大量絶滅は環境破壊や悪化を示すバロメーターであるとの考えからすると，この驚くべき数値は，人類存続への「警告」を意味しているといえる．かけがえのない生物の絶滅の回避と生物多様性の保全を私たちの責務とすべきだろう．

　ところが，科学技術で問題解決を図ろうとする，過去に学ばない考えがいまだに根強くある．絶滅した生物を遺伝子のクローン技術によって復元しようとする研究がそ

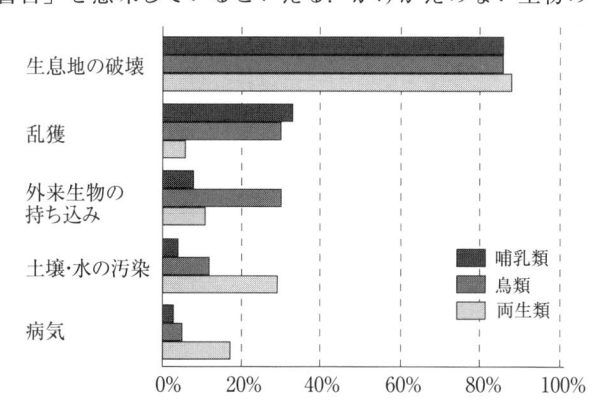

図3-1　絶滅のおそれのある種の絶滅原因（国際自然保護連合日本委員会［2009］を改変）

れである．生物は長い時間をかけて他者と「かかわり」をもちながら進化してきた．そのかかわりを無視して，絶滅した個体のみを突如出現させて何の意味があるのだろうか．かかわりをも含めて過去に生息していた環境を再現するのが不可能である以上，種のみの復元など単なる興味本位の実験にすぎない．このような研究の存在は，自然破壊への無反省が生物多様性への無理解を生み出していることを明確に示している．

〈絶滅の原因〉

　種の絶滅のもっとも大きな原因は，生息条件の悪化や生息地の消失である．特に，地球上の生物種の半分が生息しているといわれる熱帯多雨林や，生物多様性に富む湿地の破壊が絶滅に拍車をかけている．そのほかには，乱獲や違法捕獲，外来生物による影響などがあるが，いずれも人間活動が原因となっている[3]（図3-1）．

　絶滅しやすい生物種の条件としては，①生息分布や生息範囲が小さい，または限られている種，②ヒトの生活圏と重なる生息場所をもつ種，③大きな生息面積を必要とする種，④特殊な生息条件を必要とする種，⑤資源利用や捕獲・採取対象となりやすい種，などがあげられる．

〈レッドリストとレッドデータブック〉

　レッドリストやレッドデータブックは，種の保護を通して生物多様性を守ることを目的に作成されている．両者は名前が似ているので混合されがちであるが，以下のような違いがある．

　"レッドリスト"とは，絶滅または絶滅のおそれのある種（＝絶滅危惧種）をその危機の度合いによってランク分けし，リストアップしたものである．一方，"レッドデータブック"とは，レッドリストの評価基準にもとづき，対象となる種の生態や分布，生息状況，絶滅要因などのより詳細な情報をまとめたものである．

　世界の生物についてはIUCN，日本では環境省や水産庁，都道府県，学術団体，民間団体などが独自に，または協力してそれぞれの評価基準にもとづいてレッド

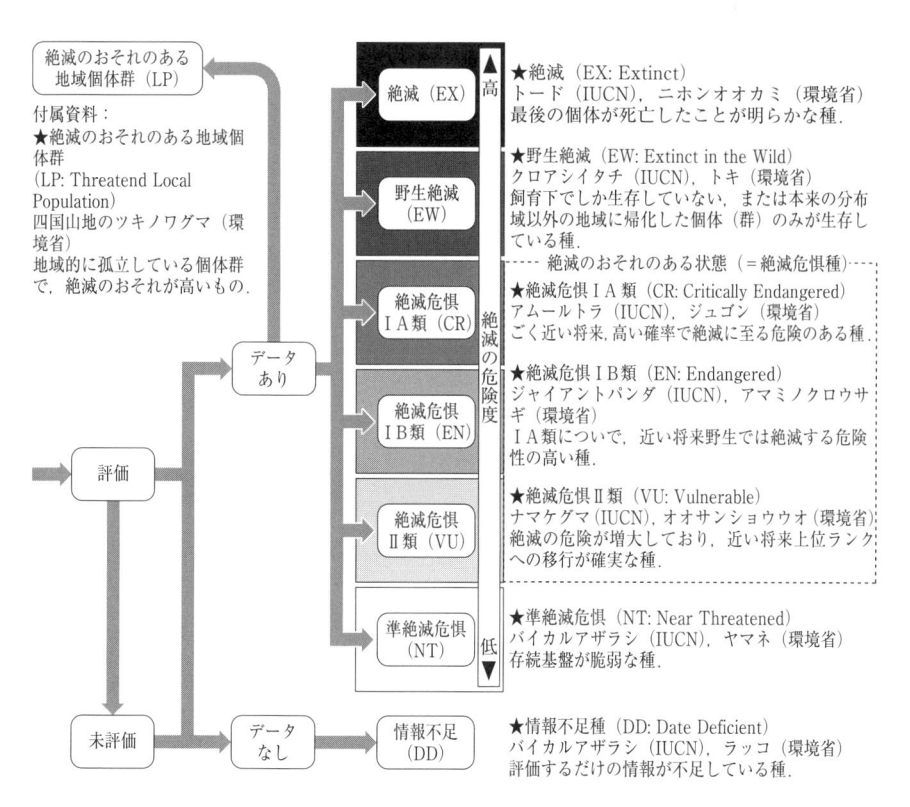

図3-2 レッドリストの分類と定義＋リスト化の手順

絶滅のおそれのある地域個体群（LP）

付属資料：
★絶滅のおそれのある地域個体群
（LP: Threatend Local Population）
四国山地のツキノワグマ（環境省）
地域的に孤立している個体群で，絶滅のおそれが高いもの．

評価 → データあり →
- 絶滅（EX）
- 野生絶滅（EW）
- 絶滅危惧 ⅠA類（CR）
- 絶滅危惧 ⅠB類（EN）
- 絶滅危惧 Ⅱ類（VU）
- 準絶滅危惧（NT）

未評価 → データなし → 情報不足（DD）

絶滅の危険度：高 ↕ 低

★絶滅（EX: Extinct）
トード（IUCN），ニホンオオカミ（環境省）
最後の個体が死亡したことが明らかな種．

★野生絶滅（EW: Extinct in the Wild）
クロアシイタチ（IUCN），トキ（環境省）
飼育下でしか生存していない，または本来の分布域以外の地域に帰化した個体（群）のみが生存している種．

------絶滅のおそれのある状態（＝絶滅危惧種）------

★絶滅危惧ⅠA類（CR: Critically Endangered）
アムールトラ（IUCN），ジュゴン（環境省）
ごく近い将来，高い確率で絶滅に至る危険のある種．

★絶滅危惧ⅠB類（EN: Endangered）
ジャイアントパンダ（IUCN），アマミノクロウサギ（環境省）
ⅠA類についで，近い将来野生では絶滅する危険性の高い種．

★絶滅危惧Ⅱ類（VU: Vulnerable）
ナマケグマ（IUCN），オオサンショウウオ（環境省）
絶滅の危険が増大しており，近い将来上位ランクへの移行が確実な種．

★準絶滅危惧（NT: Near Threatened）
バイカルアザラシ（IUCN），ヤマネ（環境省）
存続基盤が脆弱な種．

★情報不足種（DD: Date Deficient）
バイカルアザラシ（IUCN），ラッコ（環境省）
評価するだけの情報が不足している種．

図3-2　レッドリストの分類と定義＋リスト化の手順

図3-3

哺乳類（総数180種）
- 絶滅種 2.2%
- 絶滅危惧種 23.3%
- 準絶滅危惧種 10.0%
- 普通種（情報不足種を含む）64.4%

鳥類（総数約700種）
- 絶滅種 2.0%
- 絶滅危惧種 13.1%
- 準絶滅危惧種 2.6%
- 普通種（情報不足種を含む）82.3%

維管束植物※（総数約7,000種）
- 絶滅種 0.6%
- 絶滅危惧種 24.1%
- 準絶滅危惧種 3.6%
- 普通種（情報不足種を含む）71.6%

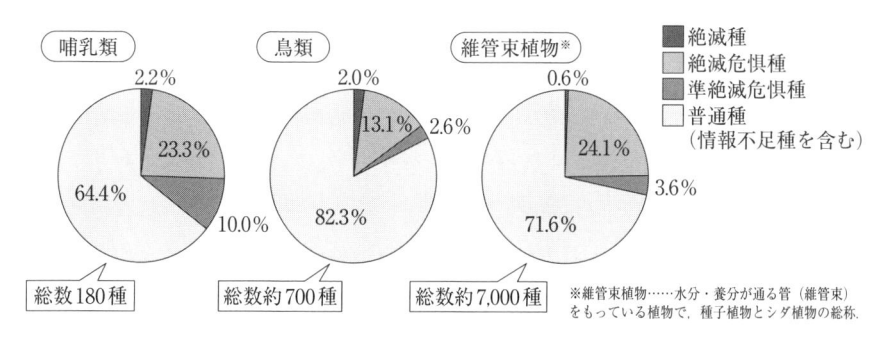

※維管束植物……水分・養分が通る管（維管束）をもっている植物で，種子植物とシダ植物の総称．

図3-3　国内の哺乳類，鳥類，維管束植物における種の絶滅状況（環境省［2009］をもとに作成）

リストやレッドデータブックを作成している．

〈レッドリストの評価と日本の絶滅危惧種〉

レッドリストでは，対象となる種を絶滅の危険性に応じていくつかのランクに分類している（図3-2）．そのなかで，特に絶滅のおそれのある種について，IUCNでは"CR：Critically Endangered""EN：Endangered""VU：Vulnerable"の3つに分けられ，日本ではそれぞれ，CRが"絶滅危惧ⅠA類"，ENが"絶滅危惧ⅠB類"，VUが"絶滅危惧Ⅱ類"に該当する．

現在，国内の絶滅危惧種は3155種にも及び（2009年4月時点：環境省，2009），そのうち，生息状況が比較的詳細に把握されている哺乳類，鳥類，爬虫類，両生類，汽水・淡水魚類，維管束植物の各々約4分の1が絶滅危惧種となっている（図3-3）．このような深刻な状態は，日本の自然の危機的状況を如実に示しており，効果的で実効性のある保護対策が早急に求められる．

〈日本のレッドリストの問題点〉

レッドリスト記載種のほとんどは法的な保護対策が義務づけられていない．本来であれば，レッドリストは「種の保存法[4]」や「環境アセス法[5]」などと密接に連動しなければならないはずである．記載種の情報は生物多様性保全にとって非常に有用な内容であり，その情報が生かされなければリストが作成された意味が薄れてしまう．

ただし，レッドリストに記載された種やその個体のみが生き残っていればよいというわけではないことに注意すべきである．生態系のなかで記載種がもつさまざまな他種との「つながり」を保全するべきなのであって，記載種はあくまで地域の自然の代表や象徴と考えなければならない．それを理解しているならば，環境アセス[6]において，現在よく行なわれる生息地破壊の代償措置のように，貴重な種を移動・移植させればよいということにはならないはずだ．

もうひとつの問題として，同種であってもIUCNと環境省のレッドリストの評価が必ずしも一致していないことや，さらに国内の省庁間で評価が大きく違って

いることなど，評価対象種への思惑や評価方法が組織ごとに異なっている現状があげられる．顕著な例として，一部を除く水産海洋哺乳類については，環境省ではなく水産庁によってレッドリストが作成されている状態が続いている．この背景には，クジラ類をはじめとする海洋哺乳類は水産資源として水産庁が管轄してきた経緯があり，縦割り行政という悪習によって環境省がクジラ類の評価を避けてきたことにある．その結果，多くの海洋哺乳類が，水産業を最優先する水産庁によって生物多様性保全の視点を欠落させたまま評価されてしまっている（羽山，2001：坂本，2003）．なお，日本近海に出現するクジラ類全種を含めたレッドリストは，日本哺乳類学会（川道，1997）によっても評価されており，水産庁のものよりも信憑性(しんぴょうせい)が高い．

注）
1）「もし，いくつもの種が絶滅したら，その生態系は崩壊し，ほかの種もその後を追って絶滅してしまうのでしょうか」との問いには，「おそらく」と答えるしかない．しかし，答えが出てからでは遅く，その検証も行なうことはできない．なぜなら「地球はひとつ，それが可能な実験も一度きりなのだから」（Willson, 1992）
2）国際自然保護連合（＝IUCN：International Union for Conservation of Nature and Natural Resources）は1948年に設立された，国家会員，各国の政府機関，自然保護団体，ボランティアの専門家・科学者の団体からなる国際的な自然保護の連合組織である．スイスに本部を置き，1000人以上のスタッフによって運営されている．
3）これらに加え，近年では「地球温暖化による急激な環境変化」が指摘されている（環境省，2008）．
4）71-72ページ参照．
5），6）146-154ページ参照．

> 種の絶滅の要因は，乱獲や不法捕獲，外来生物による影響などさまざまあるが，最たるものは生息地の破壊である．つまり開発行為を止められないという根本的な問題が解決できなければ，ほかにどのような対策を講じようとも保全効果は低い．

生物多様性保全にかかわる国内法

日本の環境法の流れは2つに大別できる．前半は，戦後の経済成長にともない，公害問題が深刻化し，その対策として公害関連の法律が制定されていくまで，後半は，その後，開発による自然破壊が問題となり，自然保護を求める世論の高まりを受けて，自然保護関連の法律が制定されていき，現在に至るまで，である．

種の保存法
鳥獣保護法
文化財保護法
自然公園法
自然環境保全法
外来生物法
生物多様性基本法

今の日本の法律では生物多様性を守ることはできない？

〈代表的な自然保護関連法〉

自然保護または生物多様性保全にかかわるあらゆる法律は，日本の環境保全に関する政策や方針を総合的に推進するために1993年に制定された"環境基本法"の体系下に位置づけられる（図3-4）．ただし，本法の条文の大部分が環境政策の理念や方向性などを示しているにすぎないことから，この法律の実効性については評価が分かれている．

以下には，日本の生物多様性保全において，とりわけ重要な役割を果たす法律の概要と問題点を説明していく[1]．

区分	保護分野	関連法律
環境基本法 → 生物多様性基本法（生物多様性国家戦略）→ 自然環境保全法（自然環境保全基本方針・自然環境保全基礎調査）	原生的な自然の保護	自然環境保全法
	自然景観の保護	景観法, 自然公園法, 都市計画法, 屋外広告物法
	森林生態系の保護	森林法, 森林・林業基本法, 国有林野の管理経営に関する法律, 森林の保健機能の増進に関する特別措置法, 採石法, 治山治水緊急措置法, 地すべり等防止法, 宅地造成等規制法
	河川生態系の保護	河川法, 特定多目的ダム法, 水資源開発促進法, 水資源開発公団法, 水源地域対策特別措置法, 砂利採取法, 治山治水緊急措置法, 水防法
	湖沼生態系の保護	河川法, 湖沼水質保全特別措置法, 琵琶湖総合開発特別措置法
	海岸生態系の保護	海岸法, 砂防法, 瀬戸内海環境保全特別措置法, 公有水面埋立法, 港湾法, 漁港法
	都市緑地等の保存	都市公園法, 都市緑地法, 都市計画法, 建築基準法, 首都圏近郊緑地保全法, 生産力地法, 古都における歴史的風土の保全に関する特別措置法
	野生生物の保護	鳥獣の保護及び狩猟の適正化に関する法律, 特定外来生物による生態系等に係る被害の防止に関する法律, 絶滅のおそれのある野生動植物の種の保存に関する法律, 自然再生推進法, カルタヘナ法, 文化財保護法, 動物の愛護及び管理に関する法律, 水産資源保護法, 漁業法等
	自然環境への影響の評価	環境影響評価法

図3-4　自然保護に関する法律の体系（畠山［2001］を改変）

絶滅のおそれのある野生動植物の種の保存に関する法律（通称：種の保存法）

絶滅のおそれのある野生動植物の種の保全のために，保護対象種の指定，指定種の捕獲・譲渡・流通の規制，生息地等保護区の設定，保護増殖事業の実施などを図ることを目的とした法律である．

問題点として，①レッドリストがほとんど生かされていない，②国内希少野生動植物[2]や保護区の指定数が少なすぎる，③違法取り引きに対する規制がほとんどない，④開発予定地を生息地等保護区指定にできず，また生息地等保護区指定（生息域内保全）自体もほとんど進んでいない，⑤地域個体群保護の視点が欠落

している，⑥指定手続きにおける市民参加の視点がなく透明性に欠けている，などがあげられる．何よりも種の絶滅の最大の原因である開発行為に対して実効性のある対策がほとんど講じられていないことがもっとも重大な欠点であり，この部分の大幅な見直しがなされなければ，指定されているほとんどの種が絶滅に追いやられるのは必至である．

鳥獣の保護及び狩猟の適正化に関する法律（通称：鳥獣保護法）　鳥獣の保護と狩猟の適正化のために，狩猟規制鳥獣の保護増殖，鳥獣保護区の設定，特定鳥獣保護管理計画，有害鳥獣の捕獲などを図ることを目的とした法律である．2002年の法改正で，目的のなかに「生物の多様性の確保」という言葉が盛り込まれたが，原形が「狩猟法」であるため，狩猟による管理が主となっている．その名が示すとおり，対象が鳥類と哺乳類に限定されており，爬虫類や両生類，魚類などは対象外である．

問題点としては，①水産庁が管理するクジラ類などが対象に含まれていない，②絶滅危惧種であるにもかかわらず狩猟対象に含まれている種がある，③野生動物を保護管理する目的で都道府県が作成している特定鳥獣保護管理計画が，実際には場当たり的な有害鳥獣駆除計画となっている，④取り締まり体制が不十分で密猟などの違法行為が後を絶たない，などがあげられる．

また，本来ならば国が総括して整備すべき問題を自治体に丸投げした状態になっている（高橋，2006）ために，鳥獣が複数の自治体にまたがって生息している場合の協力体制の不備や，自治体間の管理能力格差（野生動物に対する住民感情の違いや専門職員の有無）などが顕著になっている．

文化財保護法　動物，植物，地質鉱物のなかから，学術上価値の高いものを"天然記念物"や天然保護区域として，文化財[3]に指定し，その保存と活用を図ることを目的とした法律である．天然記念物のなかでも特に重要なものについては「特別天然記念物」として指定される．国が指定すると天然記念物の前に，国定〜が付され，自治体が条例によって指定する際は，県定〜，村定〜となり，自治体単位で指定することが可能である．

問題点としては，①対象の指定が「学術上価値の高いもの」に限定され，生物

多様性の観点や絶滅のおそれの有無などは考慮されない，②種として指定されていても，生息地を保護されていない場合は，何ら対策が講じられない，③保護管理体制が不十分である，④自治体の教育委員会の働きかけによる指定作業がはかどっていない，などがあげられる．

自然公園法　自然風景地の保護とその利用促進のため，自然公園の選定・指定・規制，公園計画の作成と公園事業の実施などを図ることを目的とした法律である．自然公園は，国立公園，国定公園，都道府県立自然公園の3種類で，国立・国定公園内は，特別地域（第1〜3種），特別保護地域，海域公園地区，普通地域などに区分されている．現在，国立公園の数は29カ所，国定公園は56カ所，都道府県立自然公園は309カ所ある（2009年3月時点：環境省，2009）．2009年の法改正時に「生物の多様性の確保」が目的に明記されたことから，利用優先の現状への改善が期待されている．

問題点としては，①優れた景観を重視して指定されているため，必ずしも生物多様性保全の観点から重視される地域が指定されているわけではない，②「保護」よりも「利用」が優先される根本的矛盾をつねに抱えている，③特別保護地区では，動物の捕獲・殺傷や植物の採集や損傷などが禁止され，特別地域では，指定動植物の採取や損傷などを禁止するなどの規制はあるが，それ以外の地区は何の規制もない，④国立公園に土地を多く所有し，おもに林業を進めてきた林野庁と，一般利用と一定の規制を進めたい環境省との調整が困難である，などがあげられる．

他方，国立・国定公園の観光化が進むなかで，オーバーユース（過剰に人が入り込むこと）による植生の踏みつけやマナーの低下，交通整備などによる自然破壊が深刻な問題となっている．これらを防ぐ方法として，1日に利用できる人数に制限を設ける，あるいはニュージーランドの国立公園のように利用者をまずはセンターなど1カ所に集めてレクチャーした後，公園内の散策は資格をもつガイド同伴による，などといった制度の導入が望まれる．

自然環境保全法　自然環境を保全することが特に必要な区域などについて，自然公園法やそのほかの法律と合わせて適正な保全を総合的に推進するため，生態

系保護の観点から原生自然環境保全地域，自然環境保全地域，都道府県自然環境保全地域の3つの保護地域について選定・指定・規制などを図ることを目的とした法律である．原生自然環境保全地域は，屋久島をはじめ全国の5地域で5631ha，自然環境保全地域は10地域で2万1593ha，都道府県自然環境保全地域は536地域で7万6397ha（2008年3月時点：環境省，2009）が指定されている．なお，「緑の国勢調査」の実施を定めているのは本法である．

問題点としては，①ほかの法律によってすでに指定された地域（国立公園や国定公園，森林生態系保護地域，保安林など）を重ねて指定できないために（解除後は可能）指定が進まず，一体化した保全計画を立てることが難しい，②指定されている保護区の面積が全体的に小さい，③景観保護と利用を主目的とする自然公園法と，生態系保護を重視する本法律との兼ね合いが困難で，あくまでも自然公園法の補完的な存在でしかなくなっている，などがあげられる．

〈法は生物多様性を守ることができるのか〉

以上のいずれの法律も市民の意見が行政決定に反映される保証が十分ではない．そのため，生物多様性保全に反する行為を問うために訴訟を起こしたとしても，拠り所となる法律の根拠が乏しく，勝訴することはきわめて困難であった．そういった意味では，これまで生物多様性保全のために有効な手段となる法律は日本には皆無であったといえる．長きにわたって，生物多様性を保全するための実行力のある法体系が求められてきたのある．

そのようななか，2008年に生物多様性保全を目的とした"生物多様性基本法"が成立した．これまで日本には野生生物やその生息地，生態系を統括して保護する法律がなく，一体性を欠いた散発的な保護管理政策が行なわれるに留まってきたが，本法はこのような現状を打開する可能性がある（畠山，2008）．資源利用にやや偏った一部の条文を除けば，「科学の不確実性に基づく予防的取組[4]方法および順応的な取組[5]方法（第3条3項）」「地方自治体による生物多様性地域戦略の策定（第13条）」「政策形成過程における市民参加（第21条）」「戦略的環境影響評価（SEA）[6]の推進（第25条）」「生物多様性の観点からの個別法の改正（附則

第2条)」(以上,概要のみ)など,これまでの自然保護関連の法律のなかではみられなかった画期的ともいえる内容が含まれているからである.そして,実際にこれらの文言が実現するかどうかは,NGOが法案骨子を作成した(草刈,2008)本法を,NGO自らがどのように自然保護運動に役立てるのか,あるいは関係省庁へ圧力としてどのように役立てていくのかにかかっている.

注)
1) 環境アセス法については146-153ページ参照.
2) 国内に生息または生育する絶滅のおそれのある動植物のうち,種の保存法によって指定された種.
3) 文化財にはいくつか種類があるが,ここでは「天然記念物」を中心に扱う.
4) 科学的予測が困難な場合や,原因が確定的でない場合でも,事態悪化を防ぐために行なう費用対効果の高い取り組みのこと.
5) 実証されていない事柄について,ある仮説にもとづいて管理計画を立て,経過をみながら状況の変化に応じた対応を行ないつつ,その仮説が妥当であるかを検証していく取り組みのこと.仮説の予測が外れることもありうるため,十分な合意形成と説明をともなう.
6) 149-150ページ参照.

> 日本には,環境関連法として,環境基本法をはじめ,種の保存法,鳥獣保護法などがあるが,生物多様性保全のための法律として機能していない.しかし,2008年に生物多様性保全を目的とした「生物多様性基本法」が成立したことから,今後の本法の運用に期待が寄せられている.

野生生物の保護増殖事業

絶滅の危機に瀕した生物を守るためには，対象となる種のおかれた状況に応じた対策を講じなければならない．日本では，おもに「種の保存法」にもとづき，国や自治体などが主体となって生息・生育地の保護や繁殖の補助などを行なう"保護増殖事業"がある．しかし，もっとも優先されるべき生息地の保全対策が十分ではないため，効果をあげている事業は非常に少ない．

〈保護増殖事業とは〉

野生生物の保護増殖事業は，著しく減少した種の数を，ただ単純に増やすことを目的としているのではない．個体数の回復はもちろん，生息・生育地の保全，生息・生育環境の維持・改善・回復のために，詳細な生態調査やモニタリング，繁殖の補助や人工飼育，給餌，捕獲規制，普及啓発，関係機関間の情報交換や相互協力といった一連の幅広い取り組みが進められている．現在，環境省をはじめ，農林水産省，国土交通省，自治体などが協力して，47種の保護増殖事業が行なわれている（2009年4月時点：環境省「種の保存法解説」Webサイト）．

しかし，現在実施されている保護増殖事業については，①保護増殖事業の対象種がレッドリストに掲載されるうちのごく一部の種でしかない，②同対象種が「種の保存法」に指定されている国内希少野生動植物種のうちの半数ていど（38／81種類）と少ない，③特定の種のみを生態系と隔離して保護している，④生息・生育地に影響を与える開発行為を放置したままで事業を続けている，などの批判が少なくない．これらは，現在の野生生物の保護増殖事業の多くが，必ずしも生物多様性保全対策とはなっていない現状を示している．

　保護増殖対象種の個体数を増やすことはもちろんであるが，対象種だけでなく，同時に多数の種，その地域の生態系全体を包括的に保全できるような事業が求められているのだ．実際に，対象種の生息・生育環境のみならず地域社会そのものを再生させるひとつの手段として，多くの市民やNPO，研究者，行政，企業を巻き込んだ取り組みが一部で始められている．

〈シマフクロウ〉

　アイヌ人からコタンクルカムイ（村の守り神）と呼ばれたシマフクロウは，かつては北海道全域に生息した，豊かな森の象徴ともいえる大型猛禽類である．国内唯一の魚食性フクロウで，河川を中心にした行動圏をもち，胸高直径90cm以上のハルニレやミズナラなどの広葉樹の大木にできた樹洞を利用して営巣する．現在は北海道東部を中心にわずか100羽ていどが生息していると推測され，「天然記念物」かつ「絶滅危惧ⅠA類」に指定されている．河川流域の天然林（特に営巣に必要な樹洞のある大木）の伐採や，河川工事による魚の減少が，河畔林や河川と深いつながりもつ本種を絶滅の危機に追い込んでいる．

　人工増殖による野外放鳥をはじめ，人工巣箱の設置や冬期の給餌などによって繁殖を助けるさまざまな対策が講じられているが，生息環境の悪化は進む一方であり，絶滅寸前という憂うべき状態は依然として変わっていない（以上は竹中，1996，2003：中川，2007を参考）．シマフクロウの保護増殖事業は1984年から行なわれており（「種の保存法」にもとづいて保護増殖事業が始まったのは1993年から），おもに生息調査，生息環境の維持・改善，リハビリや野外復帰，事業や保

護に関する普及啓発などが実施されている．これまで保護したのは34羽で，そのうち9羽の野外復帰に成功している（1994～2010年6月）．

〈トキ〉

トキは，昔はどこにでもいる，日本人にとって馴染みのある鳥であった．しかし，生息環境の破壊や悪化（農薬の使用や用水路のコンクリート化による餌生物の減少，ねぐらとなる森林の伐採など），乱獲などによって，その数を減らしていった．

個体数を増やすために，1981年から野外個体を全数捕獲して繁殖を試みる対策が講じられたが（1993年に保護増殖事業開始），2003年に日本産の最後の1羽が死亡し，「ニッポニア・ニッポン（*Nipponia nippon*）」との学名をもち，日本の象徴的な鳥であったトキは事実上「絶滅」した（図3-5）．しかしその後，増殖

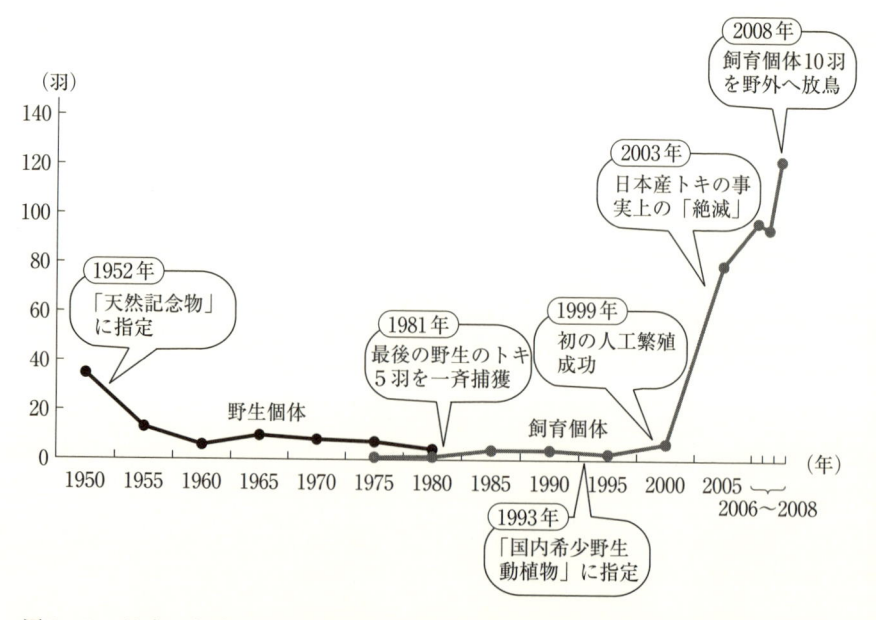

図3-5 日本におけるトキの野生および飼育個体の推移（環境省・新潟県［2006］，環境省［2008］，環境省・新潟県・佐渡市［2008］をもとに作成）

に成功した中国からトキをもらい受けて，事業は継続されている．現在の個体数は120羽を超えるほどになり，国内のトキ保護増殖事業の体制は充実しつつある（環境省，2008）．

　日本の野生トキの消滅とほぼ同時期にその姿が見られなくなった中国では，1981年に再確認された7羽の状態から，3万7549haの自然保護区を設定し，24時間監視員制度や厳しい農業制約などの対策を25年間にわたって続けた結果，800羽を超えるほど個体数が回復してきた（蘇・河合，2004：環境省・新潟県，2006）．しかし，近年では，農村部の近代化にともなう森林伐採や農地の拡大，自給自足生活の崩壊，貧困層の拡大などによって，従来のような環境保全型農業の普及が困難となってきている（蘇・河合，2004）．

　一方，日本の環境省は，トキの野生復帰を掲げて2008年9月から放鳥を行なっている（環境省・新潟市・佐渡市，2008）．しかし，野生絶滅から25年以上も経ち，計画予定地一帯の自然の特性や人間社会の状況がまったく変わってしまっていることから，以下のような問題が指摘されている．①トキが生息できる環境の確保や復元には長い年月と多大な労力や資金がかかり，それらを税金から支出することに対して国民の賛同を得る必要がある，②すでに野外で絶滅してしまったものに対して労力や資金をかけるならば，まだ野生絶滅していない，絶滅危惧種に対して行なうのを優先すべきではないかとの意見が少なくない，③現存しているのはすべて飼育個体であるため，野生下での生活の仕方を教えることのできるトキが存在しない，④現在飼育中のものはもともと中国産の数羽ていどの子孫で，遺伝子のバリエーションが非常に乏しく，野外の厳しい環境下で適応できるのか定かでない，⑤絶滅前の地域コミュニティとは異なったかたちでの地域住民の協力体制を新たに構築しなければならない，⑥復帰計画の対象地域（新潟県）外へ分布が拡大した際の対処が考慮されていない，などである．

　トキの野生復帰には，このようないくつもの難しい課題を克服しなければならず，実現可能かどうかについては疑問が残る．日本産は「絶滅」したのだから，外国産を無理に増やさず，自然破壊への反省のシンボルとすべきという意見も根強い．新潟県のトキ，兵庫県のコウノトリのいずれの増殖事業も，生物学的に有

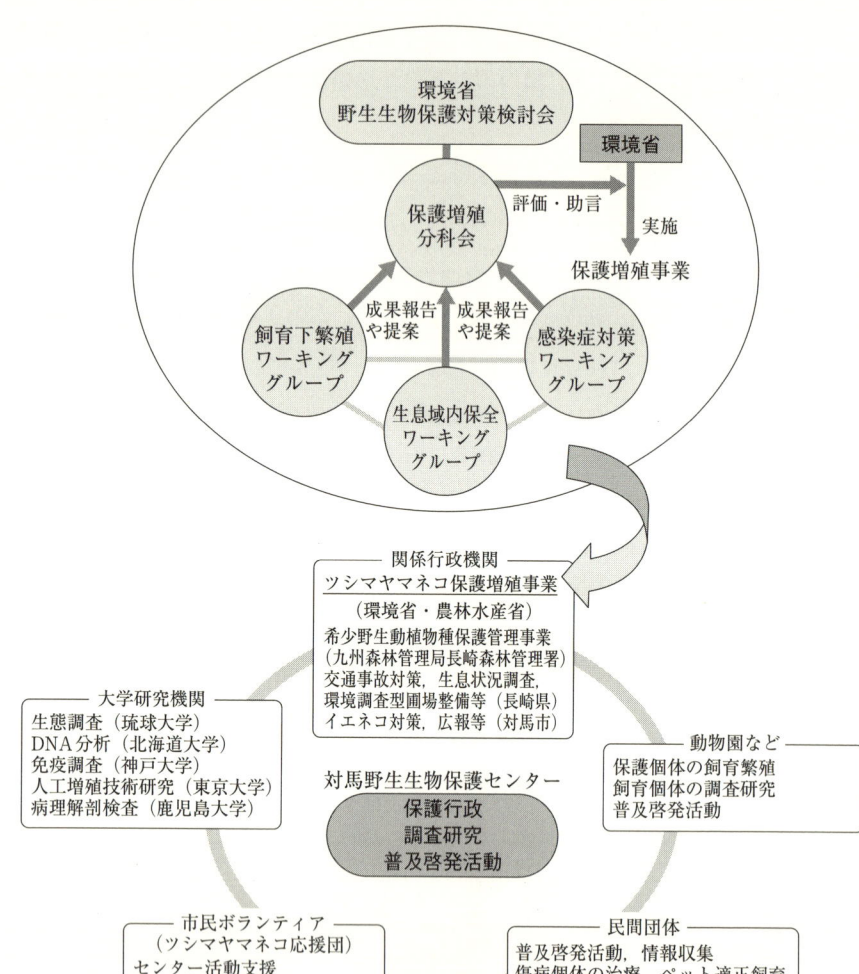

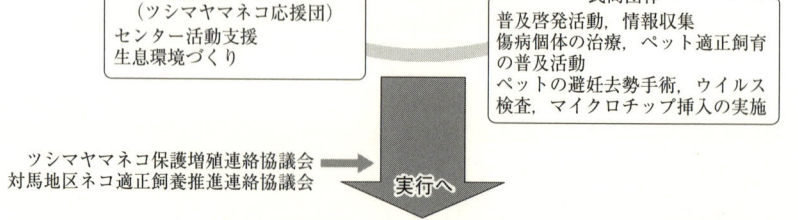

図3-6　ツシマヤマネコ保護増殖（上）および保護活動（下）の仕組み（ツシマヤマネコPVA実行委員会［2006］，対馬野生生物保護センターWebサイトをもとに作成）

意義な野生復帰事業というよりは地域振興策的な意味合いが強いといえそうだ．

〈ツシマヤマネコ〉

ツシマヤマネコは，長崎県対馬にのみ生息するネコ科の動物で，「天然記念物」かつ「絶滅危惧ⅠA類」に指定されている．人工林の拡大やその後の森林荒廃による生息環境の破壊や悪化に加え，交通事故の多発やイエネコから感染した伝染病などによって，個体数の減少が進み，現在の個体数は100頭以下と推定されている．

1995年に，環境庁（当時）と農林水産省によって，「ツシマヤマネコ保護増殖事業計画」が策定され，現在の体制は，3つのワーキンググループからの報告や提案を受けるかたちで，専門家から構成される「ツシマヤマネコ保護増殖分科会」が，事業実施についての評価や助言を行なっている（図3-6）．具体的には，対馬野生生物保護センターを拠点に，生態調査，交通事故対策，飼育個体の繁殖，傷病個体の救護・リハビリ，ペットの適正飼育[1]，普及啓発などの事業を関係機関の協力や参画を得ながら，ツシマヤマネコと共存できる地域社会の形成を目的とした保護活動が進められている（以上は環境省・農林水産省，1995：対馬野生生物保護センターWebサイトを参考）．

注）
1）ツシマヤマネコが，ペットであるイエネコやノラネコ由来のネコ免疫不全ウイルスなどの数種のウイルスに感染していることが確認された．その防止のためにはペットであるネコの適正飼育の徹底が不可欠で，現在，イエネコやノラネコを，ヤマネコと接触させない方法を検討・実施している（ツシマヤマネコPVA実行委員会，2006）．

> 野生生物の保護増殖事業の大部分は効果をあげていない．なぜなら，絶滅の淵にまで追いやったおもな原因である開発行為を止め，そのうえで生息・生育環境を回復し維持する対策が盛り込まれていないからである．絶滅の危機に瀕した野生生物へのもっとも有効な対策は生息・生育地の保全であることはいうまでもない．生息・生育地を守ることが同時に，地域住民の生活や農林水産業の付加価値へとつながっていく仕組みづくりが求められている．

飼育される野生生物たち

野生動物は，その名が示すとおり野生，つまり山野に生息する動物を指す．しかし，人間が野生動物を慣らしたり，飼育したりしている現状がある．このような行為が，野生動物を死に追いやっていることは案外知られていない．野生動物はペットとは違い，人間とのふれあいを自ら望んでいるわけではない．人間と野生動物とは一定の距離を保たなければならない．

〈餌づけの罪〉

野生動物にエサを与えることによって起こる問題を「餌づけ問題」と名づけ，大きく3つに分類して，それぞれの典型事例を示しつつ，以下に整理する．

生態系のバランスの崩壊　人間が野生動物に与えたエサによって栄養条件や繁殖条件がよくなり，繁殖率や生存率が上がり，餌づけ対象種の個体数が増えてしまう場合がある．また，その動物本来の行動を変えてしまう場合や，過密な集中化を招いてしまう場合がある．いずれも，エサを与えた動物への影響だけでなく，競争・競合関係や，食う食われる関係にある他種への影響，生息地への影響へと

波及していき，結果的に生態系のバランスを崩してしまいかねない．

　たとえば，渡り鳥のなかには，餌づけの影響で渡りのルートを変える，または渡りをせずに越冬地に居着いてしまう個体の存在が報告されている（たとえばRolshausen et al., 2009）．また，湖沼などで投与したエサによって生じた水質悪化や富栄養化が，餌づけ対象種以外の水生生物に悪影響を与えているとの指摘もある（福本ほか，2008）．

　感染症の伝搬　人間は，知らないうちにペットや家畜のもっている病原体を付着させている（人間は発病しない場合が多い）．人間が野生動物に直接あるいは間接的にエサを与えたり触れたりすることによって，それらの病原体を野生下に広めてしまう場合がある．また，たとい人間が直接の感染源とならなくとも，餌づけによって過度に集中している状態が感染拡大を助長し，新たにあらわれた病原体に対して耐性のない野生個体群に壊滅的なダメージを与えてしまう危険性がある．

　たとえば，2005年から2007年にかけて北海道で起きたスズメの大量死[1]は，エサ台を通じて感染したサルモネラ菌が主要因ではないかと推測されており（仁和ほか，2008：Une et al., 2008），さらなる感染拡大が懸念されている．

　前述した経路とは反対に，野生動物のもっている病原体が人間に感染する場合もある．感染によって引き起こされる病気のなかには，エボラ出血熱やペストなど，人間にとって未知の病気やすでに撲滅させたと考えている病気があるため，注意が必要である．

　たとえば，北海道では，キタキツネを介して人間に感染する寄生虫エキノコックス[2]が有名である．餌づけがキツネを市街地や観光地へと引きつける要因となり，感染源を人間社会の身近に引き寄せてしまっている可能性が示唆されている（たとえば高橋，2007）．

　人間の生活圏への接近　野生動物のなかには，クマやサル，キツネ，タヌキ，シカ，イノシシなどのように人間が与えたエサに味をしめて，自然界より容易にエサを得ることのできる人間の生活圏に進出してくるものがいる．また，生活ゴミや農作物の放棄も間接的な餌づけとなる．このようにエサによって誘引された

動物が人里で農作物被害を起こすと,「獣害」として駆除対象となる.

たとえば,農作物はもちろん,キャンプ場やゴミ出し場の残飯がツキノワグマを人里に近寄せる誘因となり（故意に餌づけしていたところもあったという）,人里に下りてきた個体は危険であるとして殺されてしまうケースが増えている（川道,2007).

以上のように,野生動物にエサを与える行為は,解決困難なさまざまな問題を引き起こす原因となっており,エサを与えることについての正当な理由はどこにも見当たらない.ただし,タンチョウやシマフクロウなどの「絶滅危惧種」に対して行なわれている応急処置的な餌づけに関しては,あるていど個体数が回復するまでの例外的な措置[3]と考えるべきだろう.

〈意図しない餌づけが獣害を生む〉

近年,サルやイノシシ,シカなどによる農業被害が増加しているとされ,有害鳥獣駆除という名目で多くの野生動物が捕殺されている.被害＝駆除といった単純な対処は,これらの野生動物たちがなぜ本来の生息地を離れて人里に近づいてきているのかという本質的な問題に目を向けない,被害が出ているから動物の数を減らせばよいといった安易で,その場しのぎな方法でしかない.

農業被害のおもな原因のひとつには,農作物を作る過程で,もしくは作った後での処理が適切に行なわれていないために,それらが野生動物を引き寄せるエサとなってしまっていることがあげられる.このような「意図しない」餌づけは意外に多く,農作物以外では,林道建設に特に多く見られる道路の法面に吹きつけられた牧草やマメ科植物などもまた,シカやイノシシなど有蹄類を誘引する要因となっていると考えられる（道路脇で採食するようになるため交通事故につながりやすい）.獣害の原因はこういった餌づけ行為と同等の仕掛けを至るところにつくる人間側にこそある.その意味では,被害者は獣なのであり,獣害とは,獣（が）害（を与えられた）の意であり,「獣に人間が害を与えること」と定義し直したほうがよいだろう.

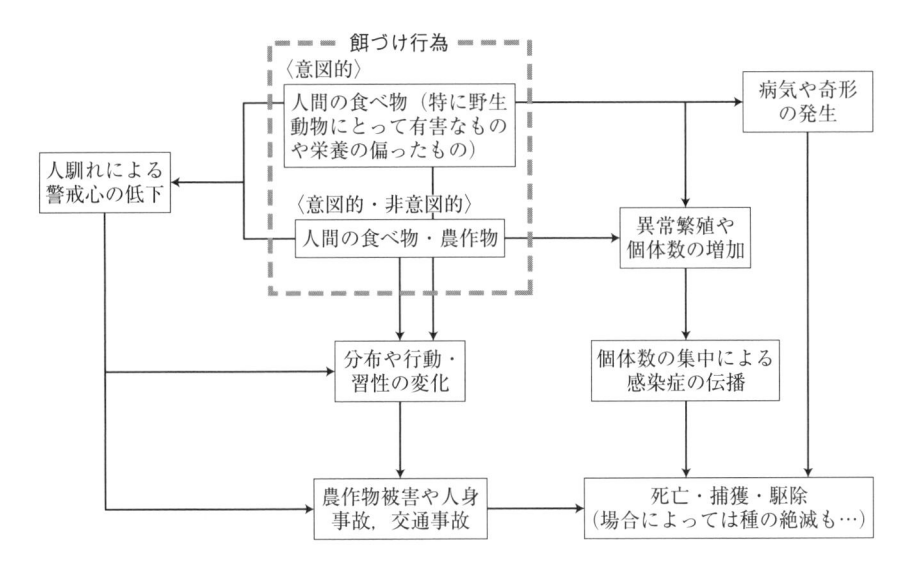

図3-7 野生動物への餌づけが引き起こす影響

イノシシやサルへの餌づけを禁止する条例を策定する自治体に加え，近年，鳥インフルエンザの感染防止のためとして，ハクチョウなど水鳥への餌づけ自粛に踏み出す自治体や関係団体が増えてきている．現在のような「農業被害」や「健康被害」を防止するという人間中心の対処ではなく，「人間と野生生物との共生のため」という理解のもとで餌づけ禁止がさらに拡大していくことが望まれる．

〈餌づけが動物を死に追いやるという現実〉

近年，餌づけ問題が深刻化していることから，禁止や規制に踏み切る自治体が増えてきている．このような餌づけの禁止や規制，または自粛などの呼びかけに対して，拒否や抵抗を続けて餌づけを肯定する人たちが少なからず存在している．そのような人たちは，間近に動物を見たり触れたりすることも環境教育の一環である，餌づけによって集まる動物を目当てにした集客が期待できる，などの主張をしている．しかしはたして，そのようなニセモノの自然を見せることが真に教育となるのか疑問であるうえ，観光につながるといった考えに至っては自分たちさえ経済効果の恩恵にあやかることができればよいとする関係者の身勝手でしかない．このような，餌づけによる動物の観察は，創意工夫のない手を抜いた人間本位の方法にほかならない．

3章 失われゆく生物多様性——85

餌づけによって人間とかかわりをもった動物たちがどのような末路をたどっていくのかをここで整理したい．たとえば，北海道では観光客がキタキツネにエサをあげている姿をよく見かけるが，このことが，車や人を怖がらない個体を増やし（たとえばTsukada, 1997），交通事故[4]の増加につながっていると考えられる．長野県志賀高原ではニホンザルにエサを与えたことが原因で個体数が増え，人馴れしたことで農業被害などへとつながった（たとえば和田，1989）．今やニホンザルによる被害は全国的に拡大し，害獣として駆除されるだけでなく，条例でエサを与えることを禁止している自治体まで出てきている．さらに，餌づけが開始されて以降，奇形の発生率が明らかに増加したという報告（伊藤ほか，1988：和，1996）があり，サル自身にも深刻な健康被害が及んでいることが知られている．ハクチョウやカモ類などの渡り鳥に対する餌づけについても即刻止めるべきである．餌づけによって鳥の飛来を特定の場所へ集中させると，過密状態ゆえに感染が拡大しやすくなり，大量死を引き起こす可能性が高くなるからだ．

　このように，意図的，非意図的にかかわらず，野生動物にエサを与える行為，つまり，人間が「生」を与えていると思っている行為は，深刻な事態を引き起こす危険性をつねにはらんでおり，結果的には，さまざまな生物を「死」に追いやることにつながりかねないのである（図3-7）．餌づけによって生み出される野生動物への，また野生動物によるさまざまな被害は，まさに人災以外の何ものでもない（川道，2007）．

〈輸入されるペットたち〉

　1973年，アメリカのワシントンで絶滅のおそれのある野生生物を国家間で取り引きする際の国際的なルールがつくられた．これが"絶滅のおそれのある野生動植物の種の国際取引に関する条約（通称：ワシントン条約，略称：CITES＝Convention on International Trade in Endangered Species of Wild Fauna and Flora)"である．

　国際取り引きを制限する必要のある野生生物が記載されたリストは"付属書"と呼ばれる．そこでは記載種が3つのランクに分けられ，ランクごとに制限内容

が決められている．付属書Ⅰは，ジャイアントパンダやトラなど絶滅のおそれが大きい種が対象で，商業目的の取り引きが禁止され，例外的に学術研究目的の輸出入では輸出国と輸入国双方の政府が発行する許可書が必要となるなどの比較的厳しい制約が課せられている．付属書Ⅱや Ⅲも同様に，何らかの規制がなければ絶滅してしまうおそれのある種が対象で，付属書Ⅰほどは厳しくないが，輸出入には許可書や証明書が必要となる．付属書にリストアップされた生物のランクの移動，追加や削除などについての協議は，4年ごとに開催される国際会議で行なわれる．本条約には，日本も含め175カ国が加盟している（2009年4月時点：CITES Web Site）．

近年のペットブームは，種の存続に深刻な影響を与えている．ワシントン条約に指定されていなければ，基本的にはどのような野生生物でも輸入できるからだ（「外来生物法」や「食物防疫法」[5)]によって一部規制）．その結果，日本は今や世界でも有数の野生生物輸入大国となっている（表3-2）．たとえば，2007年に生きたまま輸入された動物の数は7835とされている（財務省貿易統計より）が，国内にどのような種がどれほど輸入されているかについては十分に把握されていない．

そのなかで，輸出入が禁止されている野生生物の違法な取り扱い件数が，年々増加の一途をたどっている．その原因のひとつには，かわいいから，珍しいからといった理由で野生動物を購入し[6)]，飼育する人が増えてきている現状がある（図3-8）．人間が長い歴史をかけて飼い慣らし，人間に依存して暮らすようになったイヌやネコなどのペットとは違い，野生動物は飼育が難しく，ときには未知で危険な病原体

表3-2　1996年に日本に輸入されたおもなワシントン条約対象種の数

動植物	輸入量	世界取引の順位	世界取引に占める割合（％）
霊長類	5,374頭	2	21.6
クマ類	42頭	1	30.7
鳥類	136,179羽	1	42.5
リクガメ	29,051頭	1	54.5
ラン科植物	1,776,931株	2	18.2

※データは付属書ⅠとⅡの生体を対象としている
WWF-Japan（1999）をもとに作成

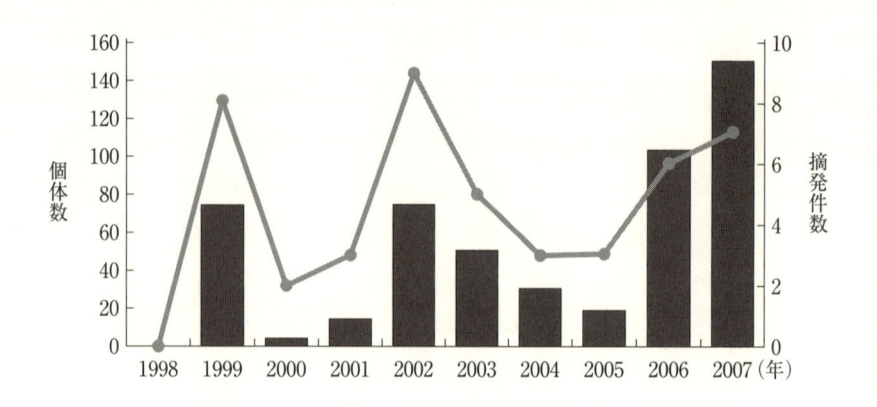

図3-8 日本へ密輸されたスローロリス属の個体数および摘発件数（野生生物保全論研究会［2007］と読売新聞［2009］をもとに作成）
個体数は棒グラフで，摘発件数は折れ線グラフで示している．スローロリス属は2007年にワシントン条約付属書Ⅰに掲載された．

をもっていることがある．そのためか，飼育しているペットを逃がしたり捨てたりする飼い主が後を絶たない（もちろん違法行為であり，厳しい刑罰が科せられる）．さらに，単に珍しいかわいい生き物を飼ってみたいというエゴが，闇ルートで取り引きされる市場を生み出し，密猟や密輸の横行にもつながっている．私たちは，市場で売買されている生物の安易な購入や飼育が，野生生物の激減・絶滅に手を貸している[7]ことを知らなければならない．

注）
1) 2005年～2006年の冬期に北海道で1500羽を超えるスズメが大量死し，原因はサルモネラ菌の一種のネズミチフス菌であることが判明した．諸外国ではこの菌によって壊滅的なダメージを受けた鳥類もいることから，感染拡大が警戒されている．
2) キツネのもつエキノコックスという寄生虫が，人間に寄生し，重大な病気を発症させる．発見が遅れると死に至ることもある．
3) 最終的な目的は，エサをとることのできる環境と個体数を同時に回復させることにあるため，応急処置である餌づけを続けることが望ましくないのは明らかである．
4) 137ページコラム参照．
5) 166-168ページ参照．
6) ここではおもに外国産の動物を指しているが，国内の野生動物の場合，特に哺乳類や鳥類については，許可なく飼育することが「鳥獣保護法」によって禁じられている．
7) たとえば，佐藤（2004）は，国内の希少植物や高山植物の栽培・販売・流通が，盗掘を助

長させている現状を問題視している．この報告と同様のことが動物でも起こりうる．つまり，国内の動物の飼育・販売・流通が，大量捕獲や個体群の消滅につながりかねない．

野生動物への「餌づけ」行為は，生態系のバランスを崩壊させ，感染症の伝播，獣害などの原因となっている．ペット感覚で接する身勝手な餌づけが野生動物を死へと追いやっている現状を知る必要がある．人間と野生動物とは一定の距離を保たなければならない．

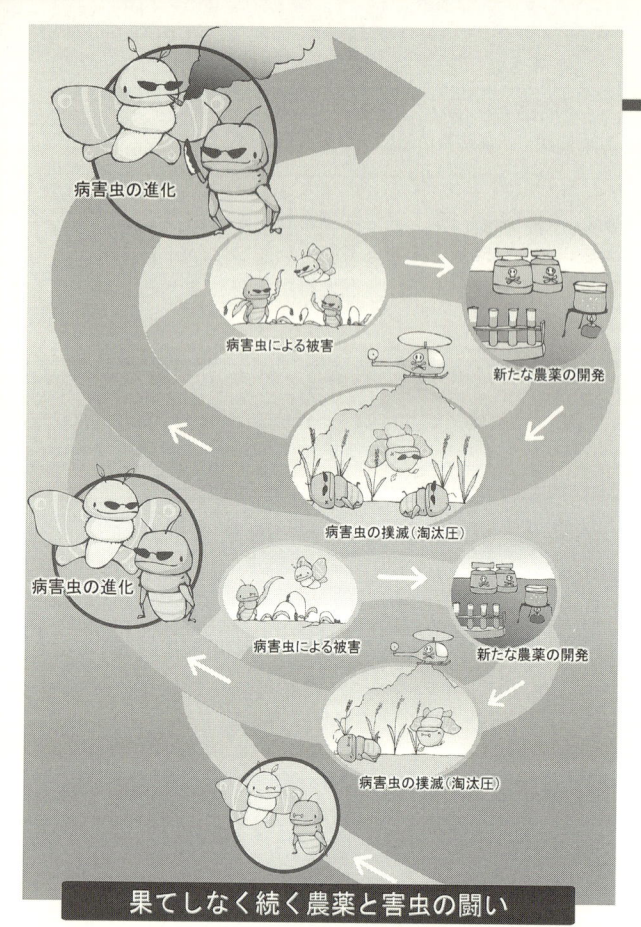

生物多様性と農業

「自然は，沈黙した．うす気味悪い．鳥たちは，どこへ行ってしまったのか．みんな不思議に思い，不吉な予感におびえた．」の書き出しで始まる，1962年に出版されたレイチェル・カーソンの『沈黙の春』は，農薬（DDT）の危険性を衝撃的ともいえる内容で世界に伝えた．それは，害虫や雑草を殺すための農薬が，空気，大地，河川，海洋を汚染し，生態系全体に影響が広がり，関係のない生き物たちをも死滅させてしまう様子を描いた"警告の書"であった．彼女は，残留農薬が引き起こす本質的な問題を見抜き，「（私たち）おそろしい武器（農薬）を考え出してはその鋒先を昆虫に向けていたが，それは，ほかならぬ私たち人間の住む地球そのものに向けられていたのだ．」（カーソン，1974：カッコ内は筆者による）という言葉でこの書を締めくくっている．

果てしなく続く農薬と害虫の闘い

〈殺虫剤と生物濃縮〉

　動物はすべて，ほかの動植物を摂取して生命を維持している．植物プランクトンは動物プランクトンのエサとなり，動物プランクトンは小型の魚のエサとなり，

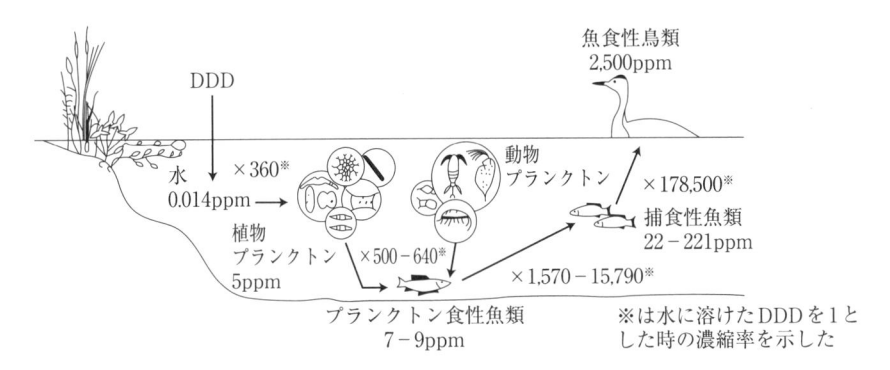

図3-9 アメリカのカリフォルニア州クリア湖におけるDDD（DDTに似た殺虫剤）の食物連鎖による水生生物への濃縮（金澤［1992］を改変）
1949～57年にかけてブユ対策としてDDDを散布した結果，かつて約3000羽生息していたカイツブリが，1950年末に生き残っていたのは30つがいのみであった．

　小型の魚は大型の魚のエサとなり，大型の魚は鳥類のエサとなる……といったように順次上位のエサとなっていく．このような生物間の食う食われるの関係でつながる状態は「食物連鎖」と呼ばれ，特定の種が突出して増加しないようバランスを保つ働きをもっている．この食物連鎖を通じて化学物質の蓄積が進み，連鎖の上位に位置する生物に高濃度に濃縮されていくことを"生物濃縮"という．

　農薬（特に殺虫剤）の影響は，対象となる生物だけではなく，食物連鎖を通じて生態系全体に広がっていく．とりわけ高次消費者では，高濃度の蓄積が確認される．たとえば，有機塩素系殺虫剤によってもたらされた悪影響として，ブユへの殺虫剤使用がカイツブリを壊滅的にまで激減させたこと（Hunt and Bischoff, 1960）（図3-9）や，DDTの使用がイヌワシ，ハイタカ，ハヤブサなど猛禽類の卵殻を薄くさせて割れやすくし，雛の死亡率を高めて個体数を減少させたこと，などがよく知られている（Newton, 1998）．

　農薬の危険性は，さまざまな生き物を無差別に殺傷していくに留まらない．土壌から河川や湖沼，海洋へと流れ出て，被害範囲を拡大させ，さらには食物連鎖を通して人間を含む生物の体内に吸収され，蓄積し続け，生態系のなかに長期間留まって被害を継続させるなど，空間的・時間的な広がりをもって問題をより深

刻化させていくところにこそ，この有害物質の本質がある．

〈軍拡競争に似た農薬の使用〉

農薬の使用が農業の進歩に貢献したのは確かなことかもしれない．しかし，害虫発生に対する抑制効果をもつ一方で，過剰な農薬の使用がさまざまな副作用をもたらしこともまた疑いようのない事実である．殺虫剤に対して耐性をもつ個体が生き残って増加してくると，それらの個体群を駆除するためにさらに強力な殺虫剤が開発され，その殺虫剤に対してさらに耐性をもつ害虫が出現し，さらに強力な殺虫剤が開発され……といった，いたちごっこになっていることや，生態系のバランスが崩れ，これまで害虫ではなかった虫の異常繁殖を引き起こして害虫化させてしまうこと，自然界のなかで消えることなく残留する汚染を生み出してしまうこと，などが指摘されている．

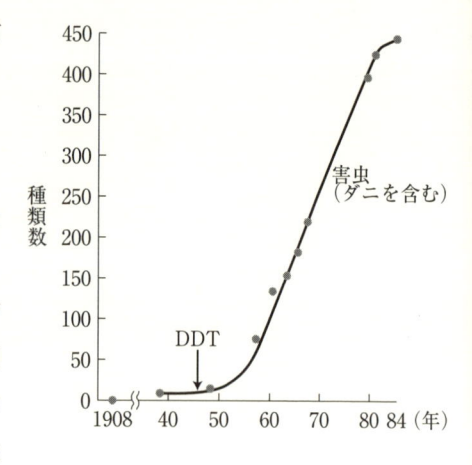

図 3-10　薬剤抵抗性が顕在化した種類数の推移（桐谷 [2004] を改変）

なかでも農薬と害虫の関係は，敵対している 2 つの国において，片方の国が軍備を拡大すると，それに対抗してもう片方の国も軍備を拡大することを繰り返して，悪循環に陥ってしまう人間社会の「軍拡競争」に似ている．桐谷（2004）によると，1990 年前後の時点で，世界で少なくとも 504 種の害虫が殺虫剤に対する抵抗性をもっていることが報告され，有効な解決策のないまま現在に至っている（図 3-10）．

〈途上国へ拡大する農薬被害〉

現在，先進国では農薬や化学肥料の使用量はおおむね減少傾向にある．その一方で，中進国や途上国を中心に農薬や化学肥料の使用量に増加傾向がみられる．この農薬や化学肥料の過剰使用が土壌中の微生物のバランスを崩壊させて病原体

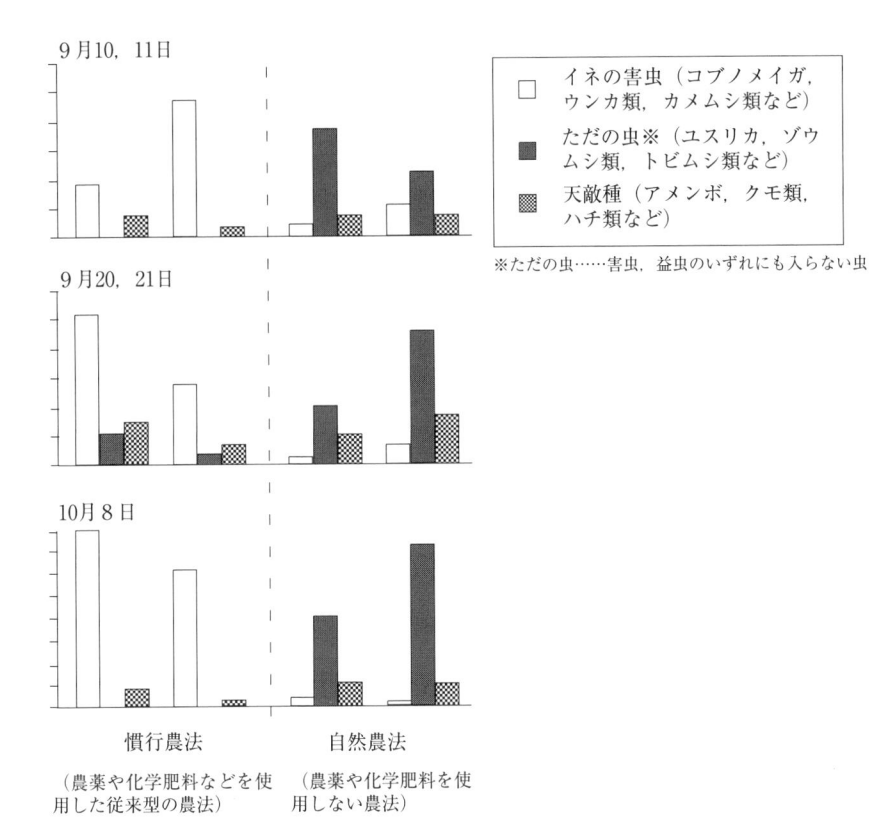

図3-11 **慣行農法と自然農法の水田における動物群集構造の比較**（日鷹［1994］を改変）
両農法とも2カ所の水田で調査を行なった．

凡例：
- イネの害虫（コブノメイガ，ウンカ類，カメムシ類など）
- ただの虫※（ユスリカ，ゾウムシ類，トビムシ類など）
- 天敵種（アメンボ，クモ類，ハチ類など）

※ただの虫……害虫，益虫のいずれにも入らない虫

調査時期：9月10，11日／9月20，21日／10月8日

慣行農法（農薬や化学肥料などを使用した従来型の農法）
自然農法（農薬や化学肥料を使用しない農法）

の蔓延を招き，農作物に高濃度の農薬残留を生み，化学物質が河川や地下水に流れ出して水質汚濁や富栄養化の原因となっている．その背景には，先進国で使用が禁止されたり制限されたりした農薬が，中進国や途上国に輸出され，再利用・再使用されていることがある（ウィヤー・シャピロ，1983）．さらには，そこで作られた農作物が先進国に輸入されており，問題を複雑にしている．先進国で危険な農薬の使用がいくら禁止されようとも，他国への輸出を禁止しなければ，皮肉にも回りまわって，使われていないはずの農薬を用いて作られた農作物が自国民の口に入るといった現在のブーメラン現象に歯止めがかかることはないだろう．

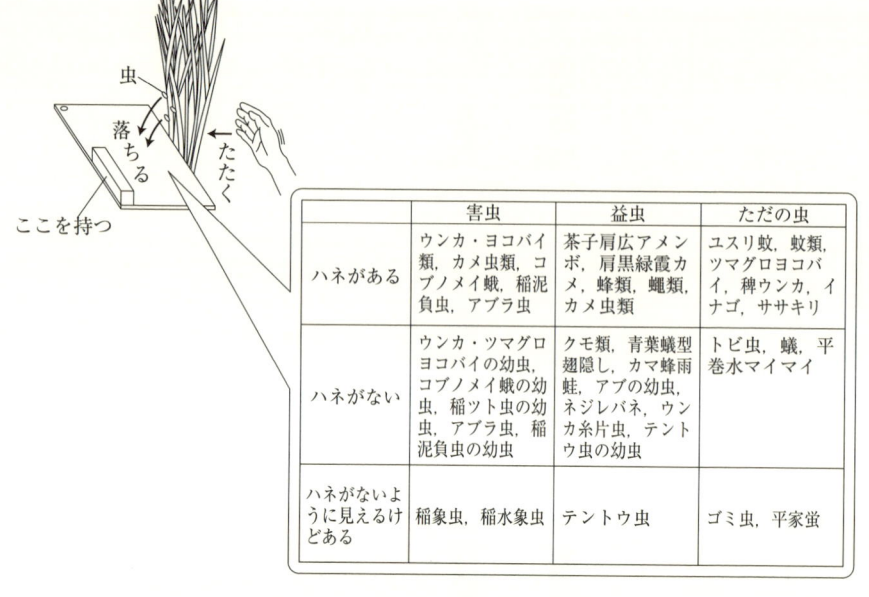

図3-12 虫見板で観察できる田んぼのおもな昆虫（宇根［2000，2004］を改変）

	害虫	益虫	ただの虫
ハネがある	ウンカ・ヨコバイ類，カメ虫類，コブノメイ蛾，稲泥負虫，アブラ虫	茶子肩広アメンボ，肩黒緑霞カメ，蜂類，蠅類，カメ虫類	ユスリ蚊，蚊類，ツマグロヨコバイ，稗ウンカ，イナゴ，ササキリ
ハネがない	ウンカ・ツマグロヨコバイの幼虫，コブノメイ蛾の幼虫，稲ツト虫の幼虫，アブラ虫，稲泥負虫の幼虫	クモ類，青葉蟻型翅隠し，カマ蜂雨蛙，アブの幼虫，ネジレバネ，ウンカ糸片虫，テントウ虫の幼虫	トビ虫，蟻，平巻水マイマイ
ハネがないように見えるけどある	稲象虫，稲水象虫	テントウ虫	ゴミ虫，平家蛍

〈いろいろな生物と仲良くする農業へ〉

殺虫剤は，対象となる害虫だけでなく，害虫の天敵である昆虫までも殺してしまう．そのため，殺虫剤は，食う食われるの関係からなる生態系のバランスを損ね，皮肉にも害虫の大量発生を招く原因にもなっている．近年の研究では，農薬を散布せずに，自然の力をうまく利用するほうが結果的に害虫を増やさないことがわかってきた（図3-11）．このような農薬散布の影響について理解するのに便利な「虫見板」と呼ばれる器具がある（図3-12）．虫見板は，30×22cmの濃紺色の薄い板で，農作物をこの板の上でたたき，落ちた虫を観察したり，その数を数えたりするのに使用される．この器具が「害虫がいなければ益虫もいなくなる」といった認識を生み出し，田畑にすむさまざまな生き物とのつき合い方を再考するきっかけをつくり出していったのである（以上は宇根，2004を参考）．

自然を破壊し続けた近代的農業が破綻をきたしている現在，私たちは農薬を可

能な限り控え（むろん，なくす方向で），自然の力（＝自然の恵み）を引き出すような農法へと転換していく道を歩まなくてはならない．そのような取り組みが，今，全国各地で進められている．たとえば，①露地のオクラやナス畑におけるソルゴー（モロコシ）囲いのように，天敵を温存し増殖を助けるバンカープランツ[1]を周囲に植えて害虫の被害を防止する，②天敵を増加させると同時に，作物同士のアレロパシー[2]が働くように混植・混作をして，病虫害を受けにくい空間をつくり出す，③竹や米ぬか，家畜の糞尿などの地域資源から堆肥をつくって目的に合わせて使用し，里山で炭を焼いた際にとれる木酢液などを葉面散布して，作物を病虫害の受けにくい体質へ変えていく，④アイガモやニワトリに田んぼの除草や畑の害虫駆除をしてもらう，といったような事例があげられる（たとえば農文協，2009）．

里山の資源や田畑の産物を活用したこのような農法が，農業従事者自身の健康や安全の確保，コスト低減，安定増収，品質向上を目指す取り組みとして，ぞくぞくと生み出されている．

〈これからの農業政策〉

福岡県では，自然を守る農業に対して支払いをする，環境デ・カップリング政策「県民と育む農のめぐみモデル事業」が始められている．

これは，農業を，食糧生産の役割だけでなく，地域の自然・社会・歴史・文化をつなぐ役割をもつものへと見直す政策であり，宇根の提唱する「自然環境を支える仕事」にシフトするための仕組みでもある．支払い要件の①減農薬である，②生き物調査を行ない，生き物目録[3]をつくる，③農作業日誌をつけ，農業と自然の関係を考察することを満たすと，10a当たり1万8000円が支払われる．その結果，農業従事者の認識は，「助成金を得る」から「自然を守る視点は農業に必要である」へと明確に変わっていっている．

今後，このような取り組みが拡大すれば，これまでの食糧生産の場でしかなかった農業が生物多様性保全の重要な拠点となっていくのは間違いない（以上は宇根，2000，2007を参考）．

注）
1) 病虫害の天敵にすみかを提供するために植えられた植物．
2) 植物に含まれる化学物質がほかの植物などに何らか影響を与えることで，「他感作用」と訳される．近年，特定の植物による雑草や害虫を防除する効果が生物農薬として注目され，よく利用されている．
3) NPOの協力のもとで指標生物を選定し，「害虫や益虫」としてはウンカ・クモ・アメンボなど，「田んぼの生き物としてかかわりの深い生き物」としてはトンボ・ホタルなど，「絶滅させたくない生き物」としてはメダカ・イモリなど，「外来生物」としてはカブトエビ・ジャンボタニシなど，を調査対象種としている．

　農薬に依存した近代農業が生物間のつながりを破壊すると同時に，自然と人とのつながりをも破壊してきた．これからの農業を，食糧生産の場だけではなく，自然とのつながりを知るための場として認識する必要がある．

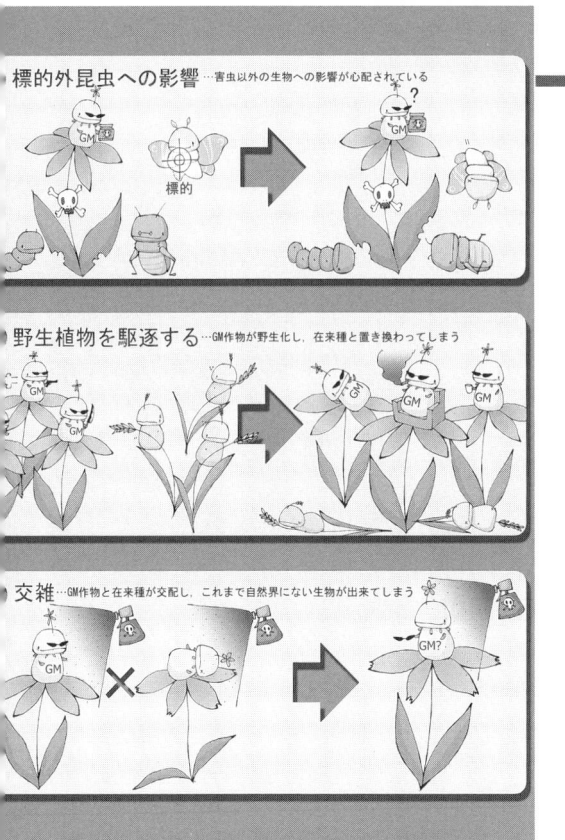

遺伝子組み換え作物

"遺伝子組み換え作物（GM作物，GMO：Genetically Modified Organism）"は，ほかの生物の遺伝子を人為的に組み込んで，害虫に強い，除草剤に強いなど新たに特殊な性質をもたせた作物である．種の壁を越えてさまざまな遺伝子を組み込むことが可能な点で，幾度となく交配を繰り返して目的の性質に近づけていく「品種改良」とは明らかに異なっている．自然界では決して存在しえない作物を作り出してしまうため，私たちの健康や生態系への影響などが懸念されている．有用性だけでなく，安全性や倫理性，社会性などのさまざまな視点からこの新技術のあり方を問う必要がある．

〈遺伝子組み換え作物をめぐる論点〉

　遺伝子組み換え作物（以下GM作物）は，食糧や飼料の安定供給の，そして農薬散布の削減や農作業の負担軽減の有力な手段として注目され，今や栽培面積は全世界で1億haを超えるまでになった（図3-13）．日本への輸入も行なわれ，GM作物は否応なく私たちの身の周りにすでに浸透しているのである（図3-14）．

GM（遺伝子組み換え）作物による生態系への影響

- 標的外昆虫への影響…害虫以外の生物への影響が心配されている
- 野生植物を駆逐する…GM作物が野生化し，在来種と置き換わってしまう
- 交雑…GM作物と在来種が交配し，これまで自然界にない生物が出来てしまう

3章　失われゆく生物多様性——97

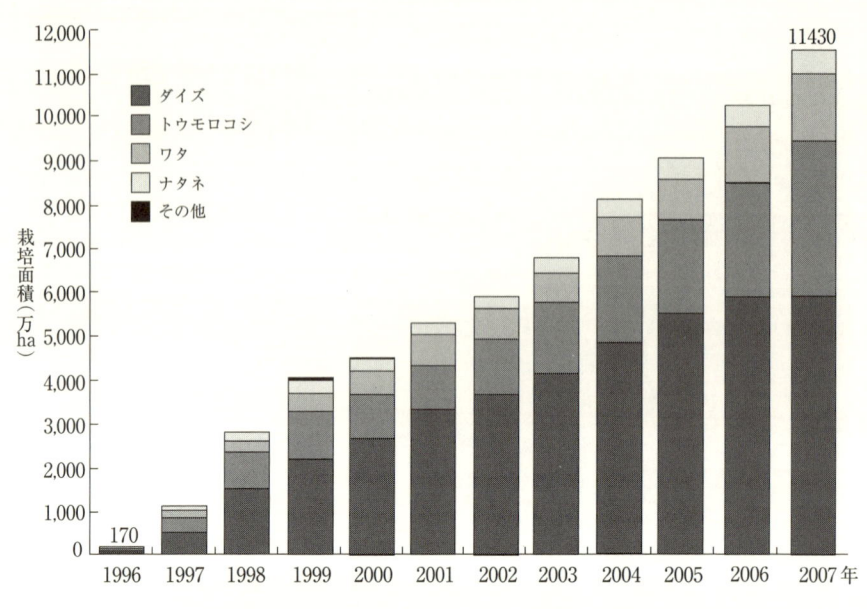

図3-13　世界のGM作物栽培面積の増加（James［2007］と農林水産省［2008］を改変）

　栽培されているGM作物は，ダイズ，トウモロコシ，ワタ，ナタネが大半を占め，その大部分が「除草剤耐性」と「害虫抵抗性」[1]の2つに分けられる．これらのGM作物の開発・普及が，農薬散布の削減や農作業の負担軽減につながったと喧伝されているが，異論も根強くある．人体への影響に関しては，組み込まれた遺伝子特性が把握されていることや，急性アレルギーや急

輸入作物	輸入量（万t）	GM混入量（万t）（推定）
トウモロコシ	1,642	544（33%）
ダイズ	504	287（57%）
ナタネ	208	103（50%）
ワタ	16	5.8（36%）

図3-14　4つの輸入作物輸入量とGM混入推定量（2002年）（玉木［2005］を改変）

性毒性試験を行なっていることから安全性に問題はないとされている．しかし，長期的な試験はなされておらず，長期間食べ続けることによって起こる人体への影響については検証できていない．いずれにせよ，GM技術は未解明な部分が多いこともあって，生態系へ及ぼす影響なども含めて予測できない事態が起こるのではないかと危惧されている．

　GM作物を「第2の緑の革命[2)]」と呼び，途上国の食糧問題解決のために導入を図るべきだとの主張がよく聞かれる（ドウキンズ，2006）．しかし，途上国の政治的経済的背景[3)]を考慮せずに，先進国の思惑や近代農業技術を押しつける姿勢が非難されていることに耳を傾けるべき（久野，2005a）との主張のほうにこそ説得力がある．実際に，アメリカが人道援助として送ったGM作物のトウモロコシが，健康被害や国内作物の遺伝子汚染につながるとして途上国から受け取りを拒否されている（天笠，2008）．

　以上のように，GM作物の是非をめぐっては各国で議論が交錯し，情報の整理が十分になされていない状況が続いている（表3-3）．ただし，GM遺伝子がいったん環境中に放出された場合，後になってそれが有害であるとわかってもすでに手遅れであることは明らかである．

〈遺伝子組み換え作物混入の表示義務〉

　GM作物は何の規制も情報もないまま市場に出回っており，かつて私たちはそれとは知らずにGM作物を口にしていたことが後になって判明している（たとえば滝川，2005）．2001年4月，厚生省はようやくGM作物が混入している食品の表示の義務づけを取り決めた．しかし，その内容は，醤油や食用油，惣菜などをはじめとする加工食品には表示義務がなく，混入率が5％未満の場合は「混入なし」として表示できるなど，消費者の権利が守られているとはいえず，その説明も十分に行き届いていない．これらのことから明確なのは，現在，私たち消費者がGM作物を食べるか食べないかの選択を事実上できない状態にある，ということだ．

　実際に，各国でGM作物の混入に歯止めがかからない状態が続いている．アメ

表3-3　GM作物をめぐるおもな議論の整理

GM作物推進派の主張	GM作物慎重派の主張
農薬散布量の削減	
・除草剤耐性のために，農薬の散布回数が減少，農作業の負担軽減につながる	・耐性雑草が出現，かえって散布回数の増加や強力な農薬使用につながっている
・作物自体が特定の害虫を殺すので，殺虫剤の使用が減らせる	・対象外の害虫については何らかの殺虫剤が必要
・除草剤耐性品種は不耕起栽培に適しているため，土壌流出を防ぎ，環境にやさしい	・土壌流出が抑えられても，農薬・化学肥料依存型農業自体を変えなければ問題は解決しない
自然生態系への影響	
・殺虫効果は，特定の害虫に対して以外は働かない	・天敵昆虫に対する悪影響についての懸念は消えない
・決められた方法のもと，管理された場所でしか繁殖できないので野生化や交雑は心配いらない	・野生化や交雑が確認されているとの報告がある
食品・飼料としての安全性	
・全てのGM作物において，組み入れた遺伝子の特性がハッキリしていることや，急性アレルギー，急性毒性試験を行なっていることから安全性に問題はない	・長期間食べ続けることによって起こる影響については検証できていない
・非GM作物とGM作物の混入問題については各国の法制度のもとで安全に管理されている	・実際に混入を防ぐことができていない
作物の安定供給	
・収量が増加する	・収量はむしろ減少したとの報告もある
・GM作物を導入することで農作物の安定供給（世界の人口を養うこと）につながる	・食糧危機は先進国と途上国との激しい格差の問題に起因しており，政治的問題を技術的問題にすり替えるのはおかしい

（Quist and Chapela［2001］，白井［2003］，久野［2005a,b］，齋藤・宮田［2005］，Friends of the Earth international［2007］をもとに作成）

リカでは，人間が食べるとアレルギーを起こす可能性があるため，食品としては未許可の家畜飼料用GM作物「スターリンク」が人間の食品から検出された．その後，飼料用・加工用トウモロコシをアメリカから輸入している日本でも，家畜

飼料はもちろん食品原料にまでも「スターリンク」の混入が検出された（朝日新聞, 2000）．さらに，未許可の実験用GM作物のコメ「LLRICE601」の混入も確認される（朝日新聞, 2006a）など，同様の事件が繰り返し起こっている．これらの出来事は，GM作物の流通管理が徹底できず，分別が事実上不可能であることを意味している．

〈カルタヘナ議定書とカルタヘナ法〉

2001年に，カナダのモントリオールで採択された"生物の多様性に関する条約のバイオセイフティに関するカルタヘナ議定書（通称：カルタヘナ議定書）"は，改変された生物（＝GM生物）を国境を越えて移動させる際，生物多様性保全および持続可能な利用へ悪影響を与えないように，国際的な輸出入の手続きの枠組みを定めたものである．そのカルタヘナ議定書を日本で実施するために国内法として制定されたのが，"遺伝子組換え生物等の使用等の規制による生物の多様性の確保に関する法律（通称：カルタヘナ法）"である．

カルタヘナ法は，GM生物（GM作物も含まれる）などによる生態系や人間の健康への影響を防止するために，輸入や使用などを規制する法律で，おもに，GM生物などの輸出入や譲渡に関する規制，GM生物などを使用する際の形態に応じた措置の義務づけなどを定めている（以上は嶋野, 2005を参考）．問題点として，①未承認のGM作物がすでに野外に放出され，交雑が懸念される現状に対しての具体的な対処が遅々として進められていない，②GM生物による影響評価や適用範囲の対象が野生動植物に限定され，農作物への影響が含まれていない，③人体への影響や危険性についての評価が十分でない，などの不備がみられる．つまり，GM生物のさまざまな利用形態や状況の変化に対応できる法律になっていないといえる．現実に応じた適切な運用や改善が強く求められる．

〈遺伝子組み換え作物を規制する条例〉

GM作物について慎重な考えをもつ人たちやNPOは，自然界で存在しない作物を作るのにはできるだけ慎重であってほしいとの意向を示している．その根底に

はこれまで十分な説明をしてこなかった科学者や産業側への不信感がある．たとえば，豊かな自然に支えられていることがブランドとなっている北海道では，2005年，全国に先立ってGM作物を規制する"北海道遺伝子組換え作物の栽培による交雑等の防止に関する条例"を制定した．条例制定の背景には，GM作物に対して，農業従事者自身の抵抗感に加え，何よりも消費者の不信感があった．それはGM作物の栽培に対して38万もの反対署名が全国から集まったことにもあらわれている（松井，2006）．

北海道が当初示したガイドラインは，開放系（野外や拡散防止措置のない施設など）での栽培の中止を求める前例のないほどの厳しいものだったが，条例に向けて策定を進めるなかで，経済界の圧力に負けた結果，「開放系試験栽培は届け出制，開放系一般栽培は許可制」といったかなり後退した内容となった（滝川，2005）．立ち入り検査の実施や違反者への罰則，説明会開催やモニタリング（交雑を監視するための調査）の義務づけなど，あるていど評価できる措置はあるが，GM作物の野生化や交雑，市場での意図せぬ混入に対する現実的な規制として，どのていどの効力を発揮するかは疑問が残る．

上記の北海道に加え，千葉県，東京都，徳島県，新潟県がＧＭ作物規制の条例を策定し，ほかの自治体でもガイドラインなどの策定が進められている（朝日新聞，2006b：田部井，2006）．

〈食用植物の遺伝子多様性の危機〉

食用植物は世界に約8万種あるといわれているが，大規模に栽培されているものは約150種である．しかもそのうちのわずか15種類で，人類の食糧の90％以上がまかなわれている（U.S. Fish & Wildlife Service, 2005）．このような現状のなか，GM作物の栽培拡大は，現在，激減傾向にある食用植物のさらなる多様性の低下に拍車をかけると同時に，独占企業による食糧支配が進められていくと推測される．

たとえば，「ラウンドアップ」という除草剤にだけ枯れにくい性質をもつモンサント社製のGMナタネは，収穫後に種をとって第2世代を育てることが禁止さ

れ，かつ栽培開始のたびに購入が義務づけられる特許権をもった「製造物」として扱われている．このGM作物の特許権は，農家がもつ「自ら育てた作物の種子を採取・保管し，播き，販売する」権利と衝突するため，トラブルが絶えない[4]．GM作物と非GM作物との意図的でない交雑によって所有者の農作物が汚染された場合，特許侵害と判断されて訴訟問題へと発展するからである．

このような強引なやり方で一部企業による農作物遺伝子の独占状態が続くならば，将来的に有機栽培や品種選択の余地は失われていき，農作物遺伝子の多様性の低下は間違いなく，加速度的に進んでいくだろう．

〈食の安全を一部の企業が独占することの脅威〉

GM作物を開発する企業は，モンサント（アメリカ），デュポン（アメリカ），ダウ（アメリカ），シンジェンタ（スイス・イギリス），バイエル（ドイツ）のおよそ5社で，各社は吸収合併を繰り返し，技術の特許化とその交換（クロスライセンス）を行なうことなどで互いに結びつき，GM作物の技術と商品を独占している（大塚，2001：久野，2005b）．これらの特定の多国籍企業が，既存の組織や物流を取り込みながら，GM作物の生産・加工・流通・販売を一手に握り，これらを独占する方向へ向かうならば注意が必要である．もしこのような事態が現実となるならば，これまでの農業体系は崩壊し，既存の食糧生産技術は，工業製品を生産・販売するかのような「工業化体制」へと組み込まれてしまいかねない．

注）
1）「除草剤耐性」とは，特定の除草剤に対して強い耐性（枯れない性質）をもたせた遺伝子を組み込んだもので，特定の除草剤とセットで扱われる．これによって，雑草を取り除く労力や除草剤の使用が減らせるといわれているが，除草剤の効かない雑草が出現しており，むしろ除草剤の散布量は増加傾向にあるとの研究報告がある．「害虫抵抗性」とは，特定の害虫を殺す毒素を生産する遺伝子を微生物から取り出して作物に組み込んだもので，作物自体が特定の害虫を殺すため，殺虫剤の使用が減らせるといわれている．しかし，耐性害虫を出現させる，害虫以外の昆虫を殺す，あるいは作物そのものの発育を遅らせる可能性があるとの研究報告がある（以上は久野，2005aを参考）．
2）「緑の革命」とは，1960〜80年代，途上国の農作物の収量を上げるために，イネやコムギなどの高収量品種の開発・普及，農業の近代化（大規模化，化学化，機械化）によって進められた農業技術革新のこと．本技術導入後，貧富の差はさらに拡大し，地域社会の構造が変

化・崩壊した．農業の多様性は失われ，土地が疲弊し，収穫量が下がっていったことから考えると，持続的発展に結びつかなかったことは明らかである．先進国が途上国に対して行なった「経済による再植民地化」ともいえる緑の革命を成功と呼ぶ者はごく一部であろう．

3）たとえば，エチオピアでは1984年に飢饉に見舞われても油科種子，綿実，コーヒー，肉，果物，野菜が輸出され，インドでは2001年に国民が餓死する一方で，5000万 t の貯蔵穀物を腐らせるなどの事態が起こっている（ドウキンズ，2006）．

4）その代表例が「シュマイザー裁判」である．カナダで農業を営むシュマイザー氏は，1998年，モサント社から，許可なく自社製のGM作物を栽培したとして特許侵害で訴えられた．しかし，氏がGM作物を栽培した事実などなく，隣接する他の農家の畑から種子が流入したと主張したが，判決はモサント社の特許を侵害したと結論づけた（以上は天笠，2008を参考）．

現在の日本の食糧供給システムでは，遺伝子組み換え作物の混入を防ぐことはできない．人の健康や生態系への影響もさることながら，もっとも大きな問題は，遺伝子組み換え作物の市場が拡大することによって利益を得る一部の者や組織が政治力を背景にきわめて支配的な体制を築いていることにある．

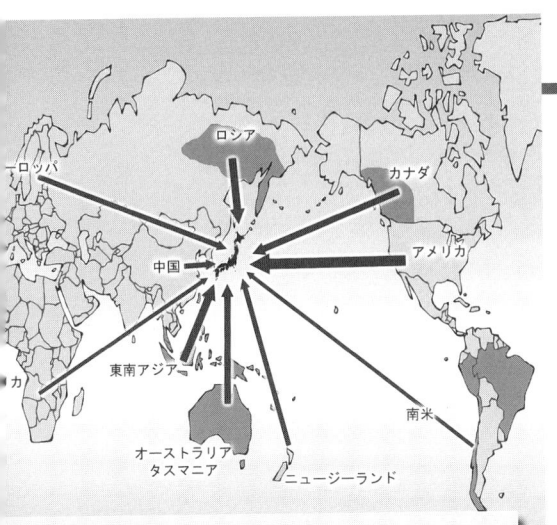

林業の衰退と
森林の荒廃

　日本の森林面積は約2500万haで，国土の7割を占めている．これを天然林[1]と林業のために植樹された森林（人工林）とに分けてみると，前者は国土の約3割，後者が約4割となる（白石，2004）．前者のうち，原生林や原始林，自然林にはこれ以上開発行為や伐採などで人間が手をつけないようにするのは当然として，後者の人工林には里山の自然と同様，人間の継続的な働きかけを行なう必要がある．なぜなら人工林は放置したままでは自然林へと遷移せず，植林した樹木の間伐，下草刈り，枝打ちなどの管理をつねに行なわなければ，かえって森林が荒れてしまうからである．

　実際に国内の人工林の多くは荒廃が進んでいる．スキー・ゴルフ場を中心としたリゾート開発などの目先の利益のみを追求した大規模な過剰伐採，スギやヒノキなどの針葉樹の一斉植林による単純林化，植林後の森林の放置，などが今日の森林荒廃を招き，その結果，洪水や土砂崩れなどの災害が頻発している．

　森林に本来備わっていた生物多様性保全の機能を取り戻すためには，天然林の維持や保全はもちろん，管理が不十分な人工林の整備を進めていくと同時に，経

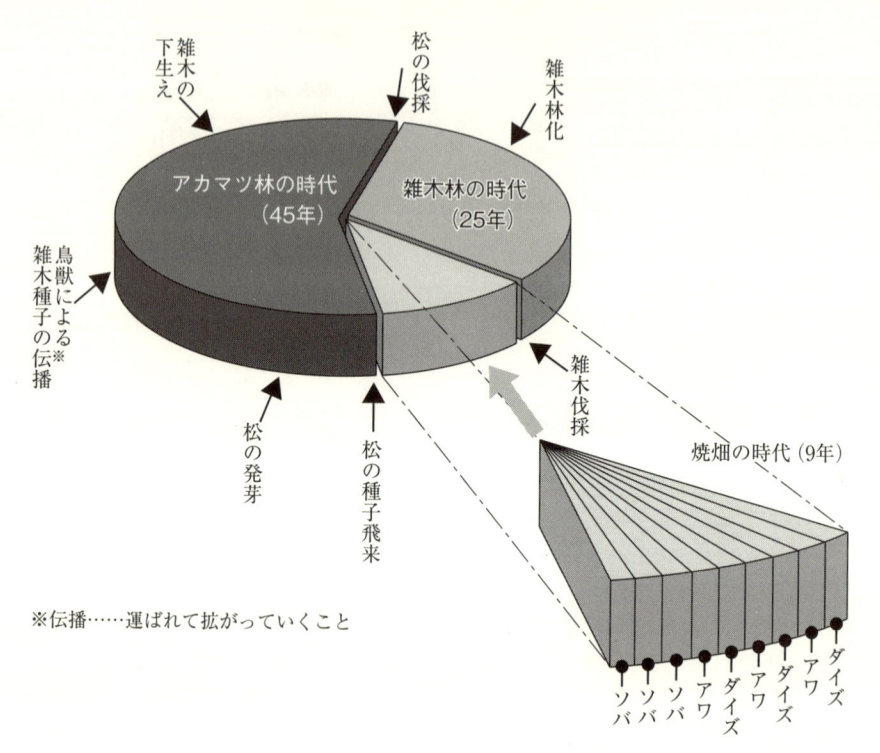

図 3-15 岩手県北山山系における焼畑を含む山の80年輪作（陽 [2001] を改変）
　雑木林を焼いてできた畑に，まずはダイズを作り，翌年からはアワとダイズを交互に作っていく．最後にやせた土地でも作りやすいソバを植え，その後は畑としての土地利用を止める．アカマツ林となった40〜50年後には，育った木々を伐採し，その後，雑木林に戻して，雑木は炭焼きなどに使用する．そして再び焼畑を行なう……，といったサイクルで進められる．輪作の内容や作物は，地域や時代によって変化してきた．

済優先に偏りがちであった近年の林業を見直し，自然と調和のとれた林業へと変えていくことが求められている．

〈林業の労働と焼畑農業〉

　林業といえば今日では植林から伐採搬出までの工程を示し，木材育成のみが林業従事者の仕事と考えられている．しかし，かつては，薪伐りや炭焼き，焼畑，ミツマタ（紙の材料）作りなどのほか，シデやコナラ・ミズナラの木を切り倒し

て椎茸を生やすという山仕事も林業の一環として行なわれていた。それらはすべて手作業で，過酷な肉体労働であった（たとえば藤田，2004）。

　なかでも焼畑は林業において重要な役割を果たしてきた。ヒエやアワ，トウモロコシ，野菜などを栽培する焼畑は，事前の木々の伐採から火通り（防火線）づくりなどに多大な労力を必要とする集落総出の共同作業で，植林した樹木が生長して焼畑ができなくなるまで行なわれた。森林を切り拓いて畑にするのではなく，あくまで植林をする前の土地の有効利用である。焼畑は，ある区域の森林を伐採する→雑草や病害虫を駆除，草木の灰を肥料にするために焼き払う→一定期間耕作する→植林してもとの森林に戻す，といった循環型農業である（図3-15）。つまり，焼畑は林業と農業を結ぶ「持続利用可能な農法[2]」ということができるだろう。しかし，これらの伝統的焼畑農業の技術は，農家の高齢化や後継者不足によって失われつつある。

〈外材依存と世界的森林破壊〉

　1950～60年代に，ブナやミズナラなどの広葉樹天然林を伐採し，スギやヒノキなどの生長の早い針葉樹の植林を奨励する「拡大造林」政策を国が推し進めた。経済性のみを追求したこの政策は，当初こそ莫大な利益を生み出したが，良質な木材が次第になくなっていったうえに，国の政策転換によって安価な外国木材が大量に輸入され始めると，国産木材の価格は低迷し，林業は衰退の一途をたどることになった[3]。

　現在，国内の木材自給率は2割ていどとなり，残る8割をアメリカやカナダ，東南アジアなどからの輸入に頼っている（図3-16）。日本のこのような外材依存体質が，世界的な森林破壊を助長し，輸出国の違法伐採や持続可能な林業の崩壊を引き起こしており，国際的な非難を浴びている。違法な森林伐採が引き起こす問題としては，①森林の減少や劣化，野生生物の減少・絶滅，乾燥化による森林火災の誘発，②現地住民が受けてきた，森林が有する生態系サービス[4]の低下や喪失，③木材価格の低下による価格競争の激化，④特定の政治団体や役人への不当な利益の流出（供与）や，それによる汚職の温床の形成（図3-17），などがあ

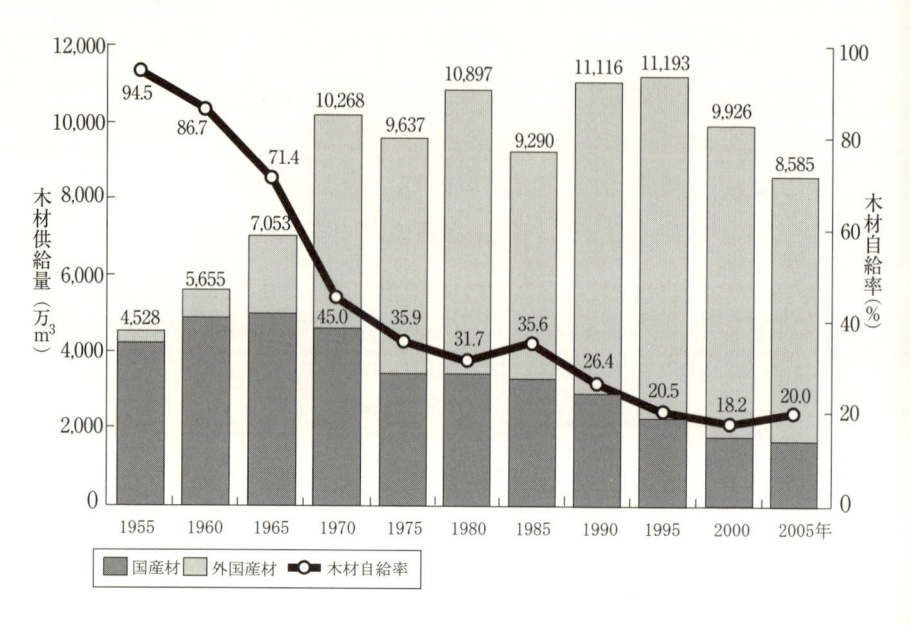

図3-16 国内木材自給率と木材供給量の変化（農林水産省Webサイト，農林水産統計情報総合データベース・木材需給量累年統計より作成）

げられ，それらが持続可能な森林経営を阻害している．実際，日本は違法伐採による木材輸入国の世界第2位となっており（WWF, 2007），輸入材のうち違法伐採の割合が少なくとも20％，多ければ80％とする報告もある（Seneca Creek Associates, 2004）．輸出国の社会情勢の不安定さや法律の不備，これらにつけ込む企業の存在が違法伐採の背景となっているため，輸出国と輸入国双方の努力と協力が強く求められている．

このような問題を解決する手段のひとつとして，自然や地域社会に配慮した森林管理を目的とした国際的な森林認証システムである「FSC森林認証」の積極的な導入と普及があげられる．森林の収奪的ではなく，持続的な利用を可能にするために，林業現場から流通経路，消費者の手元に至るまでを徹底管理するこのシステムには，森林破壊への歯止めが期待されている．

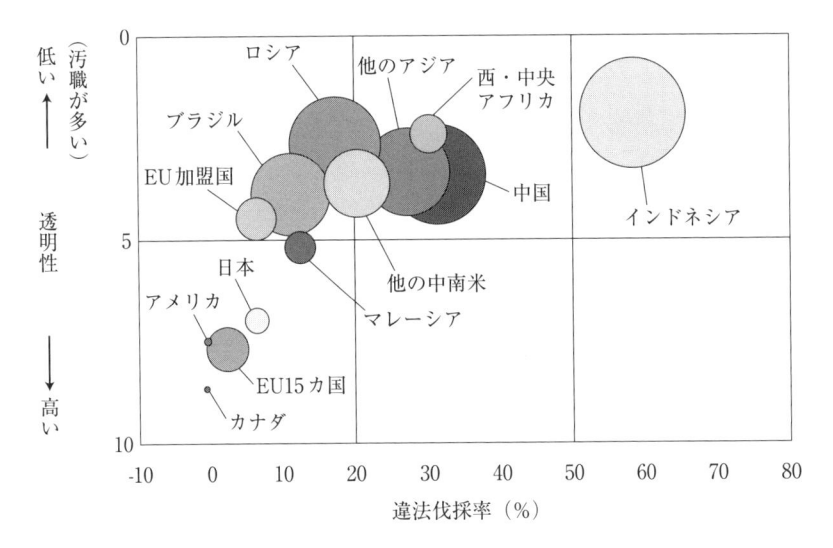

図3-17 汚職と違法伐採の関係（Seneca Creek Associates［2004］を改変）
違法伐採（輸入を含む）の丸太の量を，円で示している．

〈森林生態系を破壊する大規模林道〉

　森林生態系を荒廃させる大きな原因として，木材資源の持続的利用とは決していえない天然林伐採・収奪的な林業がある（佐藤，2007，2009）ほか，道路建設やリゾート開発による森林破壊，ダム建設にともなう森林の水没などがあげられる．特に道路建設に関しては，林野庁の外郭団体である緑資源機構（旧森林開発公団）によって計画・推進されてきた「大規模林道」が森林破壊の代名詞として知られている（たとえば寺島，2005：佐藤，2005，2006）（図3-18）．幅5〜7mの完全舗装の道路からなる，林業よりも林道建設そのものを目的として建設されたこの道路計画に対して，自然破壊を招き，林業振興の役に立たないとして自然保護団体から見直しの声が相次いだ．しかし，林野庁と旧森林開発公団以降の事業者は無反省な姿勢を続け，そのほとんどの計画を続行させてきた（藤原ほか，2005）．ところが，2007年に，談合などをはじめ，さまざまな不正や癒着が明るみとなり，緑資源機構は解散，廃止となった（朝日新聞，2007a）．ただし，それらの事業の大部分はほかの独立行政法人[5]に引き継がれることとなり，「天下り」の弊害や

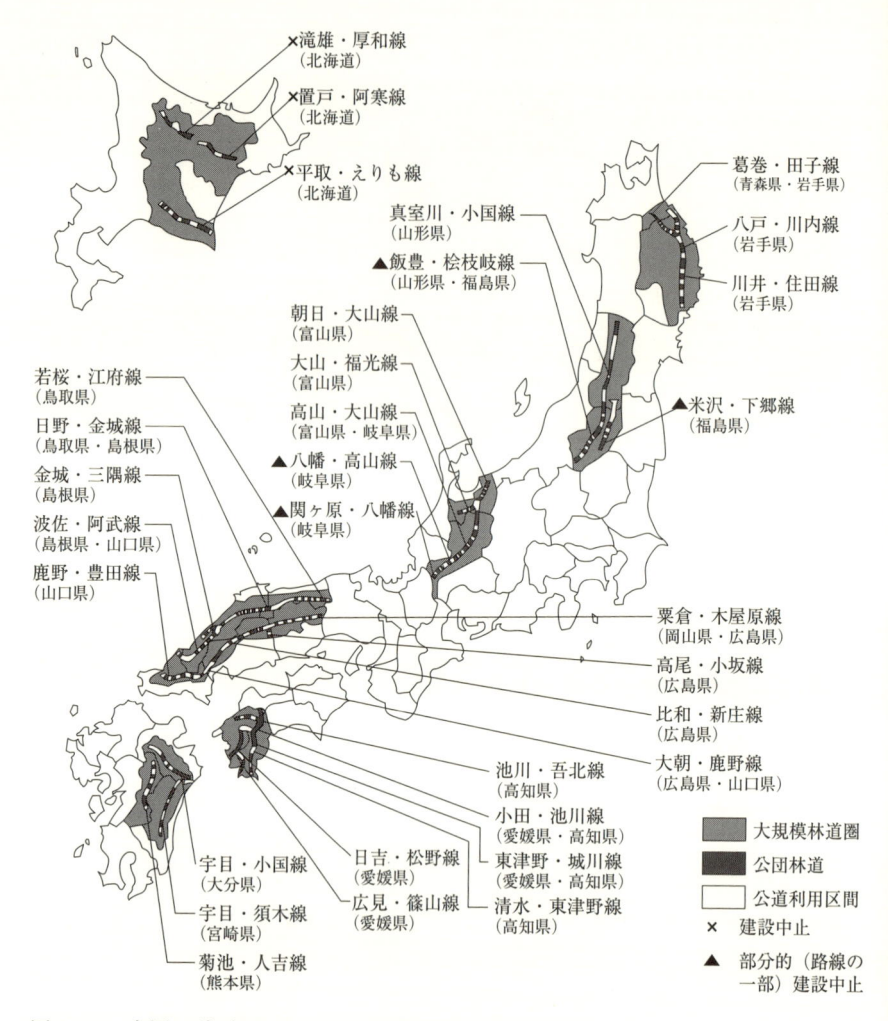

図3-18 全国に計画されている大規模林道の位置（林野庁［2003］より）
　北海道の全路線の建設が中止された以外，部分的建設中止やルート変更などを含めてすべての事業が継続されている（2010年6月時点）．

不正行為の問題はまったく解決されていない．現在，計画されていた大規模林道の大部分が「山のみち」と名称変更をして，都道府県主導・林野庁補助によって全国的に続行されている．山のみちへの変更以降，事業継続を検討していた北海

道は，2009年に建設中止を決定した（寺島，2010）が，他府県では事業が継続され自然破壊が今なお続いている．

注）
1）林学・林業上における「天然林」とは，植生生態学における原生林・原始林，自然林，ならびに二次林（半自然林）まで，つまり人為的影響をほとんど受けていない森林から種々の人為的影響を受けた森林までを含んでいる．植生生態学とは異なって非常に曖昧な区分である（佐藤，2009）ので注意が必要である．
2）造林の準備を主とし農作物の収穫を従とするタイプに加え，耕作後も森林に戻さず，畑に何も植えずに，農作物によって失われた栄養分を回復させるための休閑という期間を設けて，再び耕作を行なう焼畑農法もある（佐々木，1972）．熱帯多雨林を消失させる原因として近年問題となっている焼畑は，地域社会の住民が行なってきたものではなく，かつての慣習的な伝統農法とは異なっている．
3）林業が衰退した原因としては，国産の木材が廉価な外国産の木材に価格で対抗できなくなったことや，国内での林業従事者の人件費が高価となったために林業経営が成り立たなくなってしまったことがあげられる．その結果，後継者の育成が困難な状況となっている．
4）217-219ページ参照．
5）半民半官の組織で，かつては公団，事業団，特殊法人などと呼ばれていた．業務内容は，「公共性の高い業務のうち，国が直接実施する必要はないが，民間にゆだねると実施されない恐れがあるもの」（朝日新聞，2007b）とされているが，大部分が十分な監査を受けず，採算無視の非効率な仕事ぶりが目立つ．最大の問題は，「天下り」といわれる，省庁から人材の受け入れである．口利きによって，もともと働いていた省庁とかかわりの深い企業へ優先的に仕事を与え便宜を図るなど，不正行為の温床となっている．独立行政法人に限らず，公務員の「天下り」はさまざまな不正の根源的問題とつながっているにもかかわらず，効果的な規制はなされてない．

> かつての林業では，人と自然とのつながりを重視した営みがあった．しかし，国が推し進めた，スギやヒノキなどの生長の早い針葉樹の植林を奨励する「拡大造林」政策が林業を崩壊させ，森林生態系を破壊する原因をつくった．

捕鯨問題をとらえなおす

捕鯨の問題は，大部分の日本人にとってあまり馴染みのある話ではない．なぜなら，鯨肉への需要は小さく，「食」の対象としての関心もそう高くはないからである．近年，日本政府は，「クジラが大量に魚を食べて，漁業にダメージを与え，海洋生態系を乱している」「捕鯨再開を国民が望んでいる」などの歪曲した喧伝を続け，国民に向けて，また海外に向けて，海洋生態系の保全について偏った情報を発信している．単にクジラを獲るか否かの問題に留まらず，クジラという野生動物と共存していくためにはどのような方法があるのか，公表された正確な情報にもとづく議論が求められている．それにはまず，多くのクジラ類を絶滅寸前にまで追い込んだ過去の乱獲について反省することから始める必要があるのではないだろうか．

捕鯨が抱えるさまざまな問題点
- クジラ肉の安全性と不当表示
- クジラ肉は日本の食文化？
- 捕鯨の再開を国民は望んでいる？
- 密漁・密輸の横行
- クジラが生態系を崩す？

〈クジラって？〉

現在，地球上には83種類ものクジラ類がいる．大別すると，ヒゲクジラとハクジラの2つのタイプがあり，前者は，プランクトンやオキアミ，小魚などを海水

	ヒゲクジラ	ハクジラ
特徴	種によっては3mものヒゲをもつ．このヒゲはプランクトンなどの小さな生き物を海水ごと呑み込み，こし取る役割をしている．	両顎，または下顎に獲物を捕まえるための歯をもつ．シャチやイルカ類は，このハクジラの仲間に含まれる．
食べ物	オキアミやカニ，動物プランクトン，ゴカイなどの無脊椎動物，ニシンやイワシのような群れをつくる小魚など，小さな生物を大量に食べる．	イカやタコ，群れをつくるニシンなどの魚類のほか，アザラシやペンギン，ウミガメなどを食べるものもいる．シャチのようにほかのクジラ類を襲うものもいる．
行動	食べ物を探す場所と繁殖するための場所を回遊するため，大洋を広く移動する種が多い．一般的に低い周波数を発し，ホイッスル音やクリック音は出さない．	1年を通じて食べ物が多い海域にとどまって生活をするものが多い．クリック音のような高い周波数の音を発し，物の様子や距離を知ることができる器官をもつ．

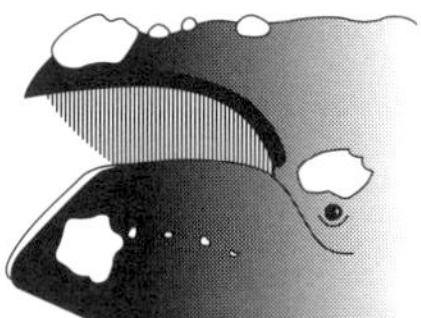

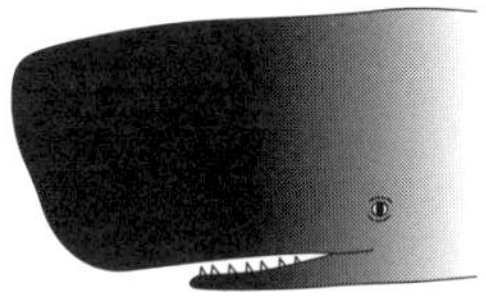

図3-19　ヒゲクジラとハクジラの違い（WWF［2002］を改変）
　クジラは大きく2種類のタイプに分けられ，それぞれの特徴と違いがある．

ごと呑み込む際にこし取る役割をする「ヒゲ」をもち，後者の多くは両アゴまたは下アゴに，魚類やアザラシ，ペンギンなどを捕らえる「歯」をもつ（図3-19）．生物学的な分類ではクジラとイルカを分けないが，日本では，体の大きさが5m以上のものをクジラ，それ以下をイルカとして区別している．小さなものではラプラタカワイルカの1.4mくらいから，大きなものではシロナガスクジラで30mを超えるまでが生息する（以上はWWF，2002：遠藤・千石，2004を参考）．

〈モラトリアムの背景〉

　商業捕鯨は，11世紀に，鯨油（クジラから取る油）や鯨肉を求めるヨーロッパやアメリカによって始められたといわれる．

　20世紀に入ると，その規模は拡大し，捕鯨の範囲は南極海にまで広がっていく．その頃から日本も遠洋捕鯨に参加している．第2次世界大戦後の1948年，鯨油資

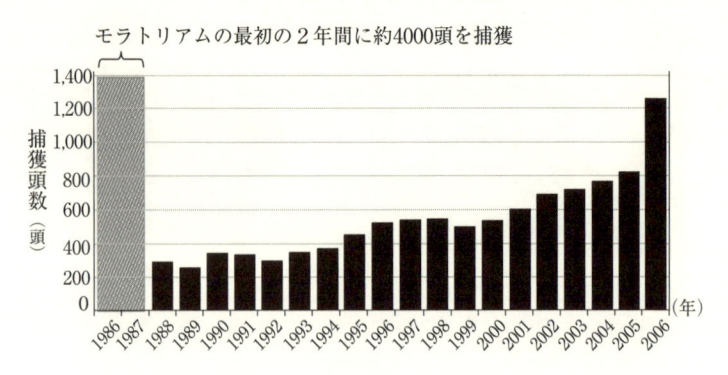

図3-20　日本の調査捕鯨によるクジラ捕獲頭数（IFAW［2006］を改変）
2005年まではミンククジラのみが対象であったが，それ以降はナガスクジラやザトウクジラの捕獲を始めた．

源の枯渇に対する懸念から各国の捕鯨を管理するために，「国際捕鯨委員会（略称：IWC＝International Whaling Commission）」が設立された．設立後しばらくの間は大型鯨類の捕獲が続き，多くのクジラ類が減少していくなかで，鯨油に代わる代替品ができると欧米諸国の多くは捕鯨から撤退していった．その後も捕鯨を続けていた日本をはじめとする捕鯨国は捕獲数を管理できず，さらなる乱獲へとひた走っていった．

　1960年代に入り，ようやくクジラ類の乱獲に歯止めがかりはじめ，70年代から一部クジラ類の禁漁やサンクチュアリ（保護区）の指定などが行なわれ，1982年には10年間の商業捕鯨のモラトリアム（一時停止）が採択された．商業捕鯨を続けていた日本は1987年からこれを受け入れたが，生態調査や個体数調査などの名目で一部鯨類の"調査捕鯨[1]"を続け，現在も鯨肉の販売を行なっている（図3-20）．そのため，IWCの会合でたびたび調査捕鯨の中止を求められている．殺さずとも十分なデータを取ることができるとの意見（Frederic et al., 2002）に耳を傾けず，国際的なコンセンサス（賛同）を得られていない公海での調査捕鯨を実施していることで，日本をはじめとする捕鯨国と反捕鯨国との対立が激化している．

〈鯨肉食品の危険性〉

　鯨肉食は日本の伝統的「食文化」であるとの主張があるが，これには注意が必要である．捕鯨をシステム化したノルウェー式捕鯨[2]の導入（1897年）以前は，クジラはエビス神の使いであるとして捕って殺すことに抵抗した地域があったほどで，鯨肉食は特定地域に限定されていた．日本人が日常的に鯨肉を食べる習慣をもつようになったのは戦後の食糧が乏しくなった一時期でしかない．つまり，一部の食べる文化と食べない文化とが相反して存在していたことに加え，ごく一時期に鯨肉消費があったことが日本の鯨肉食に関する現実であり，一概に伝統的「食文化」ということはできない（以上は渡邊，2006を参考）．実際，鯨肉食文化論は，日本捕鯨協会が広告会社を雇って意図的に流布させていたことが知られている（石井，2008a）．

　鯨肉には食品として致命的ともいえる大きな欠点がある．それは，生物濃縮の最終段階に位置するクジラ類には，水銀，ダイオキシン，PCBやDDTなどの有害化学物質が多量に含まれていることである（原口ほか，2000）（図3-21）．たとえば，近年の海洋汚染を反映した高濃度の残留汚染物質がクジラ類から検出されている（田辺・立川，1990）．英米日の3つの研究機関が協力して行なった調査では，日本で市販されている鯨肉食品の半数以上が高い濃度で汚染されていて食用に適さないことや，分析された鯨類食品の約4分の1が不当表示（表示しているクジラの名称と中身

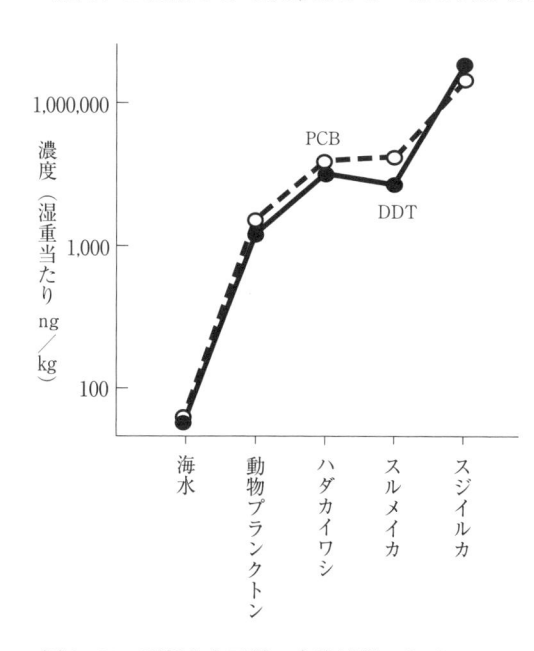

図3-21　西部北大西洋の食物連鎖におけるPCBおよびDDTの残留濃度（田辺・立川［1990］を改変）

が違う）であることなどが報告されている（原口，1999）．

　このように，高度に汚染され，かつ食品偽装されて売られている鯨肉の現状を知ったうえで，それでも食べたい人がどれほどいるか疑問である．

〈捕鯨にみる日本の隠ぺい体質〉

　日本が主張する商業捕鯨再開の正当性について検証するためには，これまでに起こした問題行動の経緯を知る必要がある．以下に，日本が行なってきたおもな隠ぺい工作や情報操作などの事例を整理する．

　海賊捕鯨と違法捕獲　1979年，すでにIWCによって捕鯨が禁止されていたシロナガスクジラやザトウクジラを年間500頭も捕獲していた「シエラ号」の実態が海外のNGOによって明らかにされた．船籍国を転々と変えながら北アフリカからポルトガル沖の大西洋で操業していたこの船には，4人の日本人鯨肉検査員が搭乗し，日本の業者が関与していたことが報告されている（坂本，2003）．さらに韓国や台湾を経由するルートからも鯨肉が大量に日本に持ち込まれていた（坂本，2003）．このような密漁・違法取り引きは，国外だけでなく国内においても行なわれている．過去，捕獲制限がなされていたにもかかわらず隠ぺい工作が頻繁に行なわれ，多くの沿岸のクジラ類が完膚なきまでに激減したことが関係者の証言によって明らかになっている（近藤，2001）．1999～2001年に日本鯨類研究所によって行なわれた市場小売店を対象にした調査でも，30件もの違法に捕獲された疑いの強い鯨肉が流通していたことが判明している（坂本，2002）．

　科学的資源管理　近年，食物連鎖の頂点にあるクジラを利用しないで保護することは「かえって生態系のバランスがくずれて，生態系全体を不安定にしてしま」う（日本鯨類研究所，2004）といったおかしな説が広められている．クジラは有史以前から海に存在しており，クジラによって絶滅した水産物はこれまで確認されていない．この理屈が正しいとすると，捕鯨が始まる以前の海洋生態系はクジラによってつねに崩壊の状態に陥っていたことになる．自然の法則を無視したこの説には疑問を感じざるを得ない．

　他方，日本は商業捕鯨肯定の根拠として，特定のクジラ類（ミンククジラ）の

増加に対する個体数管理の必要性を主張している．そもそもいつの時点（クジラ類が乱獲の末に激減してからなのか，もしくは国際的な捕鯨競争が始まる前からなのか）と比較するかで，クジラ類が本当に増えているか，とらえ方が変わってくる．日本は，シカやクマなどに対して個体数管理をすでに行なっているが，たとえば，北海道のヒグマにおいては，雌を雄と誤って捕殺した数が全体の約3分の1にも達し（本谷，2002），エゾシカにおいては，1994年当初の12万頭と推定していた個体数を，のちにはその2倍以上の28万頭であったと訂正している（北海道，2007）．これは，陸上哺乳類においてさえ個体数管理は「いうは易く行なうは難し」である状況を示している．

陸上の生物以上に生態が十分に把握できていないクジラ類の個体数管理は現実的ではないとの指摘（Gales et al., 2005）は，日本政府の主張よりも説得力がある．実際に，個体数管理の基礎となるはずの調査捕鯨を18年間続け，6800頭ものクジラを犠牲にしておきながら，目的を達成する結果が何一つ出されていないこと（石井，2008b）は，考え方そのものが破綻している何よりの証拠といえる．いずれにしても，自らの考えに都合のよい科学論をいたずらに展開することは，日本に対する信頼をさらに落とすことになりかねない．

世論操作と偽りの発信　日本が行なっている捕鯨推進のための強引な手法を枚挙に暇がない．たとえば，内閣府が行なったアンケート調査は，中立性に問題がある（表3-4）．設問①は，漁獲量低下の原因を暗にクジラ類の影響によるものとして，それを前提とした設問となっている．設問②は，ミンククジラ数が多いと決めつけたうえで極端な条件設定を行ない，回答者が賛成とはいいにくい設問となっている．設問③は，モラトリアム以前に日本がルールを守っていなかったことに対しての反省の言及は一切ないうえ，現在も密輸密漁が横行する捕鯨業界にこれらのことを守ることができるのか非常に疑問を抱かせる設問となっている．このような捕鯨再開への賛同を誘導する質問設定は，社会科学調査の手法として問題があることはいうまでもない．

日本政府は，大部分の国民が知らないうちに，アンケート手法に問題のあるデータをもとに「日本国民は捕鯨再開を望んでいる」と世界に向けて喧伝している

表3-4 「捕鯨問題に関する世論調査（2001年12月）」のなかで問題がある設問とその回答

（特に誘導的と考えられる箇所を筆者が太字にした）

設　問	回　答
①近年，日本の沿岸での漁獲量が低下していますが，あなたはサンマやイカなどを餌として食べるイルカやクジラが漁業資源に与える影響を日本の沿岸で科学的に調査することをどのように思いますか？	必要である　81.3% 必要ない　6.9%
②クジラを特別視し，神聖な生物という理由などから，資源が豊富なミンク鯨などの適正な量の捕獲をも，いかなる条件の下でも禁止すべきとの考えについてどう思いますか？	賛成　22.6% 反対　53.0%
③クジラの資源に悪影響が及ばないよう，科学的根拠に基づいて管理されれば，あなたは資源の豊富なミンク鯨等を対象に，決められた数だけ各国が捕鯨を行うことをどのように思いますか？	賛成　75.5% 反対　9.9%

内閣府 Web サイトをもとに作成

のである．

〈迷走する捕鯨政策〉

　戦後日本の捕鯨が歩んできた道のりは，乱獲の歴史，あるいは国民や国際社会に対する度重なる背信的行為の歴史といっても過言ではない．鯨肉消費についても，喧伝されているような全国的な消費生活に根づいたものではない（朝日新聞，2002）．こうした状況のなかで日本政府によって着々と進められていく商業捕鯨再開のための意思行動は，いったい何のため，誰のためのものなのか不明である．鯨肉の生産と消費の基盤が失われてしまった現在，国民に負担（調査捕鯨のために年間約5億円の補助金が支出されている）や健康被害のリスクを与えてまで，商業捕鯨や調査捕鯨を正当化する意味がどこにあるのだろうか．

　もちろん，密漁への厳罰化や鯨肉の安全性の確保，国際ルール厳守の体制を整えることができるならば，沿岸捕鯨に限っていえば商業捕鯨を全否定することはできないかもしれない．しかし，違法捕獲した鯨肉の闇流通や不当表示の横行を

見逃し続け，国民に正しい情報を公表せずに，商業捕鯨再開へ向けた恣意的な情報を国内外へ流し続ける現政府の姿勢をみる限り，改善はまず考えられない．少なくとも，農水省と水産庁の捕鯨政策に関する独占状態（平田，2005）が続く限り改善は見込めない．環境省は本来であればクジラ類の評価や保護対策について意見を述べる立場にあるはずだが，縦割り行政のうえにのってまったく知らんぷりという有様である．

今後のクジラとのつき合い方を考えていくには，これまでのような「商業捕鯨ありき」の姿勢から脱却し，クジラが「資源の持続的利用」に適しているかどうかについて生物多様性保全の観点から慎重に議論することから始めなければならないだろう．

注）
1）商業捕鯨を再開するため，科学的データの収集と科学的個体数管理を名目に実施している捕鯨．
2）ノルウェーが開発した機械式の鉄砲銛を使用してクジラを撃つ方式の捕鯨．銛にロープがついている．

> 捕鯨問題の元凶は，大型鯨類を絶滅寸前にまで追い込んだ違法捕獲に対する日本政府の無反省や隠ぺい体質，偏った情報発信にある．調査捕鯨や高濃度に汚染された鯨肉についての議論は，十分な情報が公開されないため棚上げされたままである．またクジラが漁業資源を減少させるなどの非科学的喧伝を内外に発信して捕鯨推進をアピールしていることについても，多くの国民は知らされてはいない．これら国民不在の捕鯨政策は，総じて日本に対する国際的な不信感を増大させている．

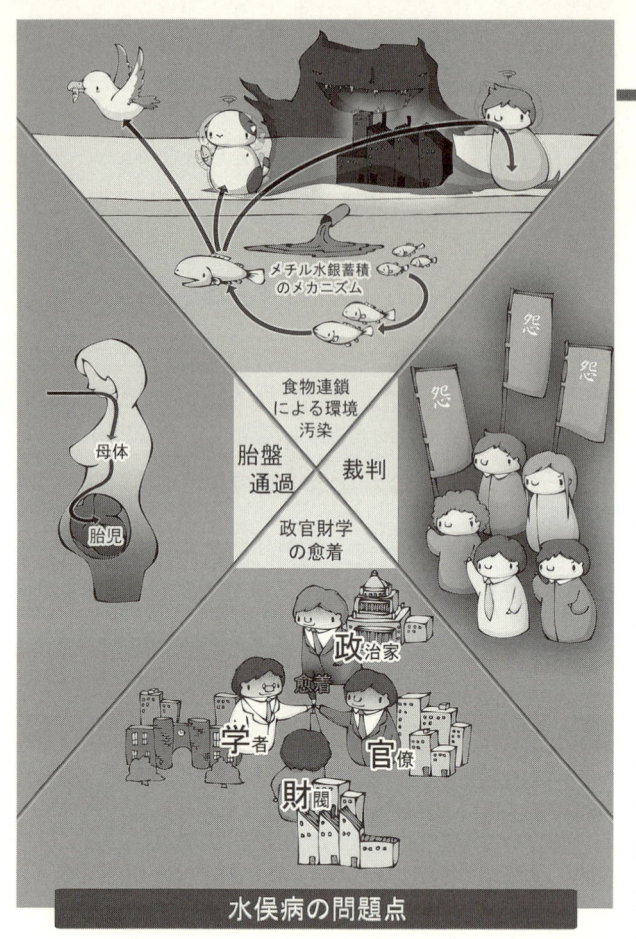

生態学からみた水俣病

農薬や工業排水などを通じて環境に放出された化学物質は，生態系に深刻な影響を与えるに留まらず，人間の健康を蝕み，生命さえも奪うことがある．その最たるものが，チッソという企業の排出したメチル水銀が原因となって起こった"水俣病"であろう．当初，原因不明の奇病といわれたこの病気は，1950年代，水俣湾に魚が浮き，魚を食べたネコやカラスが踊るような奇異な行動を見せて大量に死んでいき，やがて周辺に住む漁師たちが生爪をはがすほど壁をかきむしりながら次々と亡くなっていくようになって，ようやくその病像が明らかとなっていった．その後，被害は拡大し続け，水俣湾で獲られた魚介類を食べた人たちが広範囲にわたってメチル水銀中毒となっていった[1]のである．

「ミナマタ」は，日本語だけではなく，今や国際的に通用する言葉にまでなった．この言葉は，企業，行政，政治家，学者（研究者）の癒着構造や隠ぺい工作が被害を拡大させた最低最悪の「犯罪行為」として，さらには，生物多様性を脅かす行為が回りめぐって，結局人間がそのつけを払うことになる「環境破壊の大きな

表3-5　水俣湾周辺の自然界の異変

年度	魚類	貝類	海藻	鳥類	ネコ・ブタなど
1949年～1950年	「まてがた」でカルワ,タコ,スズキが浮き出し,手で拾えるようになった.	百間港の工場排水口付近につなぐとカキ付着せず.	水俣湾内の海藻が白みをおびだし,次第に海面に浮き出すようになった.		
1951年～1952年	特に水俣湾内で,クロダイ,グチ,タイ,スズキ,ガラカブ,クサビなどが浮上する.	水俣湾内でアサリ,カキ,カラス貝,マキ貝(ビナ)などの貝殻が目立って増加.	水俣湾内のアオサ,デングサ,アオノリ,ワカメなど色があせてき出し,根切れで漂流し出す.海藻は以前の約1/3も減少.	湯堂,出月,月ノ浦などでカラスが落下したり,アメドリを水竿でたたき捕獲できるようになる.	
1953年～1954年	魚の浮上は水俣湾内より南の「つぼ壇」「赤鼻」「新綱代」「湯堂湾」へと広がる.ボラ,タイ,タチ,イカ,グチなど,また「湯堂湾」内でアジ子が狂い廻るのがみられた.	水俣湾内より月ノ裏海岸方向への死滅が広がる.28年には地先一円に十数年ぶりにカラス貝が育っても岸から1000m以内のものは死滅.	海藻漂流増加.被害著し.	恋路島,出月,湯堂,茂道で落下などの異常状態を示すものが増える.群がるカラスが方向を誤り海中に突入したり岩に激突するのを見受けるようになる.	ネコ：28年に出水で1匹狂死.29年には「まてがた」明神,月ノ浦,出月,湯堂などで狂い死に続出. ブタ：出月,月ノ浦で狂死.
1955年～1956年	魚の浮上は水俣川下流,大崎等,西湯之児方面へも拡大.タイ,スズキ,チヌ,ボラなど.	死滅した貝類の腐敗臭で海岸は鼻をつくようになった.	食用海藻は水俣湾一帯にかけ全滅.	数はさらに増加.	同地域でネコ狂い病は更に増加.飼いネコ,野良ネコとも狂死.また行方不明多数.

水俣病研究会「水俣病にたいする企業の責任」,原田(2003)を改変

代償」として,その名を世に刻みつけることになったのである.

〈水俣病の最初の被害者たち〉

　水俣におけるメチル水銀中毒症(いわゆる水俣病)は,人間よりも先に周囲の生物にあらわれた.水俣病の最初の患者が発見された1956年以前から,水俣湾周辺では,魚が浮かび,貝が死滅し,海草が枯れ,カラスや海鳥が追突・落下し,

ネコが踊るような行動を見せて次々と死んでいた.その他,ニワトリ,イヌ,ブタ,イタチまでもが狂うように死んでいったことが報告されている(表3-5).これらの動物たちは,チッソから排出された工場廃水に汚染された魚介類を直接的あるいは間接的に摂取していたのである.

また,その魚介類への影響は漁獲量に明確にあらわれていた(図3-22).ボラやタコ,エビ,ナマコなどの底生生物が著しく減少していたことは,水俣湾の特に底層環境が

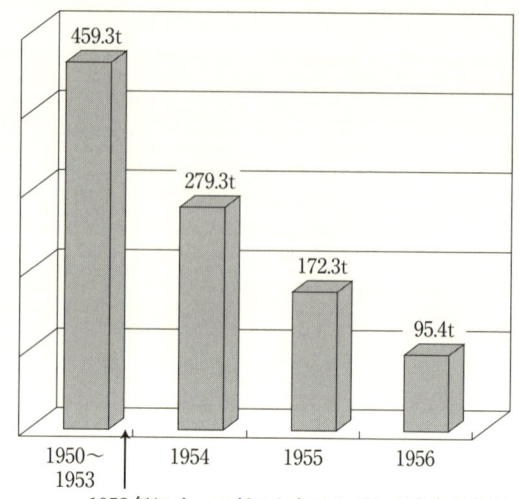

図3-22 1950～1956年における水俣市漁獲高の推移(西村・岡本[2001]をもとに作成)
チッソがアセドアルデヒドを大量増産した時期から,漁獲量が著しく減少している.

悪化していたことを示している(西村・岡本,2001).たとえば,チッソが海へ排出していたメチル水銀の排出量の増加傾向とヒバリガイモドキ生体内の含有量増加傾向がほぼ一致していたこと(綿貫・吉田,2005)や,1957年に行なわれた熊本県水産試験場の調査では,水俣湾の一部で1m²当たり450個ものアサリの死骸が発見され,工場廃水溝付近でヘドロが1m以上の厚さになり,周囲に悪臭を放っていたことが報告されている(熊本県水産試験場,1996).これらの状況から,魚介類への影響は,有機物汚染(底層の無酸素状態と硫化水素によるもの)とメチル水銀の両方によるものであったと考えられる.

以上のように,廃水に含まれたメチル水銀が食物連鎖を通して濃縮され,水俣湾を中心に膨大な数の生物に影響を与えたことは明らかであり,最終的には人間にまで被害が及んだ(図3-23).水俣病は,自然と隔絶して生活しているかのように錯覚をしている私たちに,ほかの生物と同様,人間も生態系の一部であるこ

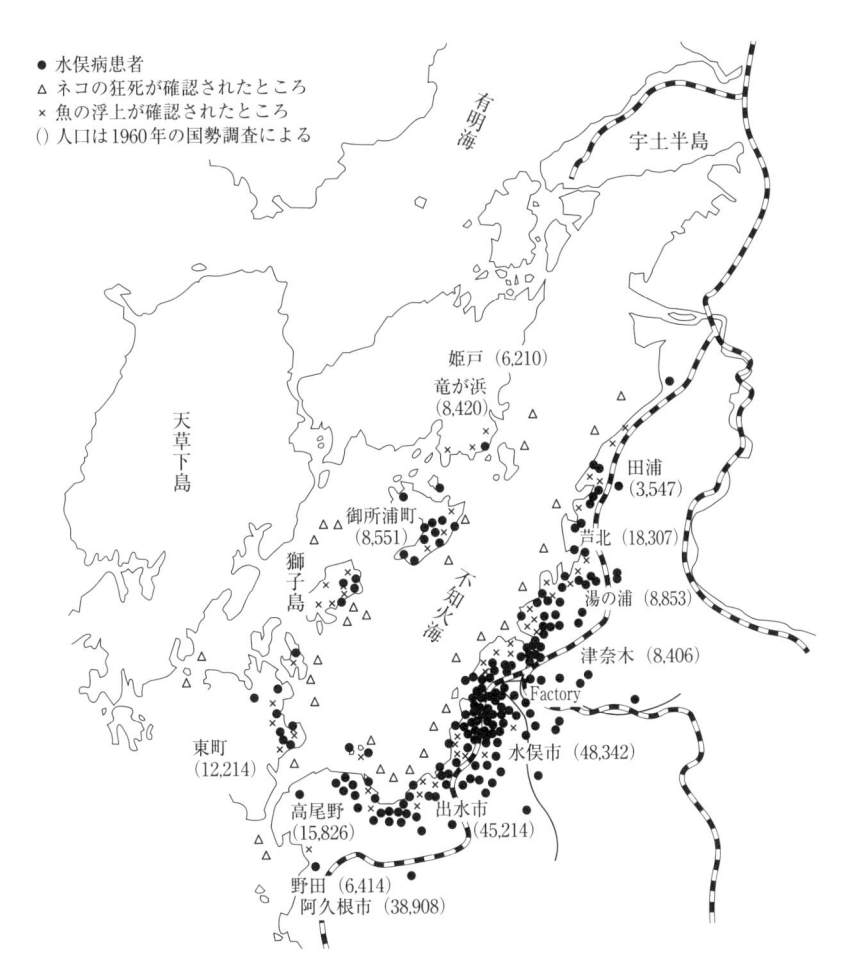

● 水俣病患者
△ ネコの狂死が確認されたところ
× 魚の浮上が確認されたところ
( ) 人口は1960年の国勢調査による

図3-23 不知火海一帯におけるネコや魚，人への有機水銀の影響（原田［2003］より）

とを気づかせた事件であったといえる．

　水俣病に関する社会科学的研究会（2000）は，水俣病が確認される前から「環境は確実に危険のシグナルを我々に送り続けていた」と振り返り，さまざまな生物に異変を示す兆候が出ていたにもかかわらず，それを無視して適切な措置を講じずに，健康被害や環境破壊のさらなる拡大を招いたことを反省すべきだとしている．生物にあらわれる何らかの変化や影響についての情報を注意深く読みとる

ことは,「人間も含め生物多様性を脅かすもの」が何であるかを知るための重要な役割を果たすとともに,環境変化のシグナルをいち早く察知するための有効な手段となるだろう.

〈患者たちの闘い〉

　水俣病をめぐって,チッソは自らの実験で有機水銀が原因とわかっていたにもかかわらず隠ぺいし,効果のない対策を立てて世の中を騙し続けた.国や県は被害を最小限に抑えるために,原因究明や生産停止,漁獲禁止など早急な対策を講じなければならなかったにもかかわらず何もしなかった.一部の学者はチッソや国の主張を代弁して原因究明を妨げ,住民やメディアは差別や偏見を患者に向けた.追いつめられた患者は,チッソ,あるいは国や県を相手に補償を求めて訴訟を起こしていく.

　第一次訴訟(1969～73年)は,チッソの企業責任を問い,損害賠償を求めるものであった.判決は,チッソの責任を認め,患者の補償は全面的に認められた.この判決によって,患者団体とチッソの間に補償協定が成立し,審査会から水俣病であるとの認定を受けた患者はチッソから補償が受けられるようになった.しかしその後,1977年に環境庁(当時)が,その認定基準(52年判断条件)を厳しくしたことで,大部分の患者は水俣病と認定されず切り捨てられていった.その結果,補償を一切受けることができない患者が多くなっていく.

　第二次訴訟(1973～85年)は,未認定患者の救済を求め,水俣病であるかどうかが争われた.最終的な判決では,訴えを起こした患者の大部分が水俣病と判断され,国の認定制度が実情に合わないことが認められた.

　第三次訴訟(1955～96年)は,第二次訴訟の判決後,環境省が「司法判断と行政判断は別」として,患者切り捨ての方針を改めなかったことから,引き続き水俣病であるかどうかを争うと同時に,チッソに加えて国と熊本県の責任を問う訴えが加わった.熊本県外へ移住した患者からも次々と訴訟が続き,関西訴訟,東京訴訟,京都訴訟,福岡訴訟が起こる.このようななかで,1995年に当時の与党三党(社会・さきがけ・自民)が,長年にわたる認定基準や訴訟をめぐる混乱へ

表3-6 水俣病にかかわる裁判

区分	事件名(通称)	提訴日	原告	被告	内容
責任論	第1次訴訟	'69年6月14日	急性(初期)患者と家族, 29世帯112人	チッソ	チッソの企業責任, 因果関係, 賠償要求
	〈判決・その他〉'73年3月20日原告全面勝訴. 1人当たり1,600万円～1,800万円支払い命令, チッソ控訴せず.				
病像論(水俣病かどうか争われている)・国と県の責任	第2次訴訟	'73年1月30日	棄却患者13人 死亡患者1人	チッソ	棄却患者が水俣病であることの確認, 賠償要求
	〈判決・その他〉'79年3月28日, 14人中12人水俣病. '85年8月16日, 控訴審5人中4人が水俣病, ほか9人は水俣病と行政認定.				
	行政訴訟(棄却取り消し)	'78年11月8日	棄却患者4人	県・環境庁	棄却処分は不当であるので処分取り消しを求める
	〈判決・その他〉'86年3月27日, 処分取り消し, 原告勝訴. '96年2月28日, 原告3人が訴えを取り下げ. '97年3月11日, 控訴審判決. 原告勝訴. 県上告せず.				
	第3次訴訟	'80年5月21日(第1陣) '96年3月31日(第16陣)	保留, 棄却患者1,362人	国・県・チッソ	原告は水俣病であることの確認, 賠償は国・県・チッソの共同責任
	〈判決・その他〉'87年3月30日, 第1陣, 国・県・チッソに責任. 65人中65人は水俣病. 国・県控訴. '90年10月4日, 第2～12陣で和解勧告. '93年3月25日, 第2陣, 原告勝訴, 118人中105人は水俣病. 国・県控訴. '96年5月22日, 訴えを取り下げ. 和解.				
	関西訴訟	'82年10月28日	関西在住の未認定患者59人	国・県・チッソ	関西に住む県外患者が水俣病であることの確認, 国・県にも賠償責任
	〈判決・その他〉'94年7月11日, 国・県に責任なし. 59人中12人は訴訟期間経過で請求を棄却. 残る47人中42人は水俣病. 控訴. '01年4月27日, 逆転判決. 国・県の責任を求めた. 国・県上告. '04年10月15日, 最高裁で原告勝訴確定.				
	東京訴訟	'84年5月2日	関東・鹿児島在住の未認定患者433人	国・県・チッソ・子会社	関東・鹿児島の原告が水俣病であることの確認, 国・県にも賠償責任
	〈判決・その他〉'90年9月28日, 和解勧告. '92年2月7日, 第1陣, 国・県に責任なし, 64人中42人は水俣病. 提訴'96年5月23日, 訴えを取り下げ. 和解.				
	京都訴訟	'85年11月28日	京都近郊住の未認定患者141人	国・県・チッソ・子会社	京都近郊の原告が水俣病であることの確認, 国・県にも賠償責任
	〈判決・その他〉'90年11月9日, 和解勧告. '93年11月26日, 国・県・チッソに責任あり, 子会社になし. 46人中38人は水俣病. '95年5月22日, 訴えを取り下げ, 和解.				
	福岡控訴審	'87年3月30日	第3次訴訟, 第1陣63人及び第2陣117人	国・県・チッソ	第3次訴訟と同じ. 原告が一審で勝訴, 国・県が控訴
	〈判決・その他〉'90年10月12日, 和解勧告. '95年5月22日, 訴えを取り下げ. 和解.				
	福岡訴訟	'88年2月19日	福岡市周辺在住の未認定患者55人	国・県・チッソ・子会社	福岡市周辺の原告が水俣病であることの確認, 国・県にも賠償責任
	〈判決・その他〉'90年10月18日, 和解勧告. '96年5月22日, 訴えを取り下げ. 和解.				

原田(2003)を改変

の収拾策として，一時金や医療費を支払う代わりに原告団に訴訟を断念させる説得を行なった（いわゆる「三党合意」）．

これによって，各地で提訴されていた一連の訴訟は関西訴訟を除きすべて和解，あるいは取り下げられた．水俣病であるとの認定の是非を曖昧にして一時金でごまかした三党合意に対して，唯一異論を唱えて裁判を続けた関西訴訟は，2004年，最高裁において県と国の責任を全面的に認めさせる判決を導き出すことに成功した（以上は原田，2003を参考）（表3-6）．しかし，国は，最高裁判決以降も認定基準の過ちを認めようとはせず，患者への対応を放置したまま，2009年7月に「水俣病被害者の救済及び水俣病問題の解決に関する特別措置法（水俣病特別措置法）」を成立させ，三党合意に続く二度目の政治決着が図られることとなった．この法律は，あまりにも問題が多く，無責任かつ不当な内容となっている．すなわち，①被害の全体像がいまだに把握できていないにもかかわらず救済対象を設定している，②認定基準や補償額が異なる現状を解決しようとしていない[2]，③胎児性水俣病患者など1969年以降に生まれた患者を救済対象外としている，④患者への補償金支払いを被害状況も明確でないまま強引に終わらせて，犯罪企業の名を消滅させようとしている[3]（宮本，2009），などの大きな問題が残されている．このような恣意的な法律によって国家犯罪・企業犯罪の幕引きを図ることは許されないし，本法が患者にとって根本的な「救済」措置となることは決してないと断言できる．

〈悲劇を風化させてはいけない〉

水俣病は高度経済成長の犠牲だとか，教訓にしなければならないという声がよく聞かれるが，本当にそうなのか考える必要がある．水俣病患者が高度経済成長の犠牲となったのではなく，高度経済成長とは，水俣病患者に代表される弱者を犠牲にして成り立った歪んだ成長であったというのが妥当ではないだろうか．また，教訓といってしまうにはまだ何も解決されておらず，解決につながる対策さえも十分に考えられていない．救済のために不可欠となる，20万人ともいわれる住民が受けた被害の全貌はいまだに明らかにされておらず（原田，1985，2005），

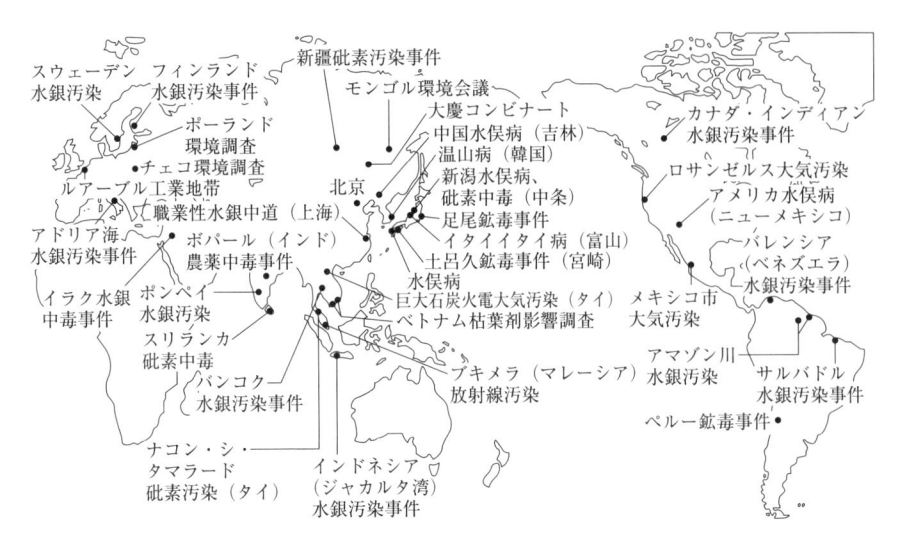

図3-24 世界のおもな汚染地域（原田［1995］より）

明らかにするための仕組みもつくられていない．水俣病はまだ終わってはいないのだ．

　国や県，企業，一部の学者らが，責任逃れを繰り返して解決を先送りしたことが，被害状況の把握や病像の整理，効果的な対策などの遅れへとつながったことは間違いない．その結果，この国家的犯罪の悲劇と反省を世界へ十分に発信できなくさせてしまった．このことが，新潟をはじめ，中国，東南アジア，北欧，アメリカへ，水俣病と同様の構造で被害が繰り返されるのを許してしまった一因となったと考えるのは的外れではないだろう（図3-24）．早い段階での解決がなされたならば，世界各国で起こった，さらなる「ミナマタ」を防ぐことができたかもしれない．

　水俣病は環境問題すべてに共通する重要な示唆を含んでいる．チッソは経済的な利益を優先し，環境破壊を行ない，水俣病を引き起こし，国もまた経済成長を優先するために被害抑制のための措置を行なわず，原因の隠ぺいを行ない，被害を拡大させた．その結果，原因がわかった時点で対策を講じた場合の数百倍数千倍もの予算を補償に費やさなければならなくなったのである．「環境への影響を

軽視すると，結果的に経済にも悪影響を与える」．このことは，本書で扱ったすべての環境問題の共通点である．

注）
1) 直接魚介類を食べなくても，食べた母親から胎盤を通して発症した「胎児水俣病」もある．
2) 補償問題の混乱原因は，環境省が52年判断条件を一切見直さず，最高裁判決後も頑なに見直しを拒否し，放置してきたことにある．この犯罪的行為ともいえる不作為（当然すべきことをわざとしないこと）は決して許されることではない．その悪質さは，いまだにニセ患者発言をする部長クラスの職員が存在していることに明確にあらわれている（朝日新聞, 2009）．所管省庁としてこのていどの認識しかもち合わせていない以上，行政としての責任を全うすることは不可能であり，これまでもそうであったとみなされても仕方がない．したがって，水俣病対応において環境省は行政組織としての体をなしていないことから，行政責任としてではなく，どの部署の誰に責任がある（あった）かを個人の責任として追及すべきであると考える．
3) メチル水銀に有毒性がわかった後も故意に流し続けたチッソは，無差別殺人を起こした犯罪企業であり，会社を潰されてしかるべきであった．しかし，患者への賠償金の支払いなどの道義的社会的責任を果たさせるために倒産させず，存続が許されてきたのである．しかも，現状では，国や県の金融支援措置によって，つまり私たちの税金によってようやく維持されているにすぎない．それにもかかわらず，本法では，チッソを補償部門と事業部門に分け，救済が終わった後（現に救済対象から外されている患者がいるにもかかわらず，である）に補償部門を消滅させて，残った事業部は水俣病とは何ら関係のない会社となる，といった理不尽な取り決めがされている．チッソは犯罪企業としての十字架を背負い，水俣病患者が存在する限り贖罪を続ける義務があるはずだ．

　水俣病が発生した水俣湾周辺では，人間への影響が明らかになる以前に，魚介類や鳥類，ネコ，イヌ，イタチなどの異常死が報告されており，食物連鎖を通じてメチル水銀が濃縮されていく経緯が明確にあらわれていた．水俣病は，私たち人間が生態系の一部であり，自然と深くつながっていることを気づかせる事件でもあったといえる．

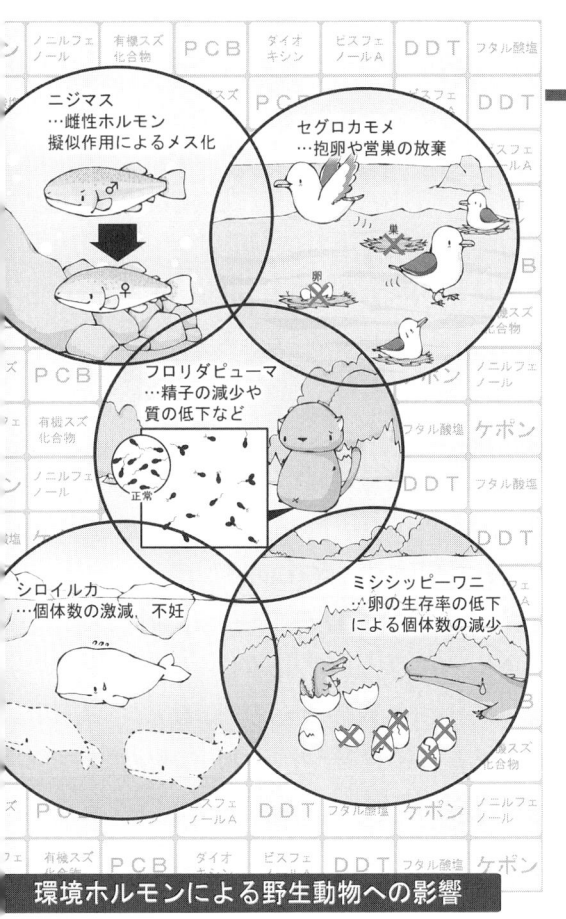

環境ホルモン

現在，人間活動を通じて環境に放出される化学物質は，約8万種類以上あるといわれている（たとえばWWF, 2005）．そのなかには，食物連鎖を通じて野生動物の体内に蓄積（生物濃縮）し，さまざまなレベルで生態系に影響を与える有害化学物質が確認されている．たとえば，農薬として世界各国で広く使用されてきたDDTや，電気を通さない安全な物質として使用されてきたPCBは，今や野生動物だけでなく人間の健康や生命をも脅かしている．近年の研究では，人間社会から遠く離れた北極圏にすむホッキョクグマやアザラシにまで高濃度のDDTやPCBが検出され，これら有害化学物質による被害が，確実に，より広範囲に広がっていることが確認されている（WWF, 2006a, b）．このような化学物質のなかには，これまで考えられもしなかった働きを引き起こして生体に有害な影響を及ぼすものがあることがわかってきた．

環境ホルモンによる野生動物への影響

- ニジマス…雌性ホルモン擬似作用によるメス化
- セグロカモメ…抱卵や営巣の放棄
- フロリダピューマ…精子の減少や質の低下など
- シロイルカ…個体数の激減，不妊
- ミシシッピーワニ…卵の生存率の低下による個体数の減少

〈環境ホルモンとは〉

人間を含め動物の体内では，さまざまなホルモン（体内で微量につくられ，生

体機能調整に関与する物質）が成長や生殖，生命活動の維持などにとって重要な役割を果たしている．これらのホルモンは，本来，必要なときに必要な箇所で必要な分量のみ分泌されるように調節されている．ところが，人間が合成した化学物質のなかには，これらのホルモン同様の働きをするものや，正常なホルモンの働きを阻害するなどして生体内のホルモン作用に悪影響を及ぼすものがあることがわかってきた．これらの化学物質は"外因性内分泌かく乱化学物質（通称：環境ホルモン）"と呼ばれ，生体内に取り込まれた場合，生体内での正常なホルモン作用に影響を与える外因性の物質と定義されている．

環境ホルモンの特徴として，①種が異なってもホルモン構造（化学的構造）は類似しているため多くの種が影響を受ける可能性がある，②同じ物質でも作用する時期と場所が異なる，③ごく微量で作用する，④分量に比例した反応が出ない，⑤一度反応が出ると別の反応が連続して引き起こされやすくなる，などがあげられる．なかでも，雌性ホルモンのひとつのエストロゲン（女性ホルモン）同様の働きをするものが多くみられることから，生殖機能のかく乱や，胎児への影響が懸念されている．もっとも深刻な問題は，世代を超えて，人間や動物の生命や健康に悪影響を及ぼし，「種の存続」を脅かすおそれがあることである．

このような環境ホルモンの脅威に世界的な注目が集まったのは，1996年に出版された『Our Stolen Future（邦題：奪われし未来）』が，野生動物にみられる奇形や不妊，異常行動，大量死がホルモンの異常に関係していることを示唆し，人類への警鐘を鳴らしたことがきっかけであった．

生物に対する化学物質の毒性は，これまで100万分の1の濃度「ppm」単位で考えられてきた．しかし，生体内でホルモンがごく微量で働くように，環境ホルモンもまたごく微量で影響を与えるため，10億分の1の濃度「ppb」，1兆分の1の濃度「ppt」単位で考える必要があるとされている．しかも，かく乱作用の有無が科学的に把握できていない化学物質も多くあるため，今後の研究がいっそう重要となっていくだろう（以上は環境省，2000を参考）．

表3-7 化学物質による野生動物への影響に関する報告

	生物	場所	影響	推定原因物質
貝類	イボニシ	日本の海岸	雄性化，個体数減少	有機スズ化合物
魚類	ニジマス	英国の河川	雌性化，個体数減少	ノニルフェノール，人畜由来女性ホルモン
	ローチ（コイ科）	英国の河川	雌雄同体化	
	サケ	米国の五大湖	甲状腺過形成，個体数減少	不明
爬虫類	ワニ	フロリダの湖	ペニスの矮小化，孵化率低下，個体数減少	湖内に流入したDDT等有機塩素系農薬
鳥類	カモメ	米国の五大湖	雌性化，甲状腺腫瘍	DDT，PCB
	メリケンアジサシ	ミシガン湖	卵の孵化率の低下	
哺乳類	アザラシ	オランダ	個体数減少，免疫機能低下	PCB
	シロイルカ	カナダ		
	ピューマ	米国	精巣停留，精子数減少	不明
	ヒツジ	オーストラリア	死産の多発，奇形の発生	植物エストロゲン

三浦（2003）を改変

〈野生動物への影響〉

環境ホルモンによると考えられる生殖機能や生殖行動の異常，雄の雌性化，孵化能力の低下，免疫・神経系への影響などが多くの野生動物で報告されている（表3-7）．そのなかで，原因物質やその作用メカニズムまで明らかにされているものはほとんどないが，異常が認められた動物の生息環境中に存在するDDT，PCB，TBT，ダイオキシン，農薬などとの関係が示唆，あるいは明示されている．また一部にはノニルフェノールによる影響が指摘されている（以上は環境庁，2000を参考）．

以下には，環境ホルモンが，野生動物の種や個体群に対して深刻な影響を及ぼしていると考えられている代表的な事例をあげる（以下はIPCS，2002：三浦，2003：川合，2004を参考）．

哺乳類 バルト海に生息するアザラシの個体数の激減や免疫機能の低下は，高濃度のPCBやDDT汚染と関係していることが示唆されている．雌のワモンアザラシの約40%に子宮の狭窄や閉塞が起こり，繁殖障害が生じたことや，ハイイロアザラシの免疫力が低下し，ウイルス性疾患を引き起こして大量死に至ったことは，PCBやDDTの関与が明白である．これらのアザラシには内分泌系機能の低下が認

められたが，明確な環境ホルモンの作用メカニズムは不明のままである．

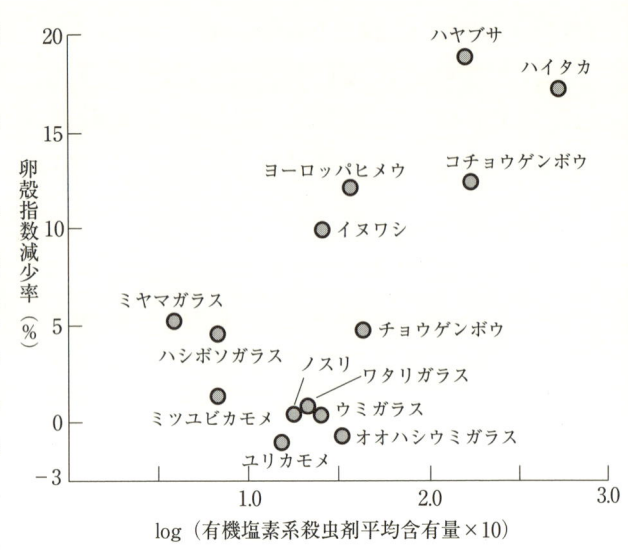

現存するフロリダピューマの多くには，精子数の減少や精子の質の低下などの生殖系の異常が確認されている．同様の現象が胎仔期や新生仔期にダイオキシンやPCBなどにさらされた実験動物にもみられることから，母体内における個体発生中に環境ホルモンが関与したことが原因ではないかと考えられている．

図3-25 イギリス産14種の鳥の卵に含まれる有機塩素系殺虫剤の平均含有率と卵殻の厚さの減少率との関係（河合［2004］を改変）

鳥類 1950年頃からイギリスでみられたワシ・タカ類の著しい個体数の減少は，1940年以降の大規模な有機塩素系殺虫剤であるDDTの使用が原因であったことが明らかになっている（図3-25）．個体数の減少の引き金となったのは，雛が誕生する前に卵が壊れてしまう卵殻の薄層化現象である．卵殻形成に必要なカルシウムの代謝にかかわるエストロゲンの合成が，有機塩素系殺虫剤に誘導された薬物代謝酵素によって阻害されるために生じたと考えられている．

爬虫類・両生類 アメリカフロリダ州のアポプカ湖では，ワニの個体数の減少（特に若い個体の減少が著しい）や，多くの発生異常（生殖腺形態の奇形や性ステロイドの濃度変化）が確認されている．湖へ流入したDDTやDDE，ジコホルなどの有機塩素系農薬による内分泌系のかく乱に起因していると考えられているが，明確な作用メカニズムは不明とされている．両生類については，世界的な個体数の減少や一部奇形の異常発生などが報告されているが，現時点では原因物質

としての環境ホルモンの関与を裏づけるデータが十分でないと結論づけられている．

魚類　イギリスのいくつかの河川に生息するコイやニジマスから，本来であれば成熟した雌が合成するビテロゲニンというタンパク質を雄が合成（雌性化）していることが確認された．原因としては，下水処理場の排水に含まれるエストラジオールやエストロンなどの人間の女性が排出する女性ホルモンが関係していると考えられている．それらが魚類の内分泌機能に影響を及ぼしていることを示す証拠は多くあることから，環境ホルモンの関与が強く示された例のひとつとされている．

無脊椎動物　1970年代の初め頃からイボニシの雄性化現象（雌に雄の生殖器官が形成される）が世界各地で報告され始めた．後に，船底防汚塗料に使用されている有機スズ化合物（TBTやTPT）が原因物質として特定され，現在，日本では有機スズ化合物は使用が禁止されている．この現象は，環境ホルモンが個体群レベルで有害な影響を与えることを分かりやすく示している（図3-26）．

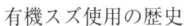

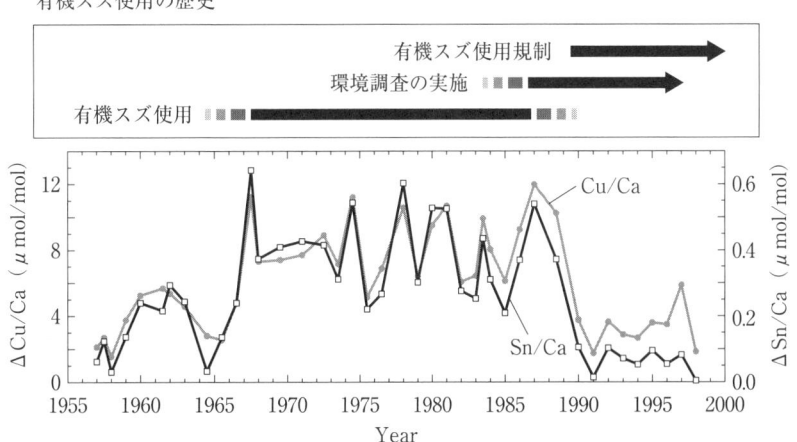

図3-26　サンゴの年輪記録を利用したミクロネシア連邦ポンペイ島の船底塗料（銅とスズを使用）による海洋汚染の歴史（井上ほか［2004］より）
　サンゴ骨格中（Ca）に含まれた銅（Cu）とスズ（Sn）を測定することによって，塗料を使用し始めた時期の銅とスズの比率の上昇と使用規制後の下降が明確に示されている．

このような，すでに野生動物で発生している異常は，人間への健康被害の前兆であると同時に，あらゆる生命を脅かす危険信号ととらえるべきである（図3-27）．

〈残留性有機汚染物質への対策〉

"残留性有機汚染物質（略称：POPs＝Persistent Organic Pollutions）"とは，①毒性が強い，②自然界で分解されにくい，③生体外に排出されにくく生体内に蓄積されやすい，④大気や水によって長距離を移動する，などの性質をもつ，人の健康や環境へ悪影響を及ぼすダイオキシン類やPCB，DDTといった有機化学物質を指す．これらの汚染物質は，地域や国境を越えて深刻な被害をもたらすことから，国際規模での規制や監視体制づくりに取り組む必要がある．そこで，2001年に，特に危険性の高い12物質[1]の削減や廃絶を掲げた"残留性有機汚染物質に関するストックホルム条約（通称：POPs条約）"がスウェーデンのストックホルムで採択された．現在，日本を含む164カ国およびEUが締結している（2009年7月時点：外務省Webサイト）．

この条約では，各国が講じるべき対策として，①アルドリンなどの9物質については製造・使用・輸出入を原則禁止する，DDTについてはマラリア予防の必要な国以外での製造・使用を原則禁止する，②意図せずに生成してしまうダイオキシン類，ヘキサクロオベンゼン，PCBは可能な限り廃絶することを目標とする，③POPsを含む在庫や廃棄物の適正管理および処理を行なう，④POPs対策に関す

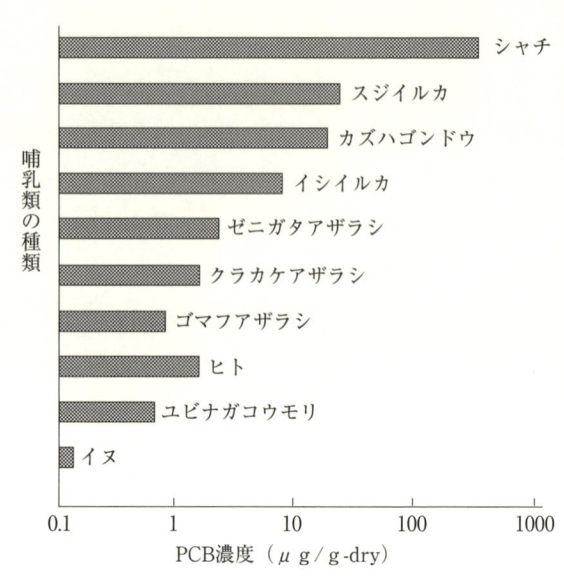

図3-27 日本の陸上および周辺海洋に生息する哺乳類のPCB汚染状況（田辺［1998］を改変）

る国内実施計画を策定する，⑤条約に記載されている12物質と同様の性質をもつほかの有機汚染物質の製造や使用を予防するための措置を講じ，POPsに関する調査研究・モニタリング・情報提供・教育，および途上国に関する技術・資金援助の実施などを行なう，などが定められている（以上は環境省，2004を参考）．

〈環境ホルモン騒動は嘘？〉

近年，環境ホルモンについての話題があまり聞かれなくなった．環境ホルモンは実は危険ではなかったとか，空騒ぎだったなどの主張があるようだが，本当にそうなのだろうか．

人への有害な影響が出たとする確かな報告は現在のところはない．環境省(2005)の見解では，67種類の化学物質のうち，メダカに対しては2種の化学物質の影響が推察され，哺乳類に対しての明確な影響はないとされている．しかし，この見解に対しては，長期的な実験が行なわれておらず原因となる物質の特定が困難である，飼育ができない野生動物については調査が難しい，などから異論が多く出されている．「影響がなかった」ではなく，「影響がわからなかった」あるいは「影響がいまだ明確でないため，調査の継続が必要」といった慎重な表現に変えるべきであろう．特に環境ホルモンの疑いの強い化学物質は，因果関係が不確実であっても引き続き長期的な研究を行ない，取り扱いを保留にするなどといった"予防原則[2)]"の考え方を採用すべきである．産業界は，「科学技術の進歩を妨げる」「現行の規制が十分機能しているので必要ない」などと牽制し，環境ホルモンの疑いのある化学物質への規制に対して反論を強めている．産業界のこの反応は，予防原則から導き出される立証責任の転換（国による有害性の立証から製造者による安全性の立証）や，代替原則（より安全な代替物質等への転換義務）による負担増を恐れてのこと（WWF，2004）であり，きわめて無責任かつ利己的であるといわざるを得ない．

かつて水俣病が発見された際，チッソの排水は当時の基準値を満たしていたが，結果はどうであったのかを考えてみるとよい．行政の示す基準値の妥当性については議論の余地があり，また，社会的責任よりむしろ利益追求を優先する企業姿

勢は残念ながら当時とほとんど変わっていない．したがって，環境ホルモンについても慎重に扱わなければ，同様の過ちを繰り返してしまう危険性がある．ある種の化学物質は人の想像を超えて被害を拡大させていく性質をもっているため，今後，多くの詳細な調査や研究を長期間かけて行ない，十分に検討する必要がある．

　膨大な種類と量の化学物質を使用しているにもかかわらず，私たちがそれらの情報についてほとんど知らされていないことも問題である[3]．化学物質を極力摂取しない，依存しないような生活をすると同時に，企業に有害化学物質の管理を徹底させ，特に危険と考えられる化学物質については製造や使用の中止を求めていかなければならない．過去の反省をもとに予防原則という視点から化学物質の管理対策を考えることが求められている．

注）
1）アルドリン，エンドリン，ヘプタクロル，ヘキサクロロベンゼン，ディルドリン，DDT，クロルデン，PCB，トキサフェン，マイレックス，ダイオキシン類（2物質）の計12物質．
2）「有害性が強く疑われてはいるが，科学的に因果関係が証明されていない状態」であっても，予防的措置をとること．
3）たとえばEUが行なった生産量の多い化学物質2400種類の調査データでは，「安全データがすべてある」が3％，「基礎データのみがある」が11％，「基礎データも不十分」が71％，「データなし」が15％であった．日本ではこのような調査が行なわれているのかさえも不明である（WWF, 2004）．

　生体内のホルモンと同様の働き，あるいは正常なホルモン分泌を阻害する働きをして悪影響を及ぼす「環境ホルモン」が，人の生命や健康に悪影響を及ぼし，野生動物の「種の存続」を脅かしている．私たちは化学物質を極力摂取しない，依存しない生活をすると同時に，企業に有害化学物質の管理を徹底させ，特に危険と考えられる化学物質については製造や使用の中止を求めていかなければならない．

column

ロード・キル

　野生動物の交通事故死のことを「ロード・キル」という．車と野生動物とが衝突することによって，物損事故に留まらず人身事故に発展するケースがみられることから，発生件数の増加とともに近年問題視されてきている．

　道路が建設されると，直接的には，生息地が破壊されるだけではなく，採餌や繁殖のための移動経路が遮断されるなど，生息条件の悪化が生じて生活史の一部が奪われてしまう可能性がある．間接的には，一帯の気温や湿度の変化による植生や土壌への影響，水脈の分断や地下水への影響も無視できない．このような環境条件の悪化が多くのロード・キルを引き起こす要因となっている．

　ロード・キルを回避する方法としてはおもに，アンダーパスやオーバーブリッジなどによる動物の移動経路の確保と，侵入防止柵や道路横断要因の排除などによる横断遮断措置の大きく2つに分けられる．これらは，野生動物へ与える影響を軽減する措置が講じられていることから「エコロード」と呼ばれることがある．しかし，このようなエコロードをつくることによってロード・キルを防ぐといった発想には限界がある．道路を拡幅し，見通しをよくすれば，車の運転速度が上がり事故が多発するのは当然であり，生息地を直接破壊せずとも，近くに道路をつくれば生息環境の悪化を免れない．基本設計の段階で問題のある道路が多すぎるのだ．しかも，なかには，オーバーブリッジに動物を通すためにエサで誘引するなどといった悪質なケースもみられ，短絡的で人間本位な「エゴロード」が数多く存在している．自然への配慮から出た発想にもかかわらず，何かをつくること自体が目的と化し，それが効果の低いハコモノづくりにつながっている．

　いずれにせよ，技術的な対策には限界があり，事故の増加を多少抑制できるていどか，希少種ならば絶滅速度を緩めるていどでしかない．根本的な問題である生息地の保全や，動物が道路に誘引される原因を排除しない限り，どのような対策がなされようともロード・キルによる自然への影響を小さくはできないだろう（図C-6）．

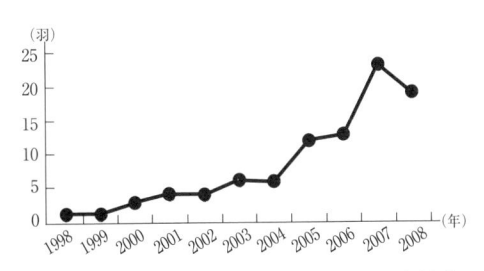

図C-6　ヤンバルクイナの交通事故発生件数（死亡，生存を含む）（環境省［2009］をもとに作成）
道路網の発達とともに事故件数は増加傾向にある．

多様性の回復とは，人と自然，人と人との「つながり」を取り戻すこと

4章
生物多様性の保全とこれからの私たち

　本来，農林水産業は自然の営み，物質循環を生かした生業であった．ところが持続不可能な経済成長や近代化農政が，生命のつながりを分断し，自然と調和した地域社会を一変させた．その結果，生物多様性と結びつかない農林水産業は，今や特定の人間のための，あるいは特定の行政組織や業者のための利益追求の場と化してしまった．このような反省から，新たな取り組みが模索され始めている．
　地球上にあるものすべては目には見えない大きな循環のなかにあり，人間はその一部でしかない——そのことを改めて教えてくれる「生物多様性」の考え方に目を向ける必要があるのではないだろうか．

野生生物保護対策にみる日米の比較

絶滅危惧種に関する法律の日米比較

大量生産・大量消費・大量廃棄型の生活スタイルをもつアメリカと，それを手本としてきた日本とで，両国の野生生物保護対策やそれらに対する国民姿勢を比較・分析するのは，興味深いことではないだろうか．アメリカは生物多様性条約にいまだ調印せず，ジョージ・ブッシュ政権下で生物多様性保全対策は後退したといわれる．それに対して，日本は1992年に生物多様性条約に批准して以来，生物多様性保全に関する法律や政策を急速に整備してきた．しかし，そうした現時点においても，日本の生物多様性保全対策はアメリカよりも明らかに劣っており，その差は歴然としている．

〈エコロジカル・フットプリント〉

地球に対する人間のインパクトを数値に示した「エコロジカル・フットプリント」というものがある．人間が生活するために必要な面積が，食糧や木材などの供給，CO_2を吸収する森林などをもとに算出され，その数値は，地球につける足跡(フット プリント)の大きさ（＝影響のていど）であらわされる．WWF（2006）の試算によると，

世界の大部分の国が自らの国の生態系が生産する能力を大幅に超えた資源を消費しながら国民生活を維持しており，2003年時点で1.25個分の地球が必要な状態であるとの結果が出されている．つまり，地球の生産・再生能力が需要に追いついておらず，今までのような先進国型の生活スタイルを続けていくと，地球がいくつあっても足りなくなる（図4-1）．

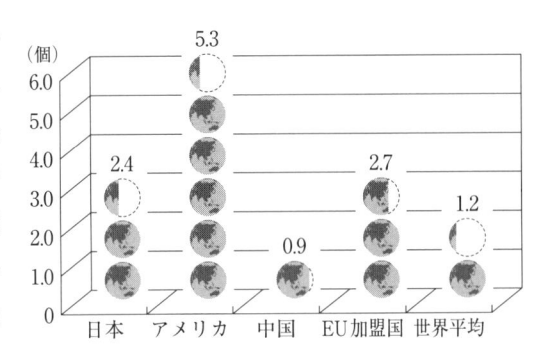

図4-1　各国のフットプリントにもとづく必要面積（WWF［2006］もとに作成）
各国の生活水準を維持した場合にどのくらいの面積（地球いくつ分）が必要かを示したもの．

アメリカは，先進国のなかでも1国当たりや，1人当たりのフットプリントの値が，2819（100万gha[1]），9.6（gha）と，それぞれ世界最大である．日本は1国当たりの値は556（100万gha）と大きくはないが，1人当たりの値が4.4（gha）と目立って大きい．このような人間活動によるインパクトの大きさが，アメリカでは在来生物の3分の1，日本では4分の1ていどが絶滅危惧種となっていることと無関係ではないだろう（Master et al., 2000）．

〈絶滅危惧種に対する日米の保全策の比較〉

絶滅危惧種の割合（レッドリスト記載種数／在来種数）についてみてみると，両国にそれほど大きな差はない（アメリカ＝0.03；日本＝0.04）．しかし，アメリカの国土面積は日本の20倍超であるため，日本がいかに絶滅危惧種対策に力を入れていないかがわかる．絶滅危惧種の保全にかかわる法律として，アメリカでは「絶滅危惧種を絶滅から救うための法律（略称：ESA＝Endangered Species Act）」，日本では「絶滅のおそれのある野生動植物の種の保存に関する法律（通称：種の保存法）」があるが，両国の法制度や政策には大きな差がみられる（表4-1）（以下は羽山，2001；畠山，1992，2001，2008；環境省「種の保存法解説」Webサ

表4-1 アメリカの「ESA (Endangered Species Act)」と日本の「種の保存法」の実効性比較

	アメリカ	日本	備考
レッドリスト種数（種）	6700	3834	日本はレッドリスト記載種，米国はヘリテージ・ランクにもとづき絶滅が危惧される種の総数
在来動植物種数	>204,700	>90,000	
指定種数（種）	1376	82	日本は「種の保存法」にもとづく国内希少野生動植物種，米国は「ESA」にもとづく絶滅危惧・準絶滅危惧種の総数
回復計画策定種数（種）	1141	47	日本は「種の保存法」にもとづく保護増殖事業計画，米国は「ESA」にもとづく Recovery Plan（回復計画）の策定がなされている種数
回復が達成された指定解除種	21	0	
生息・生育地保護区を指定された種数（種）	594	7	日本は「種の保存法」にもとづく生息地等保護区，米国は「ESA」にもとづく Critical Habitat（重要な生息地）として指定されている種の総数

環境省「種の保存法解説」Web サイトと USFWS Web Site の最新データ（2010年7月時点）と渡辺・鷲谷（2004）をもとに作成

イト：USFWS Web Siteを参考）．

　アメリカのESAでは，指定種は1376種にのぼり，対象となる種が指定されると速やかに生息地指定がなされ，生息・生育地の破壊や劣化につながるあらゆる行為が厳しく禁じられる．本法の特筆すべき特徴は，指定種について「回復計画」が義務づけられていることである．現在1141種についての回復計画が策定され，指定された野生生物種の回復計画が効果的に運営されているかが評価された後，フィードバックされる仕組みとなっている．評価の際に回復できたと判断された場合には目標が達成されたとして指定種リストから削除される（図4-2）．さらにもうひとつの特徴として，指定種の決定手続きや法の実効性の担保のために，誰にでも指定の申請が保障されていることがあげられる．特に，本法に違反した

ものに対して誰もが裁判を起こす権利を認めた「市民訴訟条項[2]」が設けられている.

これに対して，日本の種の保存法は，指定種（＝国内希少野生動植物）が82種，生息地等保護区の指定がわずか7種に留まっている（2009年12月時点）．指定種については，個体の捕獲や採取，殺傷または破損および譲渡，譲受，引き渡し，引き取りなどが禁止されているだけであり，生息・生育地での開発行為などに対しては何の規制もない（保護区を除く）．保全・回復計画の策定義務がないため，大部分の指定種は絶滅に歯止めがかかるどころか現状維持さえ困難な状態である．さらに指定種，および生息・生育地保護区の指定についての手続きはブラックボックスであり，判断基準の明記もないうえ，外部からは指定の経緯さえみえない．

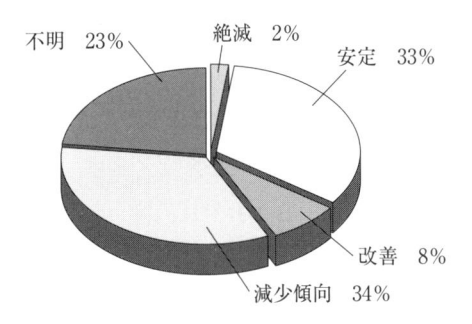

図4-2 アメリカの絶滅危惧種の回復状況（2005～2006年）（U.S. Fish & Wildlife Service [2008] をもとに作成）

以上のように，アメリカのESAにもとづく保全策では，指定種の多さや保全・回復計画の充実に加え，連邦政府機関が行なうすべての行為や計画に対して指定種の生息地破壊の全面禁止がなされていること（第7条）や，すべての者に対して指定種の捕獲[3]が禁止されていること（第9条），市民参加が保障され，誰もが直接裁判での訴えが可能であること，など法の実効性を担保するシステムが働いている．それに対して，日本の種の保存法にもとづく保全策は，指定種や保護区の少なさに加え，開発行為への規制ができないために生息・生育地の保全が十分に保障されないといった致命的な欠陥を抱えている．市民の関与もほとんどなく，実効性に乏しく，明らかに問題の多い法律といえる．

〈日米における自然保護団体の会員数の比較〉

生物多様性の保全を進めるためには，地域の自然に深いかかわりや関心をもつ

市民や市民団体の参画が必要不可欠である．日本では全国で約4500団体が環境保護活動を行なっているとされるが（環境省，2009），生物多様性の保全をおもな活動対象としている団体は少なく，またその規模や会員数においてアメリカの団体に遠く及ばない．たとえば，日本の環境NGO[4]で規模の大きい日本野鳥の会，WWF-Japan，日本自然保護協会の会員数が，それぞれ4万4000人，2万1000人，1万7000人（日本環境協会，2008）であることと，アメリカの環境NGOとしてよく知られる全米野生生物連盟，シエラクラブ，WWF-USAが，それぞれ400万人[5]，130万人，120万人であることを比較すると，アメリカと日本の人口比（約3：1）を考慮しても，一桁以上の開きがある．

　活動内容についても両者の違いは明白である．アメリカの多くの市民団体は，多くの会員を擁し予算規模が大きく，独自に科学者や経済学者，弁護士などの専門家を雇用しており，独力での調査・研究活動を可能としている．専門的見地からの政策提言や訴訟の行使をはじめ，政策作成や法律の運営への関与，議会への働きかけ，政府組織との人材交流などを行なうことによって，政治的影響力をつねに高いレベルで保ち続けている．

　会員数，予算規模ともにアメリカに劣る日本でも，近年独力で調査・研究を行ない，政策提言や訴訟までも視野に入れて活動できる市民団体が増えてきている．しかし，市民団体の活動が政治に参加する手段として広く認知されている状況ではなく，社会的影響力を行使する役割を担うまでにはまだ時間がかかりそうである．その原因のひとつとして，行政側の市民団体に対する認識の低さがあげられる．行政は，近年環境分野での市民参画が活発になるように，公聴会や説明会の開催，パブリックコメント[6]の募集など，参加の手法を多様化させてきてはいる．しかし，参画の基本となる情報共有や合意形成のプロセスにおいて，行政は多くの場合，説明責任[7]（アカウンタビリティ）を果たさず，情報公開に非協力的であるなど，改善すべき点があまりにも多い．このような現状からは，行政が市民団体を対等な立場としてみているとはいい難く，今後解決しなければならない多くの課題が山積されている．

注）
1）1 gha（グローバルヘクタール）は，平均的な生物的生産力をもつ土地1 ha（ヘクタール）に相当する．
2）ESAだけでなく，アメリカのすべての環境法で保障されている．
3）ESAの「捕獲」の定義は広く，「困惑，危害，追跡，狩猟，射撃，負傷，殺害，わな，捕捉もしくは収集，またはこれら一切の行為に従事する企て」を含むすべてのものとされている（畠山，2008）．特にそのなかの「危害」が生息地破壊までを含むと解釈されていることから，その強すぎる効果が議論の的になっている．
4）Non Governmental Organization（非政府組織）の略で，人権や環境，平和などの国際的な問題に取り組んでいる利潤追求・利益配分をしない非営利の団体を指す．NPO（非営利組織：Non-Profit Organization）との違いは明確ではないが，NPOはおもに地域に根ざした活動が多い．本書ではNGOとNPOを明確に区別せず，便宜的に「市民団体」も併用している．
5）子ども用雑誌購読者も含む．
6）法律や政策について市民に意見を求め，その意見に行政が回答する制度（中央省庁等改革基本法第50条2項）．中央省庁だけでなく多くの自治体で導入されている．乱雑な集約や的外れな回答，意見募集期間の短さなどから，現在のようなかたちでの実施にどれほどの意味があるのか疑問視されている．
7）単なる説明ではなく，納得のいく説明をする義務があることをいう．

　日米の絶滅危惧種に対する政策には明確な違いがある．指定種や回復計画の数の多さに加えて，法律による市民参加を保障している点や，生息地破壊の禁止をしている点において，日本は非常に遅れている．

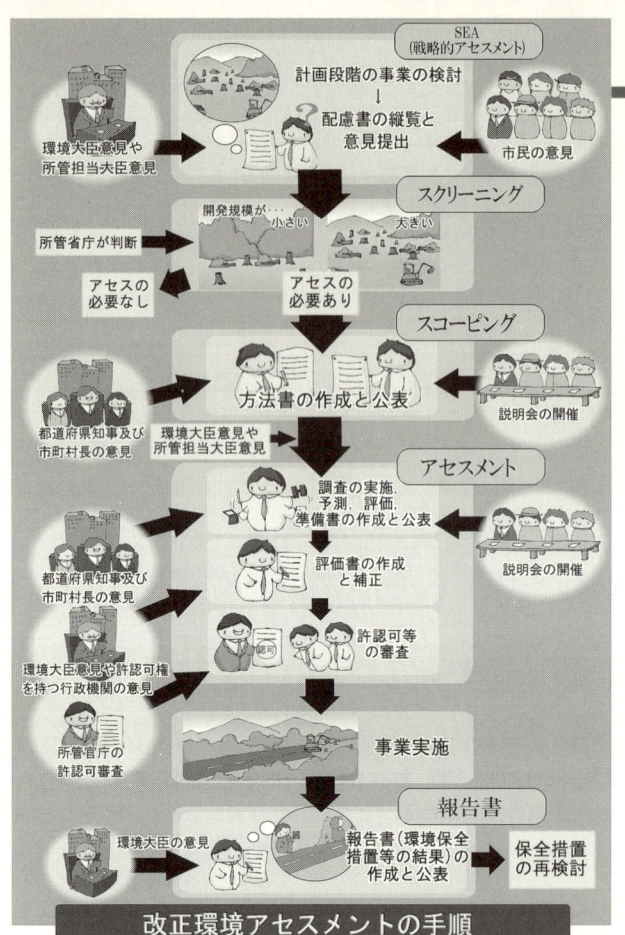

環境アセスメント

環境への影響が大きい事業，たとえばダムや道路，空港建設などの公共事業をはじめ，発電所や廃棄物最終処分場などの開発行為が計画される場合，土地の形状の改変が行なわれたり，工作物が設置されたりする．これらの事業が環境に与える影響について調査・予測・評価を行なうことを"環境影響評価（環境アセスメント）"と呼ぶ．

開発行為を行なう場合，事前に計画予定地周辺の環境（大気，水質，地質，動植物の生息状況など）を調査し，開発行為によって生じる影響について予測を行ない，影響が懸念される場合には保全措置を講じることが決められている．本来であれば，環境アセスメント（以下，「アセス」とする）の結果次第では，代替案を選択する場合や，影響が回避できそうにないと判断されれば事業そのものが中止される場合が想定されるはずであるが，実際にそうなることはほとんどない．

〈環境影響評価法成立の経緯〉

日本では，1981年に"環境影響評価法（通称：環境アセス法）"の制定に向け

て法案が国会に提出されたが，産業界や関係省庁の反対や圧力によって，継続審議が繰り返された後に廃案となった．しかし，早急に実行力のある対策が必要とされたため，法案要綱をベースにした"環境影響評価実施要綱（閣議アセス）"が1984年に閣議決定された．

閣議アセスは，あくまでガイドライン（指針）であり法的拘束力はない．しかも，道路やダムなど大規模かつ国が関与する事業（大部分が公共事業）のみが対象であり，比較的規模の小さい事業は対象外となっていたことや，市民参加の視点が大幅に欠落していたことなどからさらなる対策が求められていた．自治体のなかには川崎市や北海道，東京都などが，評価対象の幅を広げ，住民参加の機会を増やすために，"環境影響評価条例（＝環境アセスメント条例）"を策定し，またそのほかでは要綱や指針などを策定するなど，独自に環境アセスの取り決めを行なう自治体が出てきた．このような自治体レベルのアセスが，国より一歩リードしたかたちとなっていくなかで，紆余曲折を経つつも，1997年にようやく環境アセス法が成立した（1999年から実施）．さらに2010年3月に「環境影響評価法の一部を改正する法律案」が閣議決定されたことから，まもなく改正法が国会で成立する予定となっている（2010年6月時点）[1]（図4-3）．しかし，1984年成立の閣議アセスで指摘された，事業審査における中立性やプロセスの不透明さ，市民参加の欠落などについては実質的にほとんど変わらないままであり，法改正されたとしても依然として多くの問題が残されている．

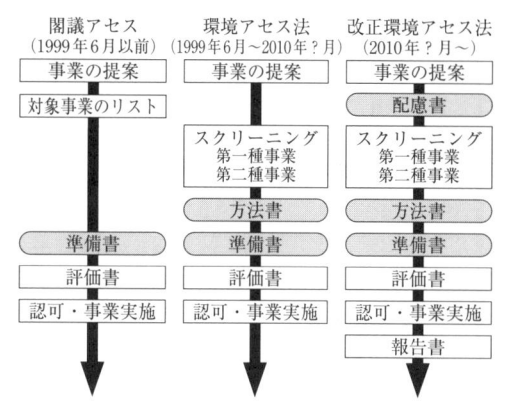

図4-3　閣議アセスと環境アセス法とのプロセスの違い（原科［2005a］を改変）
法律の施行期間の一部が「？」となっているのは，成立予定の改正法の施行時期が未定のためである（2010年6月時点）．

4章　生物多様性の保全とこれからの私たち

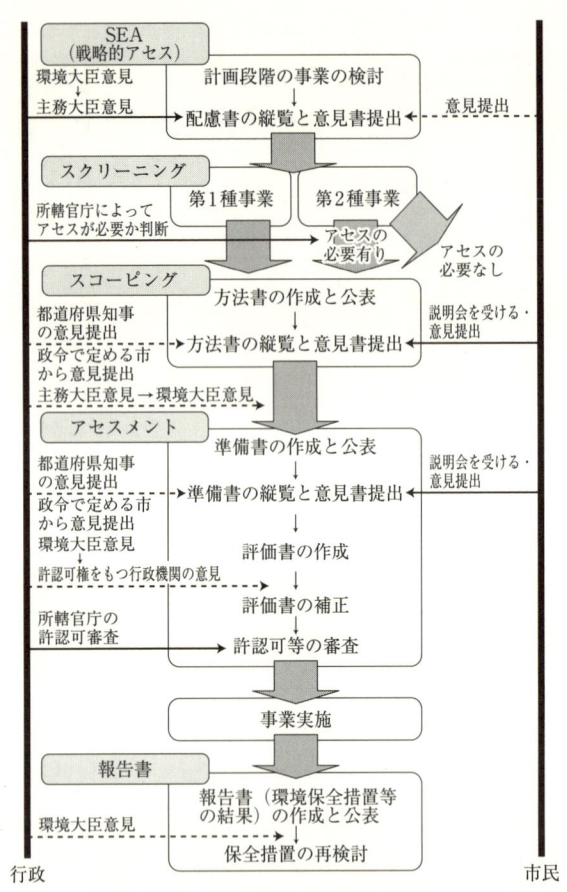

〈環境アセスメントの手順〉

環境アセスメントは，環境アセス法にもとづいてまたは準じて行なわれる．ここでは，成立予定の改正法案にもとづいた手順を示す．手順は，以下のように，戦略的アセス（SEA）→スクリーニング→スコーピング→アセスメント→事後報告の大きく5つの流れに分けられる（図4-4）．

戦略的アセス（SEA） 位置や規模などについて，事業の計画段階で，事業をしない選択肢「ゼロオプション」を含めた複数案を事業者が提示し，環境保全上配慮すべきことについて検討した「配慮書」を作成する．その内容に対して，関係行政機関や住民からの意見を求めることができる（配慮書の縦覧と意見書提出）．

スクリーニング 日本の制度では，環境アセスは，おもに規模の大きな事業について行なわれる．規模の大小によって第1種事業と第2種事業に区分された後，後者の場合は，事業者の申請を受けて所管省庁によってアセスの対象かどうかが判断される．

図4-4 改正アセス法にもとづく事業実施までの手続き

横線のうち，実線は義務，破線は努力義務等を示している

スコーピング　①事業者が，事業の概要や調査方法などをまとめた「方法書」を公表する（方法書の作成と公表）．②方法書の内容はインターネットなどで公表され，それに対して，関係行政機関や住民などが環境保全上の意見を述べる機会が設けられる（方法書の縦覧と意見書提出）．

アセスメント　①事業者が，提出された意見を参考に調査・予測・評価を行ない，「準備書」を作成し，公表する（準備書の作成と公表）．②準備書の内容はインターネットなどで公表され，それらに内容に対して，関係行政機関や住民などが環境保全上の意見を述べる機会が設けられる（準備書の縦覧と意見書提出）．③事業者が，提出された意見をもとに準備書の検討・修正を行ない，「評価書」を完成させる（評価書の作成と補正）．④事業について適切な環境配慮を行なっているか否かの審査を経て，事業実施の許可が認められる（許認可等の審査）．

事後報告　環境保全のための対策が事業後適切に行なわれているか，またそれらが有効であるかについて，事業者が継続して事後調査を行なうための「報告書」が作成され，公表される（報告書の作成と公表）．環境大臣からの意見が述べられた場合，保全措置などの再検討を行なわなければならない（以上は原科，2005a, bを参考）．

〈環境アセスメントの問題点〉

日本のアセス制度はあまりにも問題が多い．環境アセスは科学性と民主性の2大要件を備えるべきであるとされている（原科，2005a）が，現実には非科学性と非民主性から成り立っているといわざるを得ない．不適当な内容でもアセスを実施さえすれば，事業主が自主的に環境配慮を行なったとみなされ，また意見を募集さえすれば，市民の同意を得たとみなされて，事業が進められるなど，環境「アワセメント」と呼ばれて非難されてきた．以下には，2010年の改正法案（2010年6月時点）を踏まえつつ，おもな問題点をあげる．

計画段階からのアセスメントの必要性　現行のアセスは，開発行為（事業）の実施前に行なわれるため，"事業アセス" とも呼ばれる．市民が事業の中止あるいは大幅な変更を求める場合，より早期の計画段階の素案から議論ができる仕組

みが必要であり，この事業アセスでは対応ができない．そのため，事業内容が決められる前にアセスを行ない，費用対効果や環境への影響，建設物の規模などを考慮し，事業を実施しない案も含め複数の代替案を比較検討しながら，より環境に配慮した案を選ぶことのできる"戦略的環境アセスメント（通称：戦略的アセス，略称：SEA＝Strategic Environmental Assessment）"の導入が求められてきた．事業に至るまでの，政策段階（基本的な方針を決める）→計画段階（方針をもとに具体的な枠組みを決める）→事業段階（計画をもとに具体的な実施事項を決める）→実行，という手順のなかで，戦略的アセスは，このうちの政策もしくは計画段階で，情報公開と市民参加にもとづいた意思決定を行なうことができる点で現行の事業アセスとは大きく異なっている（図4-5）．

しかし，実際に導入される戦略的アセスは，計画段階よりも前の政策段階での見直しがない，ゼロオプションや複数選択案の提示を義務化していない，国が指定した重要な事業については例外を認める，などの本来の戦略的アセスとは異なる性質をもつ．このような骨抜きともいえる法改正が，産業界や利害関係省庁による圧力がかかった結果であることは十分に推測できる[2]．特に政策段階から事業案を検討する本来の戦略的アセスの導入を事業者が拒む理由は，そのプロセスに高い透明性が求められるために，これまで行なってきたような一部の利害関係者による密室型・非公開型の非民主的ともいえる意思決定が困難となるからであろう．

代替案の形骸化　アセス実施前から計画の進行は半ば決定しており，さらに法的な義務づけがないために，代替案の検討がこれまでほとんどなされてこなかった．その結果，比較対照する材料がないために，相対的評価を行なうことができず，環境にどのような配慮をしたのかといった議論が抜け落ちてしまっていた．戦略的アセスの導入によって改善が期待されているが，住民の意見がどのていど反映されるかは疑問である．適切な代替案を比較検討しなかったために結果的にアセス手続が大幅に遅れた典型事例として，愛知万博のアセスがあげられる（原科，2005a，2006）．

評価項目の偏り　評価が自然環境のみに偏っており，事業そのものの必要性や，

歴史的, 文化的環境への影響などについては, ほとんど考慮されていない. 生物多様性という多面的総合的な視点をもつアセスが求められる.

環境保全対策の検証不足と事後調査の不徹底 環境への影響を「回避」「低減」することに最大限の努力を払うべきであるにもかかわらず, 実際の保全対策の多くは十分な裏づけがないまま, 動植物の「移動」や「移植」といった容易で不確かな代償措置に流されがちになっている. その原因として, 保全措置の経過や成否を確認するための重要な判断材料となるはずの「事後調査（事業実施後の調査）」の多くがこれまでうやむやとなっていることや, 継続調査や公表が義務づけられてこなかったことがあげられる. 改正案では, 事業実施後に保全対策についての報告が義務

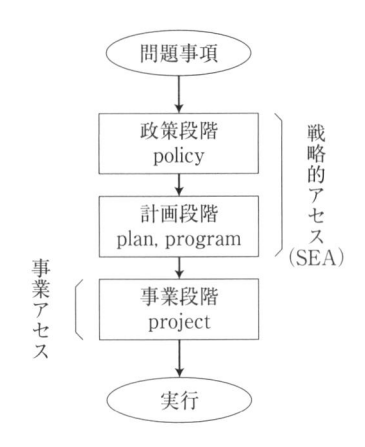

図 4-5 戦略的環境アセスメント（SEA）とこれまでの事業アセスメントの違い（原科［2005c］を改変）
　戦略的アセスはこれまでの事業アセスより上位（政策, 計画）段階でのアセスを行なう点で異なっている.

づけられてはいるが, 達成目標があるわけではなく, 対策がうまくいかなかった場合の罰則があるわけでもない. そのため, 成果が問われない, かたちだけの保全措置や報告になる可能性が高い.

調査・評価における科学性・中立性への疑問 現在のアセスでは, 事業による影響は「少ない」や「最小限に抑えられる」などの結論が調査実施前から用意されている, あるいはその結論を出すための調査や評価が行なわれているといっても過言ではない. 調査の大部分は精度に問題があるうえ, 調査から結論に至るプロセスが拙く根拠も乏しいことなどから, 信頼性について疑問がもたれている. たとえるなら, 多額の賞金のかかった試合で, 片方のチームが審判を兼ねながらプレイするようなものであり, フェアな判定はまったく期待できない.

そもそも, 本法には, どのようないいかげんな調査がなされようとも, それら

4章 生物多様性の保全とこれからの私たち ——151

を処罰するための罰則規定が設けられていない．そのため，調査がかたちだけの単なる帳尻合わせにすぎなくなってしまっている．つまり，本法は単に性善説にもとづいた手続き論を述べているだけで，実質的には調査に科学性が問われていないということができる．当然のことながら，第三者機関による審査や判断が強く求められる．

　また，法改正によって，環境大臣の意見が重視されているが，これが縦割り行政のなかでどれほど影響力を及ぼすことができるのか疑問である．これまで同大臣が積極的に意見を述べたことは稀で，あったとしても事業実施に付帯条件をつけるていどであり，事業の許認可を左右するほどの意見が出されることは期待できない．

　市民参加が確保されていない　本法で定められた意見提出は，単なる事業実施前の情報交流手続きであり，市民参加とはいい難い．しかも，事業内容がほとんど決められた後にアセスが実施されてきたために，後から計画を変更させたり，事業そのものを中止させたりすることはできなかった．アセス実施前までに，地元自治体や関係省庁との協議がほぼ終わっていることに加え，建設業者などが組織を動員し，関与する政治家などが奔走して事業化した経緯を考えると（そのため公共事業は政官財の癒着が生まれる温床になりやすい），結局アセスはアリバイづくりでしかない．中途半端な戦略的アセスを導入したくらいでは，市民参加は思うように進まないだろう．また，本法で定められた市民参加では市民の意見が反映されにくく，反映される保証もないため，現状での対策としては自治体が定めた環境アセス条例などによって市民参加を補うことが不可欠である．その際，これまでのようなかたちだけの説明会や意見聴取会などではなく，ワークショップや関係者を集めた討論会，住民投票などによって，市民の意思を真に反映させる仕組みづくりが求められる．

　環境アセス適用の除外　事業規模の大小によってアセスが義務づけられるため，1つの大規模事業計画を分割して別々の事業とすることで，あるいはアセスが義務づけられる面積にわずかに足りない面積での事業計画を立てて，アセス義務を回避する（たとえば99haの計画をして100ha以上のアセス義務を回避）など

の姑息ともいえる手法を行政は黙認したままにある．事業面積の大小は，実際の影響の大小と比例しているわけではないので，このような事業規模による選別方法は再考されるべきである．

　さらに，必要性が失われて中断，または停滞している事業のうち，1984年の閣議アセス前に計画された事業については，アセスの義務づけがなされていない．そのため何の検討もなく，また改善されることもなく，アセスなしで事業が強行されている．このような愚行を避けるためには，一定の期間内に着工されなければ自動的に事業が中止されるアメリカの「サンセット法[3]」や，時代のニーズや社会情勢の変化を考慮して事業の再検討を行なう北海道の「時のアセス[4]」制度のような仕組みが必要である．

〈哀・地球博……〉

　2005年に愛知県海上（かいしょ）の森で開催された「愛・地球博」は，環境保全型万博として脚光を浴び，2200万人の入場者を得て大成功したといわれている．しかし，「環境に配慮された万博」といった触れ込みであったにもかかわらず，従来の開発型イベントの域を超えず，実際には環境博とはいえないものであった．その本質は，住宅開発と道路造成を進めるための妥協の産物にすぎなかったとの指摘（宇佐見，2005）が的を射ているのではないだろうか．

　たとえば，自然への影響について十分な配慮を約束していたにもかかわらずに生じた，ムササビやホトケドジョウなどへの不十分な保全措置についての説明を求めた自然保護団体や専門家らに対して万博協会は不誠実な対応を取り続けた．このことが原因で開催直前にWWF-Japanや日本自然保護協会，日本野鳥の会の3団体は参加を中止した（読売新聞，2005）．結局，自然保護団体に説明なく移動させたホトケドジョウは死滅したようである．当初の計画案は市民団体による反対によって縮小されたが，開催時期に合わせたスケジュールありきで進められたために，次第に駆け込み状態となり，最後には破綻していったのが実情であろう．開催寸前のトラブルからもわかるように，愛知万博は，環境アセス法にもとづく現行の事業アセスでは計画の軌道修正や市民参加がうまく機能しない，といった

従来型アセスの限界を示した代表例ともいえるだろう．

注）
1）改正法案は案であるため，法律として成立する際に若干修正される可能性がある．
2）戦略アセスの導入が検討される際，電力業界や経済産業省が早期段階での情報公開を拒み，発電所を対象事業から外そうとする動きがみられた（原科，2007）．電力業界での情報の隠ぺいや改ざんが頻発するなかで，発電所だけを対象から外すという横暴が認められないのは当然である．発電所外しに加担した関係者には猛省を求めたい．
3）ある行政組織や政策について「〇〇〇は，〇〇年〇月〇日をもって廃止する」という期限を定めておき，その継続を議会や組織が改めて承認しない限り自動的に廃止となる法律（畠山，1989）．アメリカコロラド州で1976年に導入され，急速に各州に普及した．
4）計画が長年にわたって滞っている事業に対して，時代の変化を踏まえて再評価を行なう制度で，北海道が1997年に導入した．

> 生物多様性保全の視点は，現行の環境アセスメントには十分に盛り込まれていない．現行アセスは，開発を進めるための帳尻合わせでしかなく，セレモニーにすぎない．事業の内容が決められる前にアセスを行ない，費用対効果や環境への影響，建設物の規模などを考慮し，ゼロオプションも含め複数の代替案を比較検討しながら，より環境に配慮した案を選ぶことのできる仕組みづくりが求められている．

自然の権利

　人間と同様に「自然にも権利がある」と聞くと，違和感を覚える人は少なくないかもしれない．しかし，あまりにも簡単に，そして無残に自然が破壊されていく，人間の権利のみが優先される今日において，自然（の生き物）には生きる権利すら許されないのか，との疑問をもたない人は少ないのではないだろうか．このような想いが"自然の権利"の発想に結びついたと考えると理解しやすいだろう．

　ただし，この自然の権利という概念については，さまざまな訴訟形態があるうえに，各訴訟にかかわる弁護士，自然保護団体関係者，専門家などによって解釈が異なり，統一見解がなく，明確な定義がなされていない．そのため，本書では，野生動物などの自然物がシンボルとなった自然保護を目的とした訴訟はすべて「自然の権利訴訟」として扱う．

〈野生動物は誰のものか〉

　野生動物は誰のものなのか，との問いに正確に答えることのできる人はほとんどいないだろう．野生動物は，日本では民法上で「無主物」として扱われており，

誰のものでもないので，「最初に捕獲した人のもの」となるというのがこの問いの答えである（しかし，実際の捕獲にはさまざまな規制[1]がある）．野生生物の生息地についても，何らかの法律の規制に抵触しない限り，開発行為は自由に行なわれる．このような発想は，現行法が人間中心主義の考え方に著しく偏っていることを示しており，現在の常軌を逸した自然破壊を招いたことと決して無関係ではない．自然の権利訴訟はこのような現代法規へのアンチテーゼから生じたと考えると理解しやすい．

〈自然の権利とは〉

　自然の権利とは，自然がもつ固有の価値について，人が自然の代わりに訴えることができる権利をいい，よく誤解されているような，自然が人間と同等の権利をもつことをいうのではない．この考え方は，1949年に発行された生態学者アルド・レオポルドの『砂の国の暦』にある「ランド・エシック（土地倫理）」にもとづいている．ランド・エシックは，土地というものを，土壌や水，動植物の共同体であると考え，人間はその土地の征服者ではなく，共同体の一員でしかない，つまり，人間は生態系の一員であるととらえている．

　他方，自然の権利に関係する特に重要な著作として，1972年に，アメリカの法哲学者クリストファー・ストーンによって書かれた「樹木の当事者適格」がある．この論文は，自然物にも法的な権利があり，その権利が侵害された場合には，妨害の排除，回復，損害賠償が認められるべきであると主張している（籠橋，1998）．以前は考えられないとされていた，子どもや女性，黒人，囚人，胎児などが法的権利をもつようになり，非人間的な存在である国家や学校，企業なども法的権利をもっているのであれば，同様に，自然物も法的権利をもつことが可能であると考えたのである．もちろん，自然物は自ら訴訟を起こすことができないので，後見人（自然をよく知る市民やNGOなど）を通して自分の権利の保護を訴えることができるとしている．この論文は，ミネラルキング渓谷リゾート開発違法訴訟[2]において，ダグラス最高裁判事が引用し，「自然を保護することに対する大衆の関心は，環境客体に自己の保存のための裁判を提起する資格を与える方向に進む

べきである．……そこで，この裁判の原告はシエラ・クラブではなく，ミネラルキング渓谷とするほうがより適当だった」と主張したことで有名である（以上は畠山，1998を参考）．

このように，自然の権利の理論を冷静に吟味すれば，木にも生きる権利があるのだから「誰も木を切ってはならない」といった類の荒唐無稽な話でないと理解できるだろう．

〈日本における自然の権利訴訟と原告適格〉

日本の法律は，問題に対して利害関係のない個人や団体は，当事者として適当でないとされるために訴訟を起こすことができない．したがって，自然物を原告とした訴訟は，原告には「訴える権利（原告適格）」がない[3]とされ，実体審理に入る前に却下[4]されてしまう．それにもかかわらず，自然物を原告とした自然の権利訴訟を起こす理由はどこにあるのだろうか．それは，利害関係者に限られている日本の自然保護訴訟の現状を打破するための「手段」であると考えれば理解しやすいかもしれない．つまり，「自然を守りたい者が法廷に立てない社会システムを改善させていくこと」が，日本のすべての自然保護訴訟共通の願いなのである．

このような，自然の権利を訴える裁判を自然の権利訴訟と呼ぶ（表4-2）．自然の権利訴訟は，日本では，野生生物が人間を訴えるイメージが先行したためか，象徴となった動物のみを守ろうとする訴訟であると誤解をしている人が多くいるようである[5]．しかし，実際の訴訟の目的は，象徴となった生物を通して「守るべき自然」とは何かを明らかにすること，さらには，その動物を象徴とする地域の自然と人とのかかわりを考える機会を提供することにある（たとえば小島・関，1999：小島・小野山，2000：鬼頭，2004）．

訴訟の方向性としては，法廷における権利動物の原告適格の獲得を求めるものと，自然保護運動と連動しながら開発行為の中止を求めるもの，の2つに分けて整理できる．前者は，「自然には固有の価値があり，権利があり，それらは尊重されるべきである」とする自然物の生存権主張を前面に出して法廷闘争を行ない，

表 4-2　自然の権利訴訟一覧

訴訟の通称名	原告	訴訟内容
奄美自然の権利訴訟（1995年提訴）	アマミノクロウサギ，アマミヤマシギ，ルリカケス，オオトラツグミ	知事が業者に対して出したゴルフ場開発の許可（林地開発）の取り消しを求めた．→事実上勝訴．
オオヒシクイ自然の権利訴訟（1995年提訴）	オオヒシクイ	越冬地を保護区に設定しなかったことで損害が出たため，知事に損害賠償を求めた．→棄却．
諫早湾自然の権利訴訟（第一陣1996年提訴，第二陣2000年提訴）	ムツゴロウ，ハイガイ，ズグロカモメ，ハマシギ，シオマネキ，諫早湾	干拓事業を行なったことで発生した損害について，国と知事に損害賠償を求めた．→第一陣棄却，第二陣敗訴．
大雪山のナキウサギ裁判（1996年提訴）	北海道民（自然原告を含まない訴訟）	大雪山国立公園内に計画されたトンネル建設中止を知事に求めた．→裁判の取り下げにより，事実上勝訴．
生田緑地・里山・自然の権利訴訟（1997年提訴）	ホンドタヌキ，ホンドギツネ，ギンヤンマ，ワレモコウ，カネコトタテグモ	岡本太郎美術館建設における環境アセスメントの不正を問題視し，川崎市に対して損害賠償を求めた．→棄却．
藤前自然の権利訴訟（1998年提訴）	名古屋市民（自然原告を含まない訴訟）	藤前干潟でのゴミ埋め立て計画の中止を名古屋市に求めた．→裁判の取り下げにより，事実上勝訴．
高尾山天狗訴訟（2000年提訴）	オオタカ，ムササビ，ブナ，高尾山，八王子跡	圏央道（高速道路）建設が自然を破壊するとして国に建設差し止めを求めた．→審理中．
馬毛島訴訟（2002年提訴）	マゲシカ	業者に対して土地の掘削や採石，樹木の伐採の禁止を求めた．→審理中．
インドネシア・コトパンダム被害者訴訟（2002年提訴）	スマトラトラ	ODAによるダム開発で移住させられた住民が原告として，外務省，JICA，JBIC，東電設計に損害賠償を，日本政府にダム撤去を勧告することを求めた．→審理中．
奄美ウミガメ訴訟（2003年提訴）	アカウミガメ	業者に対して砂利採集の差し止めを求めた．→棄却．
沖縄ジュゴン訴訟（2003年提訴）	ジュゴン	辺野古沖に計画されている米軍基地の建設が国の天然記念物であるジュゴンに悪影響を与えるとして，保護を求めた．→サンフランシスコ米連邦地裁で勝訴．※

※基地建設は日米共同行為であり，日本の天然記念物に指定されているジュゴンは，アメリカの国家歴史保存法（NHPA）で守る義務があるとの考え方からアメリカで提訴された

自然の権利セミナー報告書作成委員会（2004）を改変

物言えぬ生き物たちの代弁をするといった発想によって共感や支持を集めることを目指している．一方で，後者は，裁判という議論の場へ自然保護運動を拡大させることによって，①これまで公開されてこなかった資料を開発側に提出させる，②開発側との間で行なわれてきた不毛な議論を公にして，自らの正当性を主張する，③問題における責任の所在を世間に広く知らしめる，などを通じて，開発行為を中止に追い込むための議論の場をつくり出すことを目指している．

ただし，厳密にいえば，この2つの考え方は相補完的な関係であるため，訴訟の多くは両者の要素をもち合わせており，その比重がどちらに傾いているかの違いであるとも考えることができる．いずれも生物多様性保全のための訴訟である点では変わりない．

〈アメリカでは自然の権利は認められている？〉

アメリカでは，多くの環境法の市民訴訟条項には「誰でも訴訟を起こすことができる」と定められている．そのため，自然や動物の原告適格が認められるかどうかは問題視されない．たとえば，自然保護団体が動物原告をたてて訴訟を提起した場合，「その動物原告は実は誰なのか，訴える能力をもつ人間なのか，当事者能力をもたない非人間なのか」と問われたとしても，実際に訴えを起こした自然保護団体や個人が，「動物になり代わっていたのは，実は私です」と名乗り出ることによって，または訴えたなかに原告適格をもつ人間が1名でも含まれていれば，問題なしとされる．訴えられたほうも，動物原告を争点にせず（一部例外あり[6]），裁判所でもいちいち動物原告の適格性について真面目に取り上げたりはしない．その結果，動物原告はそのままで訴訟は継続される．つまり，アメリカであっても，自然の権利が認められているわけではないのである．動物原告を理由に訴訟を却下する日本のように，無意味なことをしないだけである．

注）
1）たとえば，「鳥獣保護法」では狩猟鳥獣とそれ以外の鳥獣に分けられ，後者は原則捕獲禁止．前者についても地域や時期，実施者が制限されている．
2）ミネラルキング渓谷にウォルト・ディズニー社がリゾート開発を計画して予定していたと

ころ，アメリカを代表する環境NGOのシエラクラブがこれに反対して，開発許可の違法性の宣言と事業の差し止めを求めて提訴した．結果的には長期化する裁判によって，また新たに作成された環境影響評価書を批判する世論の高まりによって，ウォルト・ディズニー社が計画を断念した（畠山，2008）．
3）そのため，途中から原告を自然物でなく人とすることで訴訟を続行させる場合が多くみられる．なかには，最初から自然物を原告にしない自然の権利訴訟もある．
4）「却下」とは，当事者の訴えを認めないこと．「棄却」とは，当事者の請求を認めないこと．
5）動物の個体の権利を主張するアニマルライトと混同していることが多いと考えられる．
6）実際に，動物の原告適格をめぐって争ったケースが数少ないながらもいくつかあるが，厳密には原告適格は認められていない（畠山，2008）．

　以前では考えられないとされていた子どもや女性，黒人，学校や企業などの法人までもが権利が認められている現在においては，自然の権利が求められるのは，荒唐無稽な話ではない．しかし，日本はおろかアメリカであっても自然の権利は認められてはいない．

外来生物が及ぼす影響

　外来生物（外来種）とは，もともと自然の状態で分布していた地域以外の場所に，人間によって持ち込まれた生物のことをいう．国外のみならず，同じ国でもほかの土地から移動されたものは，その生態系にとっては外来生物となる．日本では，外国から持ち込まれた外来生物は2000種近くを数え，それらのうち，脊椎動物は約100種，昆虫は約250種，維管束植物は約1500種が定着しているとされている（環境省，2004）．エサやすみかなどの必要な資源をめぐっての在来生物（在来種）[1]との競合・競争，捕食，寄生，近縁種との交雑などを通じて生態系に与える影響が懸念されている．特に深刻な影響を及ぼすものは，一般の外来生物と区別して侵略的外来生物と呼ばれる．むろん外来生物に罪があるわけではなく，持ち込んだ人間こそが非難されるべきである．

〈外来生物の増加原因〉

　さまざまな動植物が，飼育や栽培，展示，園芸，食用，研究などの目的で世界中に流通するなか，日本に輸入され，持ち込まれる生物も増加している．当然の

ことながら，それにともなって国内で野生化・定着する外来生物も増えているのだが，蔓延の原因は輸入総量の増加にのみあるのではない．

外来生物は，「原始的自然」よりも「人工的自然」を好む傾向があることがわかっている（図4-6）．これは，外来生物にとって，入り込む隙間のない元来の自然生態系や原始的

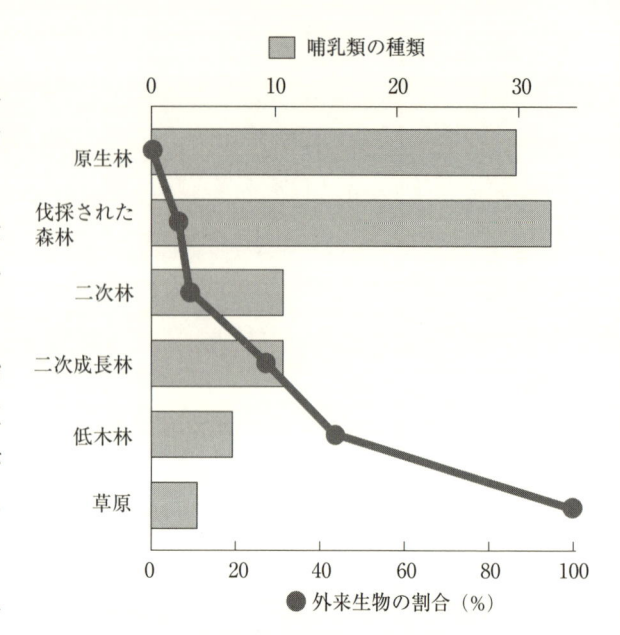

図4-6 人間活動の影響と外来生物（哺乳類）増加との関係（Harrison［1986］を改変）

自然よりも，自然生態系がある ていど破壊された人工的自然へ侵入するほうが容易であることを示している．つまり，開発行為などによる自然破壊や悪化が，外来生物の侵入機会の増大や生息数の増加を招いたといえる．そう考えると，外来生物が生態系へ直接的に悪影響を与えているというよりは，人為的開発によって脆弱な状態となった生態系に，外来生物が追い討ちをかけているといった表現が妥当かもしれない．

〈外来生物が引き起こす問題〉

外来生物が引き起している問題は，生態系への影響と人間活動への影響の2つに大別できる．それぞれの影響について，典型的な事例を以下に示した．

外来生物による生態系への影響 ①食う‐食われる関係（捕食関係）の崩壊……ハブやネズミを駆除してくれるとの期待から沖縄本島や奄美大島に持ち込まれた西南アジア産のマングースが，絶滅危惧種であるアマミノクロウサギやヤンバ

ルクイナを捕食して問題となっている．

　②交雑による遺伝子汚染……動物園からタイワンザルが逃げ出して野生化し，ニホンザルと交雑して雑種ができていることから，純粋なニホンザルがいなくなってしまうことが危惧されている（河本ほか，2005を参考）．

　③在来生物への感染症や寄生生物の伝播……長崎県対馬にのみ生息する絶滅危惧種のツシマヤマネコから，免疫機能を低下させて死亡率を増大させるネコエイズウイルス（FIV）が検出され，生息数がさらに激減する危険性が指摘されている．検出されたウイルスはイエネコ由来のものであるため，野生化した飼いネコ（厳密な意味では外来生物扱いとなる）が病気を伝染させたものと考えられている（阿久沢，2002を参考）．

　④外来生物を用いた法面整備と自然景観の喪失……近年のダムや治山事業，道路事業などの土木工事において，法面の保護や砂防，緑化のために，シナダレスズメガヤ，ハリエンジュ，イタチハギ，シロツメグサなどの外来牧草が多く使用されている．その結果，種子が水などに運ばれて広範囲に分散し，緑化が行なわれた場所だけでなく，周辺のススキ原野やササ原野，下流の川原が，外来牧草地へと変化しており，在来の植物を圧迫している．

外来生物による人間活動への影響　①農林水産業への影響……果実の食害で世界的な重要害虫となっていたウリミバエの発生が，日本の南西諸島で1919年に確認され，その後沖縄本島や奄美大島などへと被害が拡大した．対策として，寄主となる果実の移動制限や不妊処置を施した本種の野外への放虫などを継続的に行ない，22年の歳月と204億円，44万人の人員を投入した結果，根絶に成功した．根絶の成功例として，また定着した種を根絶するには莫大な労力と予算がかかる事例としてよく知られている（鷲谷・村上，2002を参考）．

　②病原生物やウイルスの伝播……エキノコックス症は，おもにキタキツネの糞に含まれる寄生虫エキノコックスの卵を摂取することによって，人だけでなく，イヌやネコなどにも感染する病気である．人が感染した場合は，10年ほどで寄生虫が体内で増殖し，寄生は肝臓に至り，多くは肝臓ガンに似た症状がみられる．発症後の治療は難しく，死に至る病とされており，北海道では特に注意しなけれ

ばならない病気として広く知られている．おもな感染源であるキタキツネの感染率は5割以上で，北海道全土に拡大している．アラスカ産のアカギツネが千島列島経由で持ち込まれたことが原因と考えられている（神谷ほか，2002を参考）．

〈代表的な侵略的外来生物たち〉

近年，日本で問題となっている代表的な外来生物として，セイヨウオオマルハナバチ，オオクチバス，アライグマを取り上げ，各種の現状について以下に説明する．

セイヨウオオマルハナバチ　温室トマトの授粉用に日本に輸入されたセイヨウオオマルハナバチは，手間のかかる植物ホルモン剤処理をせずにトマトを結実させることができるため，農家に大いに歓迎されることとなり，使用量は急速に増えて全国で利用されている．しかし，同種は，予期せぬ外来寄生生物を持ち込むおそれがあるうえ，野生化すると，在来マルハナバチとの競合や交雑，野生植物への繁殖障害を引き起こすなど，生態系に多大な影響を与えるであろうとの指摘が導入当初からなされていたほど危険視される存在であった．実際に，温室から逃げ出して野生化し，これらの懸念のほとんどが現実のものとなりつつある（横山，2003）．同種の個体数をこれ以上増加させないためには，輸入規制をはじめ，同種を温室から野外へ逃がさないようにするための防除ネットの展帳，使用済みコロニー（巣）の処分の徹底などの農家やメーカーに対する義務づけ，直接捕獲（排除）活動が不可欠である．

現在，農業利用に限って，防除ネットなどの逃亡防止策を施したうえでの「許可制」となったが，その周知徹底や実効性が課題となっている（五箇，2008）．近年，セイヨウオオマルハナバチは分布域を拡大中で，低標高の農村だけではなく大雪山などの高山にまで侵入している事実が確認され，早急な駆除対策が求められている．

オオクチバス　ルアーフィッシングの対象として非常に人気があるオオクチバス（通称：ブラックバス）は，1925年に神奈川県芦ノ湖に導入されたが，密放流などが繰り返し行なわれた結果，野生化して，現在では北海道から沖縄まで全都

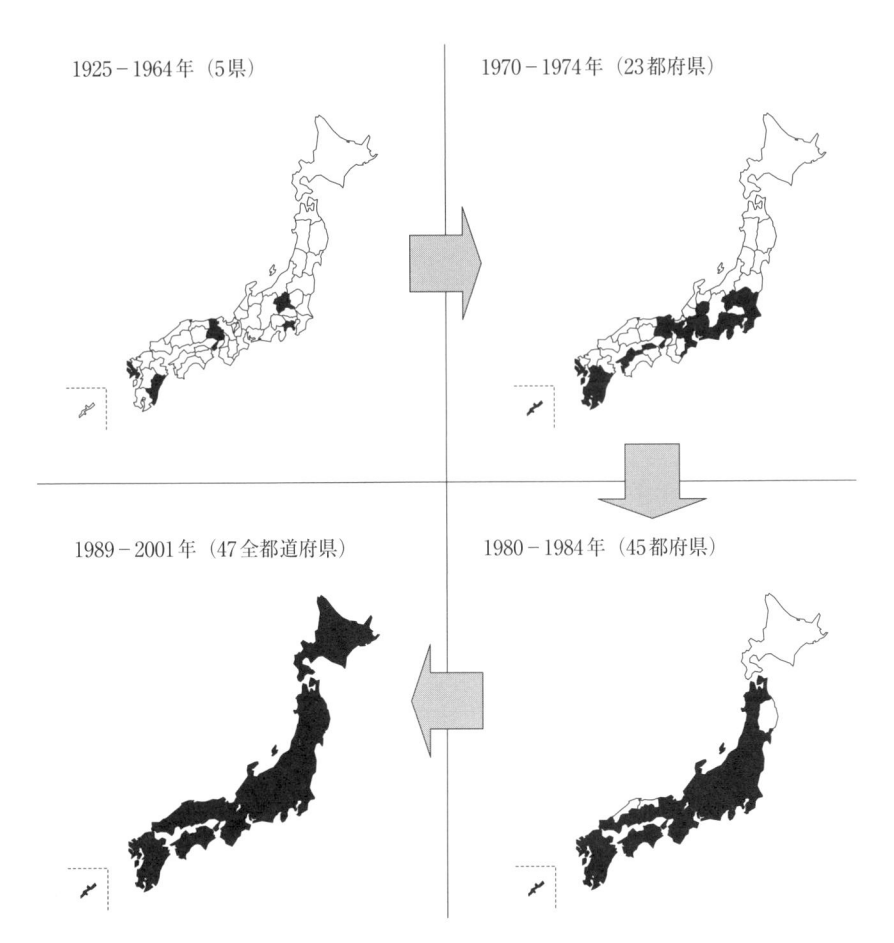

図4-7　47都道府県におけるブラックバスの分布拡大の推移（丸山［2002］を改変）

道府県に分布が拡大した（図4-7）．小魚はもちろん，水生・陸生昆虫類や甲殻類から，小型の哺乳類や両生類，爬虫類，鳥類に至るまで捕食する旺盛な肉食性のため，漁業対象種をはじめとする水生在来生物への影響が懸念されている．

アライグマ　日本におけるアライグマの野生化は，本州では愛知県の動物園から逃げ出したものが，北海道ではペットが逃げ出したものが発端とされている．近年急激な増加傾向にあることから，タヌキなどの生息環境が類似する在来生物の駆逐，狂犬病やアライグマ回虫などの人への感染，農作物被害の拡大，社寺仏

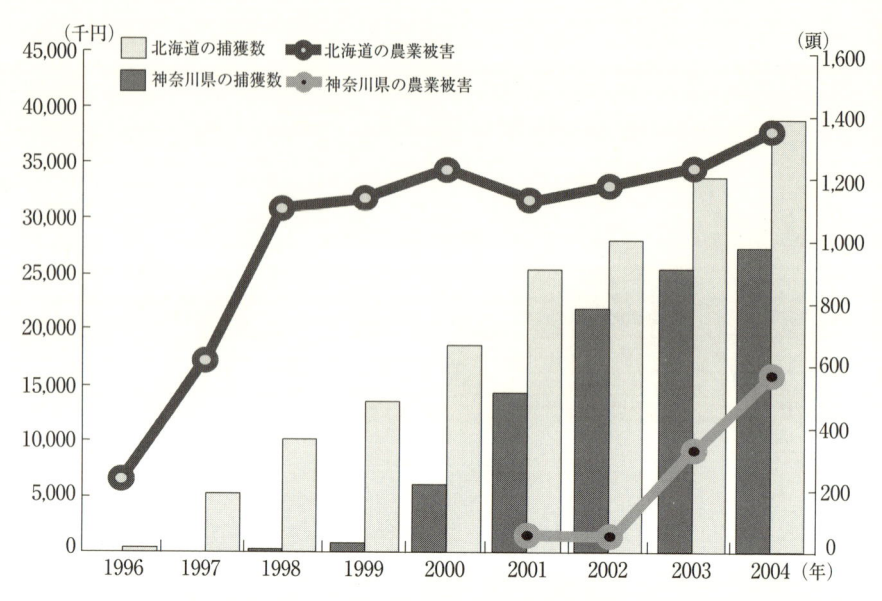

図 4-8 北海道と神奈川県におけるアライグマの捕獲個体数の増加と農業被害額
（神奈川県環境農政部［2006］と北海道環境生活部［2006］をもとに作成）

閣での文化財の破損が懸念されている（川道，2007）（図 4-8）．

被害の多い自治体では，「根絶」を目標に対策が進められているが，捕殺への根強い反対や必要な人員・予算不足のため，効果は十分に上がっていないとされている（小野，2002）．しかし，一部では被害地域の住民の協力を得た，低コストで効率的な駆除が成功している事例（関西野生生物研究所Webサイト）もあることから，単なる努力不足ではないかとの指摘がある．動物福祉の観点から，捕獲された個体が幼獣の場合は，里親制度の導入や動物園での引き取りなどが同時に進められること望ましい．

〈外来生物法による規制〉

2006年5月に，「特定外来生物による生態系に係る被害の防止に関する法律（通称：外来生物法）」が施行された．この法律は，生態系，人の生命や身体，農林水産業へ被害を及ぼす，または及ぼすおそれのある海外からきた外来生物（特

定外来生物）を指定して，その飼育や栽培，保管，運搬，輸入などの取り扱いについての規制や対策を講じることを目的としている．現在，アライグマ，ブラックバス，カミツキガメなど"特定外来生物"として96種類が，その予備軍の要注意外来生物として148種類がリストアップされている（2010年2月時点：環境省外来生物法Webサイト）．違反した場合は，法人では最高1億円以下の罰金，個人では最高3年以下の懲役もしくは300万円以下の罰金といった重い罰則が科せられる．

　このような罰則の厳しい法律にもかかわらず，本法施行後には特定外来生物の遺棄をはじめとした違法行為が増加している．その原因としては，現在飼育しているものまで飼育できなくなる，面倒な手続が必要になるといった誤認情報が流れるなど，特定外来生物の飼育者への法律に関する注意説明が不徹底であったことや，指定に対して産業界の強い反対があったセイヨウオオマルハナバチのような軋轢の大きい種こそを優先的に指定すべきであったにもかかわらず後回しにしたこと，などがあげられる．

　ただし何よりも，根本的な問題は規制対象となる外来生物のリストアップの方法にある．本法制定前に，「植物防疫法[2]」で外国産外来生物に対する規制を実質的に緩和した結果，大量の外来生物（特に昆虫類）の蔓延を招いたことは明白であり（たとえば荒谷，2002：細谷・荒谷，2007），関係者はその大失策を目の当たりにしたはずであった．それにもかかわらず，本法は，外来生物すべてを包括的に対象として，そのなかから影響の比較的少ないと判断された種のみを対象から外していく「ホワイトリスト」方式ではなく，危険な外来生物のみをリストアップして輸入や取り扱いを規制する「ブラックリスト」方式を採用したのである（高橋，2001）．このように本法には不備が多く，その有効性についても多くの疑問が残る．

　今後の本法の改正や運用を考えるにあたっては，より規制の厳しい「ホワイトリスト」方式の採用はもちろん，侵略的な外来生物をこれ以上増やさないように，またすでに定着しているものの影響を最小限に抑えるために，①輸入規制の強化や流通管理の徹底，②早期調査・モニタリングの実施，③特に影響の大きな種の

排除・管理を対策の軸とした排除システムの構築や，飼育個体登録の義務化などの適正な飼育管理が求められる．

注）
1）もとからそこにいる生物種のこと．
2）農林業への悪影響を防止することを目的とする「植物防疫法」の規制緩和が，大量の昆虫類の輸入につながり，それら輸入可能な種に紛れて輸入禁止種の密輸が行なわれるようになった．その結果，農林業などへの影響が考えられるような種までもが輸入される無法状態となっている（荒谷，2002）．このような状態を引き起こした責任はいったい誰がとるのだろうか．

> 外来生物が引き起こす問題として，生態系や農林水産業への影響，人への健康被害などがあげられる．それらの背景には，野生生物にペット感覚で接する近年の風潮やグローバル化の加速（人や物流の高速移動化・拡大化）などがある．つまり，私たちの生活スタイルやそのあり方が問われているのである．

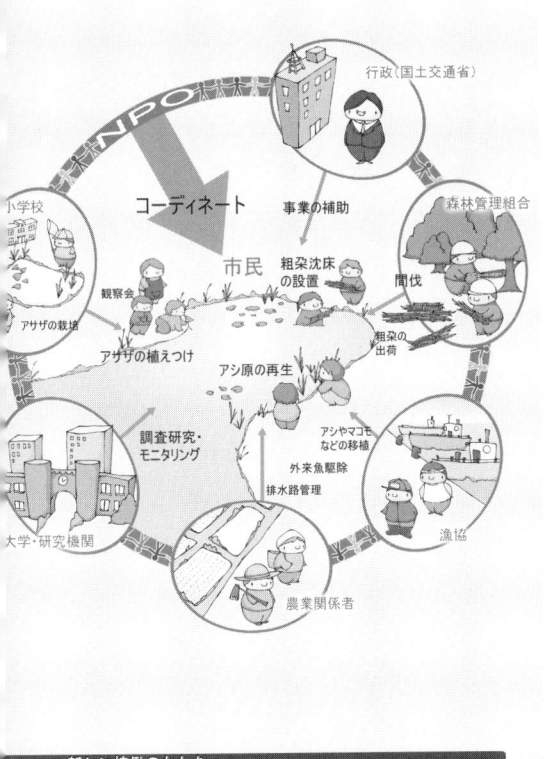

自然再生

　私たちの周りにあった身近な自然は失われ，比較的原始的な自然の残った森林や川や海にも何らかのかたちで人の手が入り，元来の自然の姿は激変してしまった．このような反省からか，自然を「再生」する考え方が生まれてきた．近年では自然を再生する取り組みが，国交省，農水省，環境省を中心に全国の至るところで行なわれるようになってきている．しかし，その一方で，自然破壊をもたらす公共事業がこれまでと変わらずに続けられていることから，自然再生事業という聞こえのよい言葉を使った新たな公共事業を行なう口実にしているのではないかとの厳しい批判が多く聞かれる．

　自然再生に取り組むには，実施地域住民への十分な説明はもちろんのこと，生態系について理解を深める「場」をつくりながら，科学的に仮説を立てて，それを検証しつつ，小規模に慎重に進めていくことを基本理念としなければならない．そこで決して忘れてはならないのは，「失われた自然は二度と元には戻らないこと」「今ある自然をこれ以上壊さないこと」である．

〈自然再生事業とは〉

　自然再生とは，「過去に損なわれた自然環境を取り戻すことを目的として，関係行政機関，関係地方公共団体，地域住民，NPO，専門家等の地域の多様な主体が参加して，自然環境を保全し，再生し，創出し，またはその状態を維持管理すること（環境省，2003a）」と定義されている（自然再生推進法第2条1項）．2002年に，自然再生を行なうための法律である"自然再生推進法（通称：自然再生法）"が成立し，そのなかで，「過去に失われた自然を積極的に取り戻すことを通じて，生態系の健全性を回復することを直接の目的（環境省，2003a）」として，"自然再生事業"が実施されている（自然再生推進法第2条2項）．本法で示された自然再生事業は，関係行政機関，関係地方公共団体，地域住民，NPO，専門家などが連携して「自然再生協議会」を組織し，全体構想と実施計画を作成したうえで関係機関と調整を行ないながら事業を進めていくことが求められている．特に事業実施にあたっては，地域の自然の特性や復元力，生態系の均衡を踏まえた科学的知見にもとづいて行なうことに加え，事業着手後は自然再生の状況を監視し，科学的評価を加えた成果をフィードバックさせること，などが求められている．

　全国で同法にもとづく自然再生事業は19カ所，法にもとづかない再生事業は69カ所で行なわれている（2007年3月時点：環境省Webサイト）．

〈「土壌シードバンク」を活用した自然再生〉

　土のなかには，以前その場所に生育していた在来植物の種子で，発芽するための環境条件（適した温度や光，生育空間など）が整わずに休眠・休止の状態にあるものが多く含まれている．このように土のなかで発芽せずにいる種子の集団のことを"土壌シードバンク"という（図4-9）．近年，この土壌シードバンクを利用した技術が注目されている．

　シードバンクのなかには，長い寿命をもち発芽せずに土中で100年以上過ごす植物や，ときには地上ではすでに絶滅してしまった植物が含まれている場合がある．このような潜在的な自然の回復力を利用することによって，絶滅した植物の復活や遺伝的多様性を失った希少植物の回復を助けるなど，その地域本来の自然

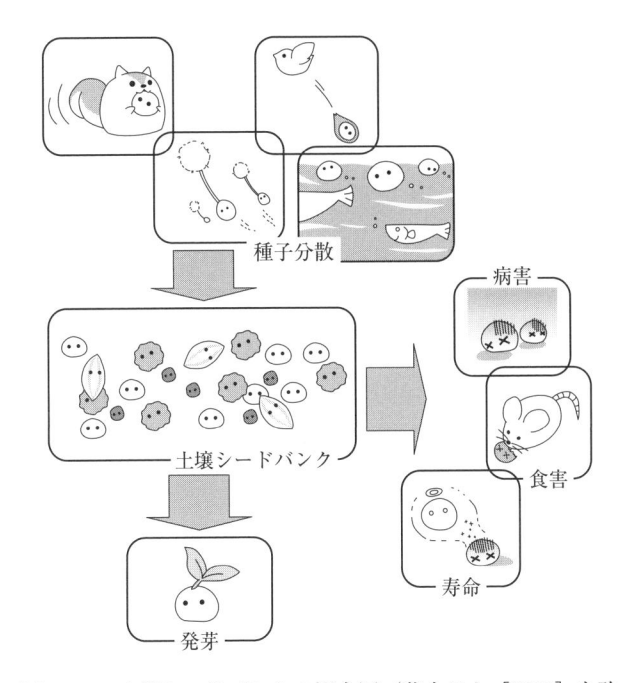

図4-9 土壌シードバンクの概念図（荒木ほか［2003］を改変）

を再生するための新技術として期待されている（鷲谷・矢原，1996）．しかしその反面，①シードバンクに関する知見は非常に少ない，②限られた植物でしか利用できない，③植生復元の場所が生育条件に合っていなければ発芽させても定着しない，④外来植物の種子も多量に含まれている場合があり，無計画に利用すると自然再生どころか外来植物の蔓延を招く，などが懸念されている（荒木ほか，2003）．再生した植生についても，計画に沿った復元を目指すためには，対象地の土壌にどのような種子が含まれているのかを詳細に調べておくなどの慎重な姿勢が前提条件となる．多大な配慮と膨大な労力がともなう土壌シードバンク技術だが，今後の自然再生には不可欠な技術となっていくかもしれない．

〈自然再生の試金石「釧路湿原自然再生事業」〉

釧路湿原で計画された自然再生事業は，自然再生法が成立する以前から注目を集めていた自然再生のモデル事業である．現在の「釧路湿原再生事業」では，6つの計画が進められており，そのなかでもっとも注目されているのが釧路川中流の茅沼地区で行なわれている，直線化させた川を本来の蛇行した川に戻そうとする「川の蛇行復元」工事である．

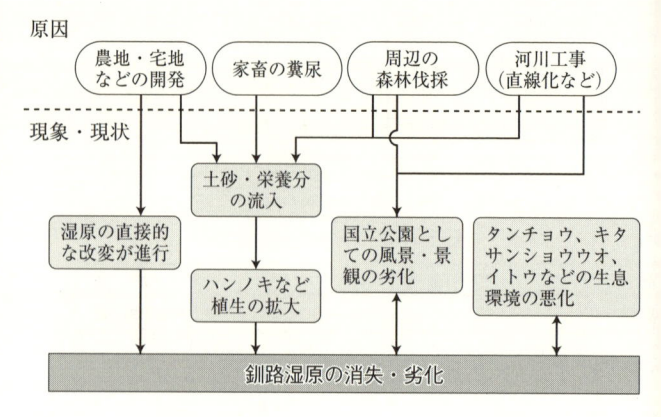

洪水防止や農地開発を名目に湿原に流れる川を直線化したことが，下流の湿原に大量の土砂を流出させ，湿原の乾燥化を招く一因となっていた．そこで，再び川を蛇行させることによって土砂が下流に流れ出すのを防止

```
原因
┌─────────┐ ┌─────────┐ ┌─────────┐ ┌─────────┐
│農地・宅地│ │家畜の糞尿│ │周辺の　　│ │河川工事　│
│などの開発│ │　　　　　│ │森林伐採　│ │(直線化など)│
└────┬────┘ └────┬────┘ └────┬────┘ └────┬────┘
─ ─ ─│─ ─ ─ ─ ─ ─│─ ─ ─ ─ ─ ─│─ ─ ─ ─ ─ ─│─ ─ ─
現象・現状　　　　│　　　　　　│　　　　　　│
     │      ┌────┴────┐      │           │
     │      │土砂・栄養分│      │           │
     │      │　の流入　│      │           │
     │      └────┬────┘      │           │
┌────┴────┐      │      ┌────┴────┐ ┌────┴────┐
│湿原の直接的│      │      │国立公園と│ │タンチョウ、キタ│
│な改変が進行│      │      │しての風景・景│ │サンショウウオ、│
└────┬────┘      │      │観の劣化　│ │イトウなどの生息│
     │      ┌────┴────┐ └────┬────┘ │環境の悪化　│
     │      │ハンノキなど│      │      └────┬────┘
     │      │植生の拡大　│      │           │
     │      └────┬────┘      │           │
     └───────────┴────┬───────┴───────────┘
              ┌─────────┴─────────┐
              │　釧路湿原の消失・劣化　│
              └───────────────────┘
```

図 4-10　釧路湿原が消失・劣化した原因と現状（環境省 [2003b] を改変）

し，同時に水生生物の生息環境を復元して，優れた景観を創出させようというのが本事業の計画である．しかし，このように国土交通省が自然再生事業として湿原の乾燥化を防ぐために川を蛇行させる計画を進める一方で，その上流では農林水産省によって湿原になりつつある場所を再び農地に戻そうと排水事業が進められるといった，流域全体としてみるとまったく相反する行為が行なわれている．そもそも，湿原への土砂流入は，河川の直線化だけでなく，上流部の農地開発や森林開発なども原因となっている（図4-10）．それを湿原内の1.3km区間ほどの蛇行復元をするだけで，一体どれだけの成果があげられるのか疑問である．真っ先に行なうべきは土砂排出源である農地開発や森林開発への対策であるはずだ．

釧路自然再生協議会に参加して，本再生事業の行方を見続けてきた杉沢（2004）は，同協議会は事業計画に意見はできても決定する権限はなく，また事業の内容や目的を監視し歯止めをかける仕組みもないため，「従来型の公共事業の衣の着せ替え」になるとの懸念を示している．つまり，協議会は，監視・承認機関としての役割を果たせず，省庁が中心となって行なう事業の追認機関と化しているのである．

釧路湿原で計画されているその他の事業についても，流域という総合的視点で湿原をみることなく，各省庁が自らの管轄内でできることをバラバラに行なって

いるのが現状だ．当初は，環境省，国土交通省，農林水産省，関係自治体から構成される「釧路湿原タスクフォース」が，事業の計画や実施を行なうはずであったが，表面的な情報交換ていどの役割しか果たさず，縦割り行政の改善がまったく望めない状態が続いている．そのため，各省庁が技術的な手法のみで対策を講じるに留まり，湿原の再生にとって最大の障害となっている農地開発や森林開発，河川工事などの是非について横断的な議論ができないままでいる．このことは，本事業すべてに共通する問題である．環境問題は，技術革新によってではなく，原因を生み出した社会の仕組みや制度を検証し，それらを見直さない限り，解決することはない．地域の問題解決のために，利害関係者が自らの力で解決していく仕組みをつくらないのであれば，地域住民やNPOなどのさまざまな関係者が協議会に参加している意味がなくなってしまう．

　以上のことから，釧路湿原再生事業の現状をみる限り，関係省庁には湿原を破壊・劣化させてしまった当事者としての反省がなく，自然再生とは名ばかりで，新たな公共事業を求めているにすぎないといわれても仕方ないだろう．

〈自然再生の先駆け「アサザプロジェクト」〉

　霞ヶ浦は，茨城・栃木・千葉の3県にまたがる国内第二の広さをもつ湖である．この霞ヶ浦で行なわれてきた自然再生事業「アサザプロジェクト」は，霞ヶ浦の豊かな水辺の再生と，その流域の生物多様性の保全を目的とした独創的な活動をしていることで広く知られている．最大の特徴は，市民参加や産業創出，環境教育を地域社会のシステムに組み込みながら，地域の自然再生を進める手段として「市民型公共事業」を目指しているところにある．プロジェクトのシンボルであるアサザ群落の復活のために，市民（NPO）主導のもと，一次産業従事者，企業，そして建設省（当時）が連携して，水源となっている森林の保全や雑木林の活用，水生植物の採取・移植と結びついた農業用排水路の管理など，周辺の環境整備と関連づけた公共的な取り組みを行なってきた．

　具体的には，①コンクリート護岸化によって失われた水辺環境にアサザなどの水草群落を再生させて，湖岸のヨシ原を波の侵食から守る，②流域の森林管理と

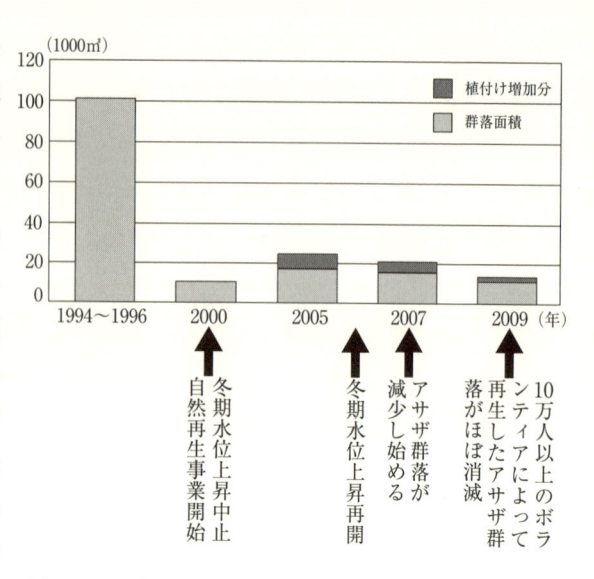

新たな雇用の創出のため，霞ヶ浦流域の雑木林を使用した粗朶（そだ）（雑木を束にしてまとめたもの）を波消しのために沈める，③流域の170校の小学校へ「アサザの里親制度」参加を呼びかけ，小学生に育てられたアサザを湖へ再導入する，④大学研究者の協力のもとで科学的検証を交えながら，アサザを象徴とした霞ヶ浦本来の自然再生に

図4-11　霞ヶ浦におけるアサザ群落面積の変化（アサザプロジェクトWebサイトより改変）

向けた研究を行なう，⑤駆除によって得られた外来魚を粉末（魚粉）にして有機農業の肥料として利用する，など多くの取り組みが進められてきた．

しかし，国土交通省（旧建設省）が同プロジェクトを離脱し，湖水位上昇管理[1]を2006年から開始したことによって事態は急変した．湖水位上昇管理は，アサザをはじめとする湖岸植生帯に悪影響を与えるために中止されていたが，国土交通省の方針転換によって，再生しつつあったアサザは再び絶滅に追いやられる状況になった（図4-11）．また，同プロジェクトに関与していた人びとのなかにこうした植生破壊に同調する，あるいは黙認をする研究者がいることは誠に残念である．

この結果，アサザプロジェクトは，シンボルであるアサザの激減によって，事業の方向修正を余儀なくされている．このような状況に陥った理由は，アサザプロジェクトが法定外協議会[2]であり，特に市民やNPOの強い主導のもとで事業が進められていたがゆえに，関係省庁にとっては利益拡大につながらず，利用価値がなくなったとみなされたからであろう．そのため，国土交通省は，自然再生法

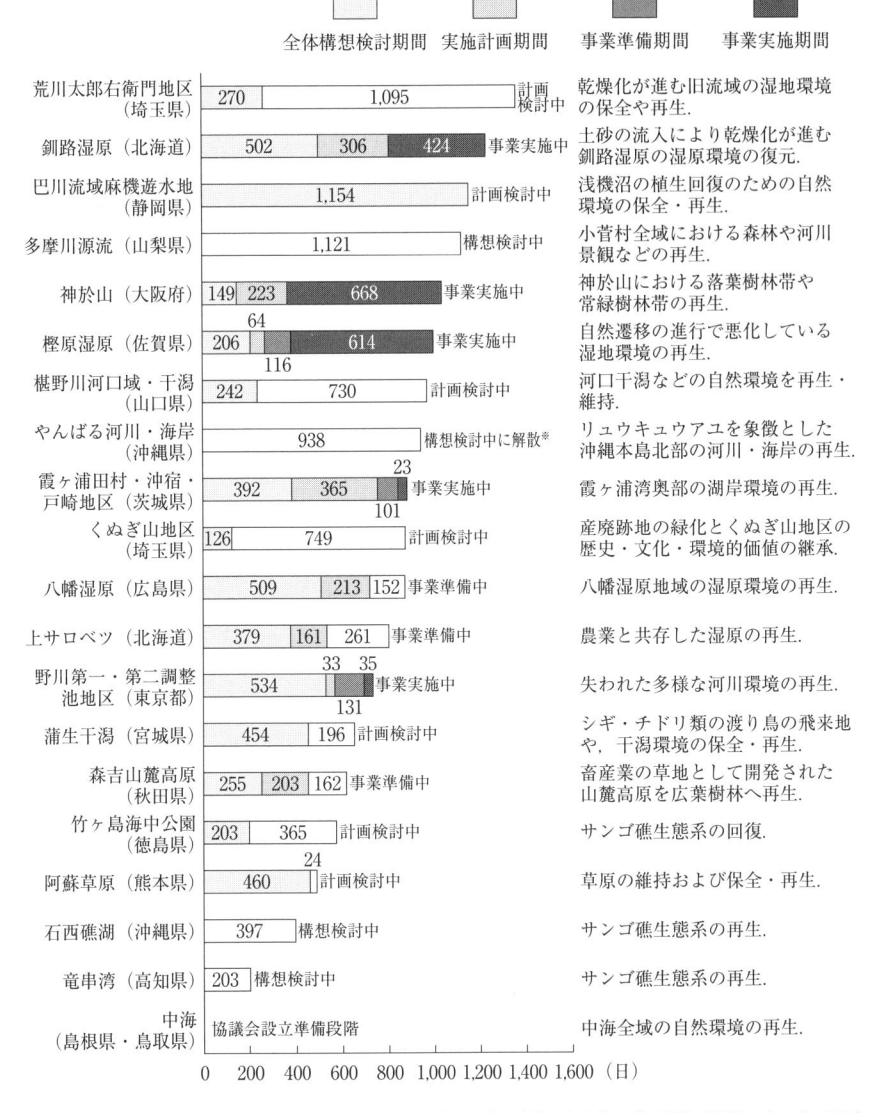

| 凡例 | 全体構想検討期間 | 実施計画期間 | 事業準備期間 | 事業実施期間 |

地区名	期間データ	状態	目的
荒川太郎右衛門地区（埼玉県）	270 / 1,095	計画検討中	乾燥化が進む旧流域の湿地環境の保全や再生.
釧路湿原（北海道）	502 / 306 / 424	事業実施中	土砂の流入により乾燥化が進む釧路湿原の湿原環境の復元.
巴川流域麻機遊水地（静岡県）	1,154	計画検討中	浅機沼の植生回復のための自然環境の保全・再生.
多摩川源流（山梨県）	1,121	構想検討中	小菅村全域における森林や河川景観などの再生.
神於山（大阪府）	149 / 223 / 64 / 668	事業実施中	神於山における落葉樹林帯や常緑樹林帯の再生.
樫原湿原（佐賀県）	206 / 116 / 614	事業実施中	自然遷移の進行で悪化している湿地環境の再生.
椹野川河口域・干潟（山口県）	242 / 730	計画検討中	河口干潟などの自然環境を再生・維持.
やんばる河川・海岸（沖縄県）	938	構想検討中に解散※	リュウキュウアユを象徴とした沖縄本島北部の河川・海岸の再生.
霞ヶ浦田村・沖宿・戸崎地区（茨城県）	392 / 365 / 23 / 101	事業実施中	霞ヶ浦湾奥部の湖岸環境の再生.
くぬぎ山地区（埼玉県）	126 / 749	計画検討中	産廃跡地の緑化とくぬぎ山地区の歴史・文化・環境的価値の継承.
八幡湿原（広島県）	509 / 213 / 152	事業準備中	八幡湿原地域の湿原環境の再生.
上サロベツ（北海道）	379 / 161 / 261	事業準備中	農業と共存した湿原の再生.
野川第一・第二調整池地区（東京都）	534 / 33 / 35 / 131	事業実施中	失われた多様な河川環境の再生.
蒲生干潟（宮城県）	454 / 196	計画検討中	シギ・チドリ類の渡り鳥の飛来地や，干潟環境の保全・再生.
森吉山麓高原（秋田県）	255 / 203 / 162	事業準備中	畜産業の草地として開発された山麓高原を広葉樹林へ再生.
竹ヶ島海中公園（徳島県）	203 / 365	計画検討中	サンゴ礁生態系の回復.
阿蘇草原（熊本県）	460 / 24	計画検討中	草原の維持および保全・再生.
石西礁湖（沖縄県）	397	構想検討中	サンゴ礁生態系の再生.
竜串湾（高知県）	203	構想検討中	サンゴ礁生態系の再生.
中海（島根県・鳥取県）	協議会設立準備段階		中海全域の自然環境の再生.

0 200 400 600 800 1,000 1,200 1,400 1,600（日）

※米軍基地の影響を受ける生物の保護をめぐり意見がまとまらず，解散（沖縄タイムズ，2007）

図4-12　協議会設置から全体構想・実施計画の作成，自然再生事業の実施までに要した期間（2007年3月時点）（総務省［2007］を改変）

成立直後に手のひらを返すような行動を示したとみることができる．アサザプロジェクトについては，この妨害とみなせる国土交通省の行為に屈することなく，真の再生活動が続くよう期待したい（以上は飯島，1999，2003：アサザプロジェクトWebサイトを参考）．

〈自然再生事業への評価〉

　自然再生法が施行されて5年以上経つが，自然再生事業はどのような効果をあげているのだろうか．たとえば，土砂流入の原因となっている根本的な問題には触れようとせず，対処療法を続けている「釧路湿原再生事業」や，県が再生事業対象地内で産業廃棄物処理施設の拡張計画を許可した「くぬぎ山地区再生事業」（読売新聞，2006）などをみると，表面的な改変ていどの議論に終始して，事業は実質的に進んでいないといえる．

　自然再生事業の評価を報告書にまとめた総務省（2008）によると，自然再生法の制定によって，自然再生活動を行なうNPO法人が増加するなどの効果がみられるとしながらも，協議会の設置は十分に進んでいない，地域住民やNPOが主導している事業がほとんどない，省庁間の連絡調整が十分に機能していない，自然再生専門家会議[3]は協議会の取り組みを十分に支援できていない，などの課題があるとされている（図4-12）．

　ところが，自然再生法および同事業には上記にあげた以上の大きな問題がある．①問題解決につながる再生事業が望めない，②自然の復元力を生かした小規模な事業がない，③再生法を根拠とした予算支出がない，の3点がそれであり，以下に詳しく説明する．

　①自然再生法には「自然再生は，国土の保全その他の公益との調整に留意して実施されなければならない（第6条1項）」という一文がある．これはつまり，自然再生事業は「他の事業を妨げない」ことが前提であり，自然の破壊や悪化を引き起こす原因となっている，あるいはその可能性のある開発行為などについて中止・変更ができないことを意味する．この文言からは，環境悪化の原因となる開発事業を続けつつ，再生という名の新しい事業も平行して行なうことで，事業

の拡大を図ろうとする関係省庁の意図がみてとれる．

②自然再生事業の指針では，工事を行なうことによってではなく，自然の「復元力」や「自律性」を利用する方法を十分検討するよう求めている．しかし，実際にそのような工夫をした手法で行なわれている事業はほとんどなく，従来の公共事業と同様の土木工法に依存しているのが実状である．

③自然再生法は事業を実施するための予算措置をもたないため，事業に再生と名づけられていても，中身はこれまでの公共事業と何ら変わらない．これまでの事業の予算は，たとえば関係省庁が主管している法律である河川法（国土交通省）や森林法（農林水産省），自然公園法（環境省）などから捻出されている．このことはつまり，年度ごとに予算を消化しなければならない，市民の意向を無視して強行される，一度決まると目的を失っても継続する，事業を監視する機能がほとんどない，といった公共事業の悪しきシステムが再生事業にも適用されていることを意味している．自然再生事業の性質と趣旨からもっとも乖離した致命的な瑕疵（欠点）であり，事業の失敗は本法成立前から約束されていたといっても過言ではない．

これら欠陥だらけの法律と事業のもとで，失われた自然を取り戻すという困難な作業が可能とは考えられない．現在必要とされているのは，人間側の都合でおざなりに名前を変えたかたちだけの自然の「再生」ではない．開発偏重の事業体質や行政組織のあり方にこそ「再生」が求められているのではないのだろうか．

注）
1）将来見込まれる水需要（おもに灌漑用水や都市用水などの確保）のために実施されているが，将来の水需要予測はすでに下方修正され，現在は水余りの状態にあることは行政も認めている．したがって，現時点で湖の水位を上昇させる必要はまったくないはずである．
2）自然再生法にもとづく自然再生事業を実施するために組織された協議会を「法定協議会」という（2007年6月30日に，NPO法人の発意による初めての法定協議会である「中海自然再生協議会」が設置されたが，それまでは法定協議会はすべて関係省庁の発意・主導で行なわれていた）．一方，「法定外協議会」とは，それ以外の自然再生事業を実施するために組織された協議会をいう．
3）事業主体である省庁の大臣が事業に対して助言をする際，または関係行政機関が事業推進のための連絡調整を行なう際に，専門家の意見を求めるために開催する会議．

過去に損なわれた元来の自然を取り戻すことを目的とした「自然再生法」は，自然破壊を引き起こす原因となっている開発行為を阻止できない，大掛かりな土木工事となりがちで，独自の予算措置をもっていないなど，問題が多い欠陥法といえる．本法に依存せずに，市民が主体となって行なっている自然再生事業が十分に機能することから，必要のない法律であったといわざるを得ない．

ビオトープを
つくるということ

図中のラベル:
- 生物多様性保全や学習のためにならないもの
- 遠くからの生物の持ち込み
- 種
- 自然に移動してくる
- カエル
- トンボ
- 自然に移動してくる
- ゲンゴロウ
- カモ
- 外来生物の持ち込み
- ブラックバス
- アメリカザリガニ
- カナダモ

ビオトープの注意書き
- ンスを考えず特定の生物のみを入れないこと
- と地元にいない生物を入れないこと
- の復元力をうまく利用すること
- のしくみを無視しないこと
- が失われた理由を考えること

ビオトープの注意事項

"ビオトープ (Biotop)" とは，ドイツ語の「bio (生き物)」と「top (住むところ)」を組み合わせた造語である．ビオトープをつくるとは，本来その地域にいる生き物がすめる生態的空間をつくることを意味する．たとえば，小さな浅い池を掘って水を溜めておくと，何もしなくても，周囲からカエルやゲンゴロウが移ってきて，トンボも飛んでくる．時間が経てば，植物の種が飛んできて，池のなかや水際に水草が生えてくるかもしれない．一方，その地域にいない生物や，そこにふさわしくない種を導入することで，または人間が手を加えすぎることで，かえって生物多様性を損なう結果となることも少なくない．ビオトープづくりは楽しい反面，注意しなければならないことも多く，慎重な計画を心がける必要がある．

〈さまざまなビオトープ〉

ビオトープは，失われた，あるいは変化してしまった生息環境を元の姿に戻す（＝復元），目的に応じて新たに生息環境を創り出す（＝創出），対象となる土地

を購入することによって，あるいは開発できないような対策を講じることによって，生息環境を守る（＝保護），の3つに大別できる．以下に，桜井(1998)にもとづいてビオトープを細分し（図4-13），その特徴や問題点の整理を試みた．

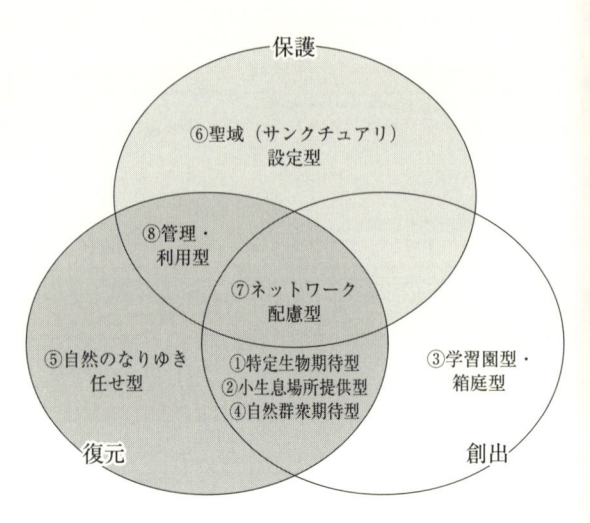

図4-13　ビオトープの分類（桜井［1998］をもとに作成）

①特定生物期待型　②小生息場所提供型　③学習園型・箱庭型　④自然群衆期待型　⑤自然のなりゆき任せ型　⑥聖域（サンクチュアリ）設定型　⑦ネットワーク配慮型　⑧管理・利用型

特定生物期待型　特定の野生生物の生息地を復元するためにつくられるビオトープで，たとえば，ホタルであれば幼虫が生息するための水路を，カワセミであれば繁殖に利用できる空間をもつブロックなどを設置するタイプである．周囲の植物や動物などのつながりを考えたうえで自然を復元する場合はよいが，目的の生物に対する思い入れが強すぎる場合は，特定生物のための野外飼育場所となってしまうことも多い．

小生息場所提供型　野生生物の採食場や産卵場，身を隠す場所，通路など，行動や生活史の一部に必要となる空間を提供するタイプで，河川での護岸植生の植えつけやダムでの魚道の設置，ダム湖での浮き島の造成などがあげられる．その多くは，設置後に放置されて機能が失われたままになっていたり，人工構造物がつくられる際の代償措置として造成されたりするなど，設置効果の検証はほとんどなされていない．

学習園型・箱庭型　学校や企業がつくるビオトープによく見られるタイプである．限られた狭い範囲のなかでの造成となるうえ，そこに生息する生物なども人間側の都合で導入される場合が多く，単なる野外飼育場所となってしまいがちである．造成されたビオトープと周囲の環境との結びつきを考えることが必要とな

る．

自然群集期待型　人為的に何らかの生息基盤を造成した後は，生息する生物の種類を意識せず，周辺の生物が自由に移りすむのを待つ「自然体」のタイプである．

自然のなりゆき任せ型　耕作放棄地や空き地などで，人間が意図しないかたちで野生生物の生息環境が復元していくタイプ（ビオトープと呼べるのかは意見が分かれるかもしれない）である．

聖域（サンクチュアリ）設定型　人間活動の影響や干渉を受けないように，物理的もしくは法的制限を設けて，野生生物の生息地を保護するタイプである．

ネットワーク配慮型　野生生物の個体群の維持や種の存続のために，ほかの地域やほかの国々とのつながり（たとえば，異なる地域に離れて分布している個体群や，国家間を移動している渡り鳥など）を意識しながら造成される，移動経路や重要な生息地をつなぐことを目的としたタイプである．

管理・利用型　人間が維持管理してきた里山などの減少傾向が著しい二次的自然において，野生生物の生息環境を維持管理するタイプである．人と自然がかかわることによって維持されていた自然を残していくためにも，このタイプは今後ますます重要となっていくだろう．

〈国内であっても外来生物〉

違う地域から持ち込まれる生物は外見が似ていても実は別種である場合や，あるいはたとい同種であっても形態や遺伝子が異なる別の地域個体群である場合が少なくない．人間によってある生物が持ち込まれた結果，その地域にはいないはずの種が発生したり，雑種ができてしまったりすることによって，遺伝子の多様性が失われてしまうことがある．たとえば，角野（2001）は，関東地方の公園でつくられたビオトープ池に，関西のため池から採集した卵あるいは幼虫がついていた水草を移植したことが原因で，その地域にいないはずのトンボが発生した事例をあげて，安易な移植をしないよう警告している．

生物を人為的に移動させることは，その地域で長い間生きてきた生物の「歴史」

を変えてしまう，重大な行為であると知っておく必要がある．以下にはビオトープを造成する際によく問題となるホタルとメダカを例にあげて，詳細に説明する．

ホタルの種類と地域性　一概に「ホタル」といってもさまざまな種類がおり，ヘイケボタル，ゲンジボタル，ヒメホタルなどの発光するものから，発光しないものまで含めると，日本では約47種類が

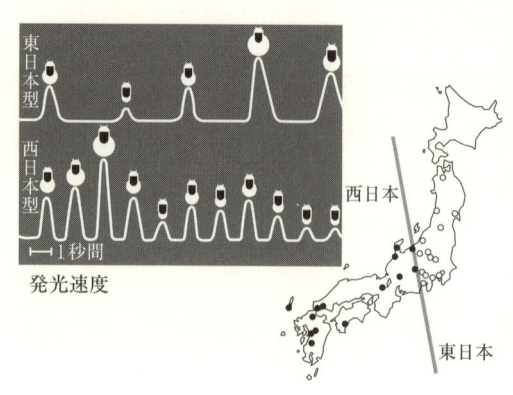

図4-14　東日本と西日本におけるゲンジボタルの発光速度の違い（大場［1988］を改変）

生息している（全国ホタル研究会, 1996）．さらに，同じゲンジボタルでも西日本と東日本では発光パターンに違いがある（図4-14）．この発光パターンは，オスとメスが出会うためのシグナルとして重要な意味をもっている（大場, 1988）．そのため，ほかの地域に生息している個体や集団を持ち込むと，異なる発光パターンをもつ遺伝子タイプの違う場合があり，本来の生態的遺伝的な分布状態をかく乱してしまうおそれがある．

　ホタルの安易な放流が全国的に広まっている現状を危惧する研究者らは，ホタルの保護や生息環境の復元のために移植を試みる場合，①生物地理学上，本来生息していない地域へは移植しない．②数を増やすために他地域から移植するのではなく，本来生息しているホタルを保護していく．③自生のホタルが絶滅し移植を試みる場合は，もっとも近い水系のホタルを導入する．といった3原則を提案している（鈴木・東京ホタル会議, 2001）．

メダカの地域個体群　昔は身近にすんでいたメダカも激減し，今や絶滅危惧種となっている．そのせいか，メダカをあちこちに放流する団体や個人が増えている．このような行為は餌づけと同様，決して美談ではない．しかも，メダカは遺伝的に地域差があるため，日本にすんでいるメダカだから全て「同じ」ではない．国内のメダカの地域個体群は，まず北日本とそれ以外の地域の大きく2つに分け

られ，さらに後者は9つに分けられ，それらはすべて遺伝子の多様性の観点から異なっている（酒井，1997）（図4-15）．むやみな放流は，地域差をもつメダカが消滅することにつながるとの認識を多くの人がもち，その問題意識を広めていくべきだろう．

〈ビオトープの意義を適切に伝えるには〉

図4-15　国内のメダカの地域個体群とその分布
（酒泉[1997]を改変）

企業のメセナ活動の一環や，小中学校での「総合的な学習の時間」などを利用して行なわれるビオトープづくりには，時折首を傾げたくなるようなものがみられる．

たとえばビオトープ池であれば，水を汲み取って流れをつくる電動ポンプや明らかに異質に映る人工物の設置，外来生物の持ち込み，ガーデニングや日本庭園と混同したかのような造成などがあげられる．これらには，生物にとってすみ易い環境をイメージした「生物からみた視点」，地域の生態的特性を念頭においた「周辺環境とのつながり」，何のためにビオトープをつくるのかという「目標設定」などが，抜け落ちてしまっている．

このようなビオトープでは，環境教育的効果が見込めないことはもちろん，かえって誤った知識や考えを与えてしまいかねない．そうならないためには，まず事前に，①なぜ周辺に生物がいなくなったのか，もしくは少なくなってしまったのか，その原因を考える，②外来生物が蔓延している原因を考える，③それらを踏まえ，どのようにすれば周りの自然に悪影響を与えずに，生物多様性保全に貢献できるのかを考え，道筋を立てて目標設定をする，④以上をもとにつくりたい

ビオトープの青写真を作成する，⑤周辺地域の自然と造成するビオトープとのつながりに重点を置き，自然は再生することはできず，あくまでも自然破壊への反省を込めた復元処置にしかすぎないとの認識をもつ，といった手順を踏み，慎重にビオトープづくりを進めていくとよいだろう．「人間の都合」を優先することなく，周辺に生息する生物が移りすむのを助けるような環境づくりを心がけたい．

> 野生生物の新たな生息地を創出する「ビオトープ」は，開発によって失われた自然を人工的自然で補う役割を果たす．しかし，近年のビオトープづくりは，ホタルやメダカなどの野放図な放流にみられるような，地域の自然へ悪影響を与える可能性の高い事例が目立ってきており，新たな自然破壊になりつつある．

森は海の恋人，川は仲人

近年，森と川，海の関係について，「森は海の恋人，川は仲人」と表現されることがある（天野，1997）. たとえば，サケが多く遡る川の上流には豊かな森林が発達し，このような森林を水源とする川が流れ出る海岸部では水産物が豊富になる. 森と海は，川を介して密接につながっており，川こそが，森と海をつなぐ流域すべての生物多様性を支える「生命線」なのである. 冒頭のキャッチフレーズは，このような森と海のつながりやその関係の深さ，川の重要性をうまくいいあらわしている.

図中ラベル：
- 死骸や糞が栄養分として樹に吸収される
- 森林へ
- 河畔林へ
- 産卵後
- 他の魚や水中昆虫のエサにもなり様々な生き物が増え，川が豊かになる
- MDN（海由来栄養物質）が森林を育てる

〈海由来栄養物質が森林を育てる〉

産卵のために河川に戻ってくるサケ・マス類[1]を"海由来栄養物質（MDN=Marine Derived Nutrients）"と呼び，森・川・海を結ぶ物質循環の重要な役割を果たす生物として近年急速に調査研究が進められている（たとえば室田，2001：向井，2002：中島，2002：伊藤ほか，2006）. そのなかでも特に注目されているのが，生物体内に含まれる窒素の安定同位体[2]を解析する技術で，この研究に

よってMDNが森林を育てていることが科学的に明らかにされてきた（図4-16）．

サケをめぐる大循環は，自然の神秘を垣間見せる壮大な物語（ストーリー）である．産卵のために川に戻ってくるサケ・マス類は，海で成長し，海の栄養分を蓄えて川を遡っていく．その多くが，途中でクマやキツネ，鳥などに食べられる．その際，これらの動物によってすみかに運ばれて食べ残されたサケ・マス類の死骸は，昆虫や微生物によって分解され，またサケ・マス類が含まれた動物の糞は木々の肥料となって，森を育てる栄養分となる．一方で，産卵後に川で死んだサケ・マス類はほかの魚や水生昆虫，微生物などに食べられ，チッソやリンなどの栄養塩に分解されて河川の植物に取り込まれる．そして，それらの栄養分によって生長した樹木の落ち葉や，無脊椎動物などが川へ流され，海へと運ばれていき，海の生き物たちに取り込まれていくのである（伊藤ほか，2006）．このように海に育ち川を遡る生活史をもつサケ・マス類は，多様な生き物たちに取り込まれることによって，森と海をつなぐ物質循環の要となっている．地域の生物多様性の維持に大きく貢献していることから，森・川・海の生き物のつながりを説明するのに非常にわかりやすい題材といえる（図4-17）．

かつて東北や北海道各地で一般的に見られたであろうサケ・マス類の遡上が，森林の奥深くに至るまでさまざまな生き物に恩恵を与えていたことは想像に難くない．しかし，現在では水産資源の乱獲に加え，河川工事や大小さまざまなダムの乱立などのために，その姿を見ることはほとんどなくなってしまった（帰山，

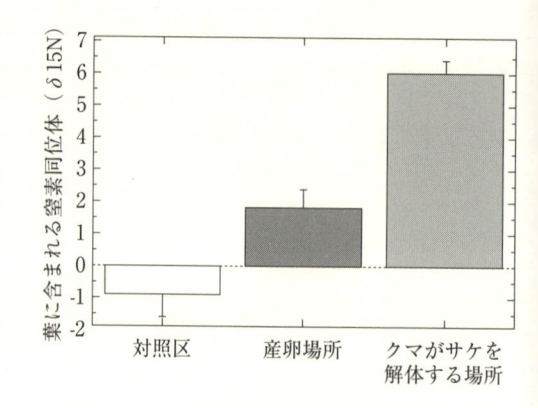

図4-16 クマがサケを解体する場所と，サケの産卵場所から10m以内でクマの影響のない場所，および対照区におけるシロトウヒ *Piceaglauca* の葉に含まれる海由来の窒素（$\delta^{15}N$）（Helfield and Naiman［2002］より）

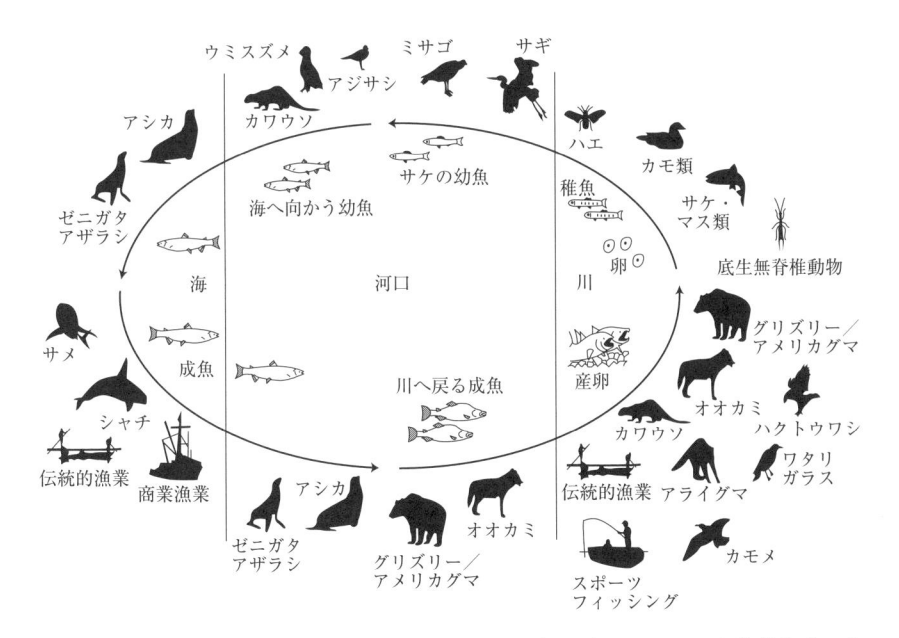

図4-17 太平洋のサケの一生と，川・河口・海の各環境でそのサケを栄養とするさまざまな動物（Cederholm et al.［2000］を改変）
森・川・海を移動するサケは計137種以上の脊椎動物に利用される．

2005)．

　このような河川管理や開発のなかには，おもに国土交通省が河川に人工構造物をつくって河川環境の悪化を招いたことに対し，一部の漁業組合が漁業被害を名目に補償金を受け取るといった構図もみられる事例が含まれている．他方，サケ・マス類の漁業が同組合の人工孵化放流によって成り立っている面はあっても，公海である海洋で成長して戻ってくることを含めて考えると，生物多様性の賜物といえるサケ・マス類を組合の占有物とする解釈には違和感を感じる．河川は漁業資源の確保の場だけでなく，生活用水の確保の場であり，市民の憩いの場でもある．その意味では，漁業組合が補償と引き換えに河川の環境悪化を看過し，一部の水産資源を独占しているのは納得し難い．流域の住民が河川管理における意思決定に参加するのが筋であり，現行の制度には問題があることをつけ加えて

おきたい.

〈川をめぐる生命のつながりを切断するもの〉

魚類の移動を遮断するダム 大規模ダムはいうまでもないが,川の上流部につくられる砂防ダム[3]もまた多くの水生生物に甚大な被害を及ぼしている.川と海を行き来するサケ,アユ,ウナギなどや,湖と川を行き来するイワナ,ヤマメなどの移動を妨げてしまうからである.たとえば,北海道では,在来淡水魚の約80％が川と海を往来する(山本,2001)が,大部分の魚類が砂防ダム群によって移動経路を絶たれて,孤立してしまっている(福島,2005).その結果,それら魚類の本来の生態や行動が変化し,ひいては遺伝的特性が失われつつある(森田・山本,2004).さらに分断化が進むと,個体群サイズはより小さくなり,地域的な絶滅は避けられなくなるだろう.

一方で,ダムによる分断化は,魚類以外の水生生物に対しても深刻な事態を招きつつある.河川工事やダム建設,サケの人工孵化放流事業が物質循環の鎖を断ち,日本の河川生態系に壊滅的なダメージを与えたのは,1970年以降である(帰山,2005)といわれており,特に寿命の長い水生生物の絶滅がこれから顕在化すると指摘されている(森田・山本,2004).たとえば,寿命が60〜70年の「天然記念物」かつ「絶滅危惧Ⅱ類」のオオサンショウウオは,ダム上流部では若齢個体は少なく老齢個体が多くなっているとの報告(川道,1999)や,寿命が100年以上とされる「絶滅危惧Ⅱ類」のカワシンジュガイ[4]は,ダムの分断によって大型の高齢貝しか見つからず,次世代の貝が育成していないとの報告(栗倉,1969)がある.いずれの種も絶滅へのカウントダウンが始まっている.

栄養の循環を遮断するダム 漁業対象となる魚類へのダムによる影響が回避できない場合には,河口にウライやヤナなどと呼ばれる柵や網で川を仕切った大掛かりな罠で捕獲し,人工孵化後に放流するケースが多くみられる.しかし,このような措置を講じたからといって,質・量ともに漁業資源が安定することは期待できない.そもそもダムを設置することによって生じる環境への負荷は莫大であり,直接的には水温,水質,植生などの変化は避けられないうえ,間接的には微

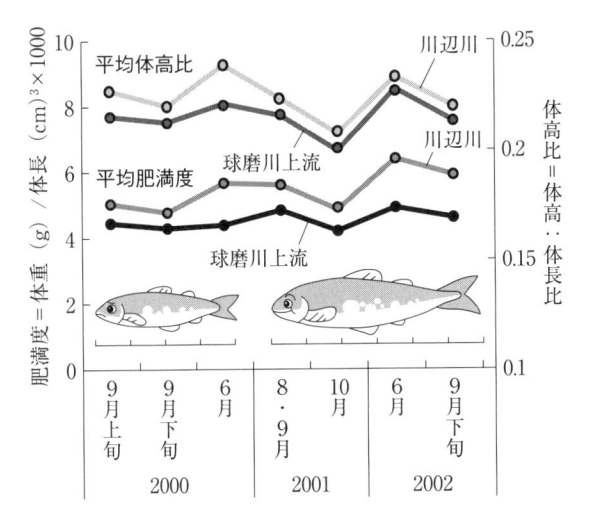

図4-18 ダムのある球磨川上流とダムのない川辺川で捕獲されたアユの肥満度および体高比の比較
（程木ほか［2003］を改変）

のアユの体型を比較した報告（程木ほか，2003）では，ダムのない川で大型アユが多くなる傾向があり，さらに体型がよい（体高比・肥満度が高い）という結果が出ている（図4-18）．上流にダムがある場合とない場合では，アユの体型や味，香りなどが異なるという以前からあった指摘は，科学的にあるていどは証明されているのである．

細な水生生物の増減，それらをエサにする生物からなる食物連鎖を通じて，周辺の環境にさまざまな悪影響を与える．したがって，ダムのような一帯の自然を著しく変えてしまう河川構造物が，漁業に影響しないと考える（国土交通省，2003）ほうがむしろ不自然に映る．

たとえば，熊本県球磨川水系において，ダムのある川のアユと，ない川

人工孵化放流の功罪　日本では，サケ・マス類の人工孵化放流が古くから広く行なわれてきたが，その実態についてはあまり知られていない．たとえば北海道のシロザケの人工孵化放流事業についてみると，密漁や乱獲，公害による水質汚染，河川工事などの影響のためにおおむね低い漁獲量で推移していたが，1970年以降から，現在の人工孵化放流技術の確立や，北太平洋の生息環境の好転によって，漁獲量が飛躍的に増加し続けてきた（帰山，2002）．しかし，経済効率や商業漁業の振興が最優先となった現在の人工孵化放流は，野生のサケの自然産卵や河川環境の改善などについてプラスの影響を及ぼすことがないまま，単なるサケの生産工場と化してしまっている．自然淘汰が働く自然産卵とは異なり，人為的に

産卵を進めた結果，①適応能力や社会性の低い個体が増加する，②遺伝子の多様性を低下させる，③感染症の蔓延を引き起こす，④野生魚の乱獲を招きかねない，などの弊害が懸念されている（帰山，2002：永田・山本，2004）.

　漁業資源の生産・維持において，人工孵化放流が一定の役割を果たしてきたのは確かかもしれない．しかし，サケの数が増えて獲れすぎ，産卵後のサケを焼却処分している事態になっているにもかかわらず，いまだに，遡上するサケを河口部付近で一括捕獲し，孵化場で人工孵化して放流を続けている状況（帰山，2005）は，現在の人工孵化放流事業がいかに生物多様性保全を無視したものとなっているかを示すのに十分な根拠といえるのではないだろうか．漁業資源の維持・回復を踏まえつつ，生物多様性を保全する観点から事業のあり方を抜本的に見直すことが求められる．

　以上のことから，森・川・海の環境をひとまとまり（流域全体をひとつの生態系）として保全しなければならないことがわかる．ダムという河川構造物はその大小にかかわらず，山から海へと流れ出す栄養分，そして海から山へと運ばれる栄養分を遮断することから，森・川・海の生態系のつながりを破壊する，つまり生物多様性を破壊する元凶のひとつであると強く認識する必要がある．川にすむ生き物同士のつながり，川と人とのつながりを取り戻すためには，ダムの撤去[5]を前提とし，農林水産業のあらゆる分野，そして法律や社会制度など社会学の分野の英知を集め，河川環境を悪化させているさまざまな要因を取り除いていかなければならない．

〈アイヌ文化に学ぶ「自然との共生」〉

　サケはアイヌ語で「シペ（本当の食糧）」と呼ばれ，かつての北海道のアイヌ民族にとって大切な主食であった．そのまま食べるだけでなく，身は干して乾燥させて保存食にされ，皮はなめされて服や靴がつくられ，生皮を煮てできるゼラチン質は接着剤（膠(にかわ)）として使用されるなど，ほとんど余すことなく利用されていた．産卵前の脂ののったサケは保存には適さないため，その日に食べる分のみを獲り，繁殖行動を終えた産卵後の脂気の少ないサケは保存用食糧として多めに

獲るなど，その食べ方はサケの習性を熟知し，自然との共生に根づく理にかなったものであった．

　アイヌがサケを「神の魚（カムイチェプ）」とも呼び，特別なものとして扱っていた理由は，単に重要な食糧だったからというだけではなさそうだ．アイヌは，川は山から海へ至るものではなく，海から山へ向かっているものと考えていた．こういった考え方は，もしかすると川を登るサケに森を育てる役割があるのを知っていたからかもしれない．海から川へとのぼる季節にはサケ迎えの祭りを行なうなど，アイヌにとってサケは「消費」と「循環」を司る象徴だったといえる（以上は更科・更科，1976を参考）．

　皮肉なことに，現在の日本の社会は，このような「地産地消」を地でいくアイヌ社会とは真逆である．たとえば，北海道で漁獲されるシロザケの3分の1以上が輸出される一方で，ダイオキシンやPCBなどに高濃度に汚染されているノルウェーやチリの養殖サケが大量に輸入されるというわけのわからない状態が続いている．また，日本に輸入されるエビの養殖のために，東南アジアの広大な面積のマングローブ林が破壊され，さらに養殖の際に添加される抗生物質や有機物によって水質汚染が進み，現地住民の生活が破壊されている（帰山，2008）．このような自然の循環を無視した異常ともいえる構図が，自国の食料自給率を低下させ，食の安全性を脅かす原因となっている．

　MDNにみられるように，自然は循環によって成り立っている．つまり，エネルギーや物質はつねに循環していて，人為的に悪影響を与えれば必ずや人類に戻ってくることを意味する．実際に世界各地で起こっている漁業資源の枯渇や化学物質による汚染は，その原因をつくった人間社会に跳ね返ってきている．私たちに求められているのは，今後，原因を丁寧に取り除く作業を積み重ねて，適正な循環に戻すことである．

注）
1）日本在来のサケ類は，シロザケ，カラフトマス，ベニザケ，サクラマスの4種のみである（帰山，2008）．
2）動植物の体内を形づくる窒素の安定同位体比を測定する方法．「同位体」とは，元素の性質

を示す「陽子」の数は同じだが「中性子」の数が違うため全体の重さが異なる原子のこと．同じ窒素でも陸由来（$\delta^{14}N$）よりも，海由来（$\delta^{15}N$）のほうが重いという性質をもつ．それらを調べることによって，対象となる生物が取り込んだ海由来の窒素がどのくらい生体内に含まれているのかを知ることができる（陀安，2007）．
3）ここでは，砂防ダム，治山ダム，堰堤などの区別はせず，この類の構造物を一括して「砂防ダム」の総称で呼んでいる．
4）幼生期にサケ科のエラやヒレに寄生して移動する淡水の貝．
5）アメリカでは小規模ダムが500基以上撤去され，大規模ダムは今後建設されない方針となっている．日本では2002年に，熊本県荒瀬ダムについて，国内初となる撤去が表明された（科学・経済・環境のためのハインツセンター，2004）．しかし，2008年にはダム存続に方向転換され，2010年に再び撤去が表明された（熊本県Webサイト）．

産卵のために川を登るサケ・マス類はMDNと呼ばれ，森・川・海をつなぐ物質循環の要となっている．しかし，そのサケ・マス類の往来をダムをはじめとする河川構造物が阻害している．この現状を変えない限り，漁業資源の回復はおろか，流域の生物多様性を維持・回復することは不可能であろう．

世界遺産

"世界の文化遺産及び自然遺産の保護に関する条約（通称：世界遺産条約）"は，人類全体のための世界遺産として，文化遺産および自然遺産を損傷，破壊などの脅威から保護し，国際的な協力および援助の体制のもとで未来へと受け継いでいくことを目的としている．日本は1992年に締約国となり，屋久島，白神山地，知床の3つの自然遺産と，姫路城や厳島神社をはじめとする11の文化遺産が世界遺産リストに登録されている．本条約には186カ国が締約している（2009年4月時点：UNESCO World Heritage Center Official Web Site）．

〈世界遺産とは〉

世界遺産は，"自然遺産""文化遺産""複合遺産"の3種類に分類される．自然遺産は，鑑賞上，学術上，保存上，顕著な普遍的価値をもっている地形や生物，景観などを含む地域が指定される．その例として，オーストラリアのグレート・バリア・リーフ，アメリカのグランド・キャニオン国立公園などがある（2009年4月時点で176件）．文化遺産は，普遍的な価値をもっている記念工作物，建造物

が指定され，中国の万里の長城，スペインのアルタミラ洞窟などがある（2009年4月時点で689件）．複合遺産は，文化遺産と自然遺産の両方に登録されているもので，トルコのギョレメ国立公園とカッパドキア，オーストラリアのウルル・カタジュタ国立公園などがある（2009年7月時点で25件）．

そのうち，危機的状態となっている遺産は，"危機遺産"に登録される．危機遺産は，世界遺産リストのうち，武力紛争や自然災害，開発事業などによってその普遍的価値を損なうような重大な危機にさらされているものが指定され，危機的な状態を脱すると危機遺産リストから削除される（2009年4月時点で32件：遺産数はいずれもUNESCO World Heritage Center Official Web Siteを参考）．

〈世界遺産登録のプロセス〉

遺産が登録されるためには，まず世界遺産条約の締約国になる必要がある．締約後，自国にある遺産を選んで推薦する．推薦された遺産は，専門家の国際NGOによって，遺産価値（「顕著で普遍的な価値」が十分にあるか）と保護状況（適切に保護されているか）について客観的に評価され，その評価結果にもとづいて世界遺産委員会で審査される（以上は奈良市Webサイトを参考）．当然のことながら，推薦されたものすべてが登録されるわけではない．たとえば，以前から日本では富士山を世界遺産にしようとする動きがあり，2007年には遺産候補地として暫定リストに入っている．しかし，登山者によるオーバーユース（図4-19）への対策ができていないだけでなく，山麓部での人為的改変による生物相の減少や，すそ野での自衛隊演習，ゴミ・し尿処理などの問題解決に目処がついていないため，推薦されても登録は困難であると考えられている（環境省・林野庁，2003）．

〈自然遺産の現況〉

各々の世界遺産は，遺産指定に至るまでの経緯を含めてさまざまな歴史をもっている．まさに多様性の賜物といえるだろう．しかし，多くの遺産が，武力紛争や災害，開発，密猟や盗掘，関係機関と地域住民の対立など，さまざまな問題に直面している．

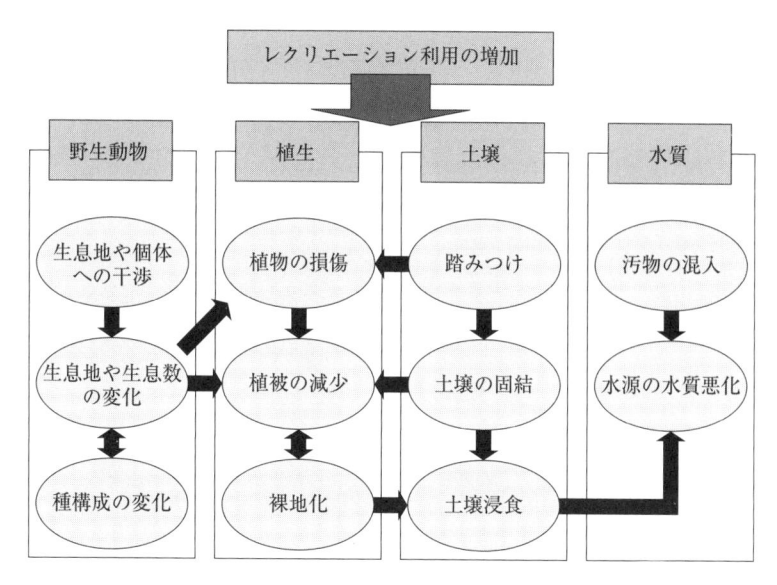

図4-19 レクリエーション利用の増加による自然への影響（愛甲［2001］を改変）

以下に，代表的な自然遺産として，国外はバイカル湖を，国内は白神山地と知床を取り上げ，それぞれの遺産の状況や問題点を浮き彫りにする．

バイカル湖 1996年に登録されたバイカル湖は，シベリア南東部に位置する世界最大の容積（$2.3 \times 10^4 km^3$）と世界最深（最大深度1643m），世界最高の透明度をもつ湖として知られている（面積3万1500km²で琵琶湖の約50倍）．「ロシアのガラパゴス」と呼ばれるほど豊かな生態系を擁し，淡水にすむバイカルアザラシをはじめとして固有種も多く，生物多様性の宝庫となっている．その反面，一帯は，石炭や鉄鉱石，森林資源が豊富であるために資源開発による環境破壊が進み，特に湖周辺の森林で散布される殺虫剤や，湖南部のパルプ工場の排水による水質汚染が進んでいる．1987～1988年に生息数の約10分の1にあたる約8000頭のバイカルアザラシが大量死した．原因はウイルス感染に加え，環境汚染による免疫力の低下による影響と推測されている（以上は宮崎，2001を参考）．

白神山地 青森県と秋田県にまたがる白神山地は，ブナの天然林が世界有数の規模で広がり，天然記念物のイヌワシやアカゲラなどに代表される豊かな生態系

表4-3 白神山地年表

期区分	年	出来事
建設反対運動期（1983〜87）	1982	「青秋県境奥地開発林道（通称：青秋林道）」建設が着工 地元自然保護団体をはじめ中央の自然保護団体が反対運動を展開
	1987	水源涵養保安林指定解除に，13,000通以上の異議意見書が提出 青森県知事が「青秋林道」建設見直しを表明
保護地域設定期（1987〜93）	1990	「青秋林道」建設の中止 林野庁が約17,000haを「森林生態系保護地域」に設定
	1992	環境庁が白神山地を「自然環境保全地域」に指定
	1993	第17回世界遺産委員会総会で「白神山地」の遺産登録が決定 （同時に「屋久島」も登録される）
入山規制論期（1993〜）	1994	青森県が「白神山地保全・利用基本計画」を策定
	1995	環境庁・林野庁・青森県・秋田県が「白神山地世界遺産地域連絡会議」を設置 環境庁・林野庁・文化庁が「白神山地世界遺産地域管理計画」を策定
	1997	白神山地世界遺産地域懇話会で，秋田県側は「原則入山禁止」， 青森県側は「指定ルートに限った入山許可制」と決定
	1998	秋田県が世界遺産地域青森県側ブナ林伐採を計画するが，中止
	2003	青森県側の入山手続きを許可制から届け出制に変更 環境省は白神山地を国指定鳥獣保護区に指定

土屋（2001）と根深（2005）をもとに作成

が残されている．白神山地をめぐるさまざまな問題は，1980年に，この貴重な地域においてブナ天然林を伐採して林道を通す「青秋林道」建設計画が浮上したところから始まった．残されたブナ林の重要性が全国的な注目を浴び，道路建設への反対運動が高まった結果，1990年に建設は中止[1]され，1993年に，約1300km^{2}に及ぶ広大なブナ天然林のうち約170km^{2}が世界遺産に登録されることになった（表4-3）．しかし，世界遺産登録後は，入山規制をめぐって，行政と自然保護団体の間で，さらには自然保護団体間で意見の衝突が起こり，混乱の様相を呈していく．

　入山規制への合意形成が得られなかった要因としては，住民参加による議論が十分に行なわれなかったことに加え，白神山地周辺に住む青森，秋田両県住民の白神山地へのかかわり方の違いが指摘されている．秋田県側の近隣住民は，近代

的な自然保護観をもち，急峻な地形的条件から山林利用が限られているのに対して，青森県側の近隣住民には，厳正なルールにもとづいた山菜やキノコ採集，マタギ[2]猟といった伝統的な山林利用など，山と深くかかわる生活習慣がいまだに残っている．これら両県のかかわり方の違いを考慮せずに画一的に規制したことが，混乱を生んだと考えられている．

　入山規制の問題は未解決のまま[3]であり，遺産登録で観光客が大幅に増加することによって生じたオーバーユースや周辺地域でのダム開発などと並び，将来への懸念事項とされている（以上は鬼頭，1996：土屋，2001を参考）．

知床世界遺産　2005年に登録された知床半島とその周辺海域は，海と陸が一体となった生態系であることに加え，流氷と暖流，針広混交林が形成する多様性豊かな生物相に特徴づけられる．特に猛禽類のシマフクロウやオオワシ，オジロワシは，世界でも数が非常に少なく絶滅が懸念されるなか，知床は貴重な繁殖地および越冬地となっている．

　知床は，「流氷の南限」にあたり，冬期にはオホーツク海から流氷が接岸する．春になってその氷が解け始めると，流氷の下部に含まれているアイスアルジー[4]と呼ばれる多量の植物プランクトンが放出される．そこに，それらを食べる動物プランクトンが集まり，次に小型の魚，その次にサケやスケソウダラなどの大型の魚が集まって，最終的にはその大型魚類がアザラシやトド，猛禽類などのエサとなる．このような海洋の食物連鎖に育まれたサケ・マス類は，産卵のために海から川に遡る途中でキツネやヒグマ，猛禽類のエサとなり，それらの動物の排泄物や食べ残しが森林を育てていくといった陸の食物連鎖へとつながっていく．知床では，おそらくかつては日本の各地で見られたであろう陸と海の食物連鎖が相互に合わさる壮大な生態系が現在も紡がれている．

　しかし，原始的自然が広がるこの地域は，皮肉にも1980年代の自然破壊の象徴として知られる「知床国有林伐採問題」の舞台となった．1987年に，国内のナショナルトラスト運動のはしりともいえる「しれとこ100平方メートル運動」が精力的に続けられる傍らで，樹齢200年以上の大量のミズナラが林野庁によって強引に伐採される事件が起こり，自然保護団体による激しい反対運動が展開された

(大久保, 2008). その後, 伐採予定地を含めた約3万5000haの「森林生態系保護地域」の指定を経て, 現在の世界遺産登録へとつながっている. つまり, 自然保護運動の成果のうえに今日の世界遺産登録があるといっても過言ではない.

ところが, 世界遺産に指定されたことによって, 観光客の増加にともなうトラブルへの対応とともに, 人と自然の共存のあり方について新たな課題が生じている. すでに開通している道路をどのように規制しながら利用していくのか, ヒグマと人の接触による事故をいかに防いでいくのかといった観光管理に加え, 世界遺産登録の過程で特に問題となった, ①サケ・マス類の遡上を阻む50基（北海道新聞, 2004）もの砂防ダムの撤去を含めた改善[5], ②漁業資源の減少が進むなかでの禁漁区域の設定や地元漁業との調整, ③絶滅危惧種となっているトドの駆除停止など, 自然保護と地域住民の生活確保との両立を考える必要がある（山中, 2008を参照）. これら知床世界遺産が抱える課題への解決の道筋を探っていくことこそが, 私たちの生物多様性への理解を深めるための一助となるのは間違いない.

〈世界遺産の課題〉

世界遺産の問題点として, ①過剰利用による遺産価値の低下, ②登録プロセスにおける市民参画の欠落, ③地域社会と遺産とのつながりの脆弱性, などがあげられる. 遺産登録によって世界規模で知名度が高まる一方で, 遺産価値そのものを損ないかねないほどの過剰な「利用」を招き, 観光客と遺産を抱える地域住民との軋轢を生み出している.

たとえば, 大陸と隔絶され, 独自の進化を遂げたさまざまな生き物がすむガラパゴス諸島は, 1978年に自然遺産として登録されていたが, 観光客や移住者の増加にともなう環境悪化が理由で, 2007年には危機遺産に登録された（小森, 2008）. 同様に, 日本の自然遺産においても, 現在のように観光客受け入れのための開発や観光客らによる無秩序ともいえる過剰利用が続けられるならば, 自然の回復力は追いつかず, 良好な自然状態が維持できなくなっていくのは必至である. 特に自然遺産の使命は, 質を保ったまま次世代へ残していくことだが, 観光客の管理抑制が十分にできていないところでは, 登録されることで質の低下を招きかねな

い.

　さらに，過剰利用は，自然だけでなく地域文化にも弊害をもたらす．複合遺産に指定されているオーストラリアのエアーズロック（ウルル・カタ・ジュタ国立公園内）には，「ウルル」と呼ばれる先住民アボリジニーの聖地がある．聖地であるため，アボリジニーたちは観光客の登頂を快く思わず，登らないよう訴えているが，観光客の大部分はこの訴えを無視して登っているのが現状である．

　このように遺産登録後も何らかの問題が未解決なままくすぶり続ける根底には，「自然と人間社会との関わりや，その歴史に対して，思考や意識が向けられていない（根深，2005）」ことがあると考えられる．政府や一部の専門家の主導によって，地域住民の頭ごしに登録申請が決定してしまうトップダウン方式や，『地域社会がもつ持続可能な利用の仕組みと遺産を守るための活動が結びついていない』といった問題は，その延長線上にあるといってよい．そこに，第一次産業や観光業との調整不足，縦割り行政の弊害，遺産整備という名の観光開発，生物多様性への無理解などが重なって，問題をより複雑により深刻化させている．

　以上のように，世界遺産の登録には，地域固有の文化・歴史・自然の保護より経済効果が優先されがちな意図が透けてみえる．

注）
1）青秋林道建設中止の大きな要因となったのは，国有林内の水源涵養林の解除に対する1万3000通を超す異議意見書であった．林野庁が，それら異議意見書の資格審査や補正に時間をとられている間に建設中止へと世論が傾き，中止が決定した．その後，林野庁は，直接の利害関係者であることを証明する書類が添付されていない意見書を却下できるように規則を改悪している（畠山，2001）．無駄な公共事業に対して，また貴重な自然を破壊することに対して，何の反省もない関係省庁の姿勢がこのようなところにもあらわれている．
2）おもに関東以北の山間部に集落をかまえ，冬季間に大型獣を捕獲する狩猟者集団で，狩猟技術や進行儀礼を豊富に伝承している人びとのこと（土屋，2001）．
3）なかでも林野庁が地域住民に対して行なった林道入り口のゲート封鎖による入山規制や，世界遺産地域内で地域住民がもっていた漁業権や入会権を放棄させるなどの行為（土屋，2001：根来，2005）は住民軽視もはなはだしく，これらが問題の解決を困難にしていることは間違いない．
4）氷に付着する藻類で，珪藻を中心とした植物プランクトンの仲間のこと．ひとつひとつは肉眼で見ることはできないが，海氷にびっしりとついたアイスアルジーは茶色や黄色でぬるぬるしていてその存在がわかる（高橋，1997）．

5) 魚道の設置やスリット（基部に裂け目を入れて，魚が出入りできるようにする）などで対応しているが，魚道に関しては，これまでもその稚拙な構造や管理不足によって効果は上がっておらず，スリットに関しても大型の魚類しか往来ができず，根本的解決にはほど遠い．

世界遺産は，顕著な価値をもつ自然や文化を国際的な協力のもとで保護・維持していく制度である．しかし，現状はオーバーユースや登録プロセスにおける市民参加の欠落，遺産地域住民への説明不足などの問題があり，遺産がもつ地域固有の文化・歴史・自然の保護よりも経済効果が優先されている．

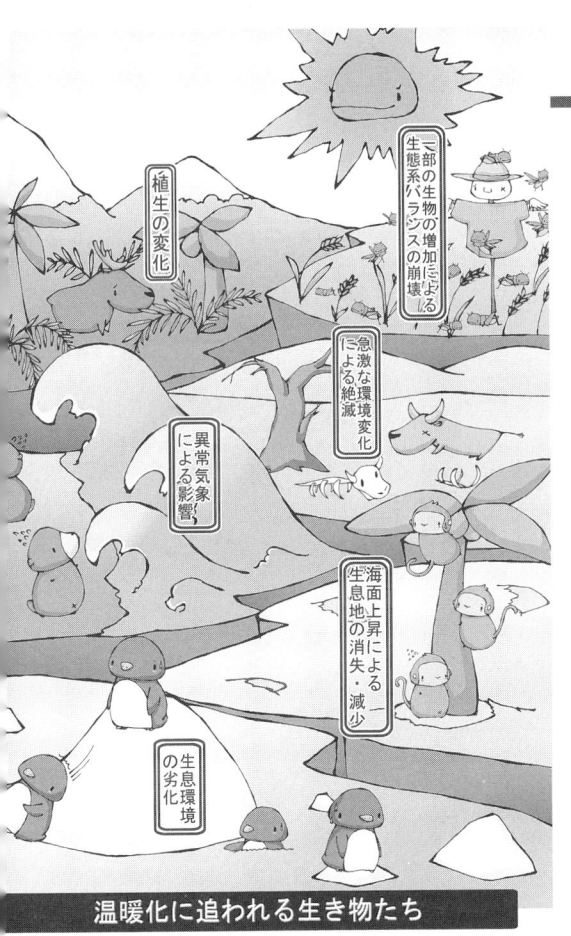

温暖化に追われる生き物たち

地球は長い時間をかけて温暖化と寒冷化を繰り返してきた．

しかし，過去最大の気温変化が5000年で7℃（＝0.14℃/100年）の上昇でしかなかったのに対して，最近100年間では0.74℃の上昇がみられ，異常ともいえるスピードで気候変動が進んでいる（環境省，2008）．このような現象を"地球温暖化"という．

気候変動に関する政府間パネル（IPCC[1]＝Intergovernmental Panel on Climate Change）の第4次報告書によると，地球温暖化（以下，「温暖化」とする）は「疑う余地がない」とされ，原因は「人為起源の可能性がかなり高い」と結論づけられている（文部科学省・気象庁・環境省・経済産業省，2007）．

地球全体の平均気温が現在より1.5～2.5℃上昇した場合，調査対象となった種の20～30％は絶滅のリスクが高まり，3.5℃を超えた場合には，地球規模で重大な種の絶滅（40～70％）が起こるとされている（図4-20）．

このような気温上昇が，気候変動のなかでの「ふれ」でしかないという科学者たちもいるが，温暖化ではないとして何も対策をたてなかった結果，多大な被害

温暖化に追われる生き物たち

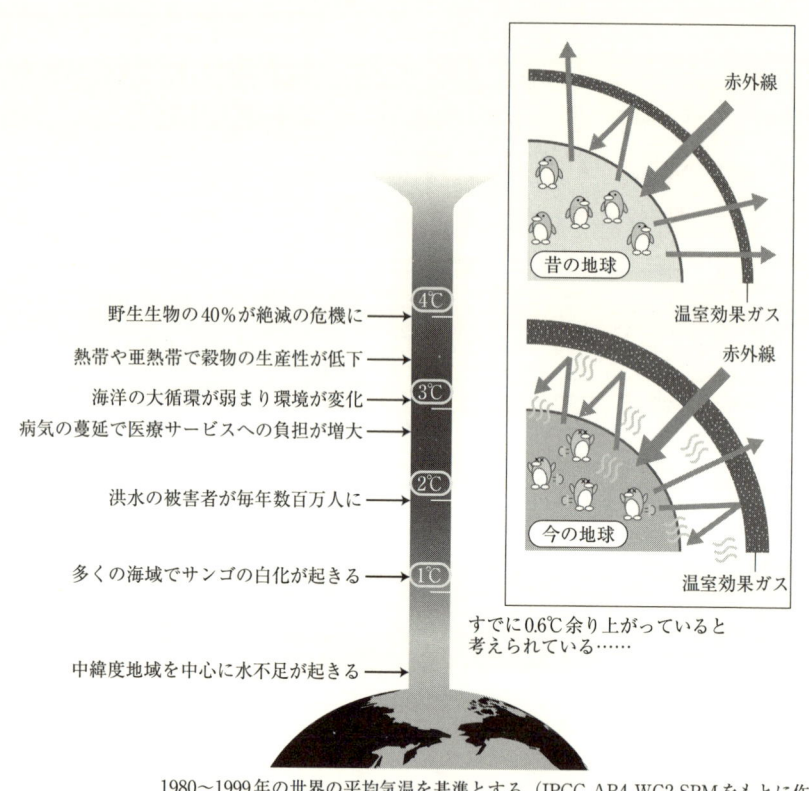

図4-20　地球温暖化の仕組み（右上）と21世紀の気温上昇により懸念される影響予測（WWF-Japan Webサイトより改変）

が出てしまった際にはいったい誰が責任をとるのだろうか．被害を最小限に抑えるためにも，効果的な対策が早急に求められる．

〈温暖化に追われる野生生物〉

温暖化が生態系に与える影響には，どのようなものがあるのだろうか．まず考えられるのは，現在の気候と生物分布との対応にズレが生じていくことである．移動能力の高い種であれば，分布域を変えることによってあるてい対応が可能かもしれないが，移動能力の低い種は温暖化による気温上昇の変化から逃れるこ

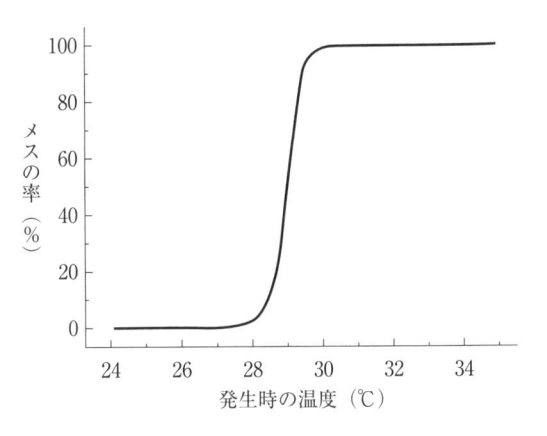

図4-21 アカウミガメの孵化時の砂中温度とメス化との関係（亀崎［1997］を改変）
29℃を境に，高い温度環境下ではメスに，低い環境下ではオスに偏る．

とができずにやがて絶滅してしまうだろう．ある研究者グループが，南アフリカ，ブラジル，ヨーロッパ，オーストラリア，メキシコ，コスタリカの6つの地域に生息するさまざまな生物1103種が温暖化から受ける影響について調べた報告では，このまま温暖化が進めば，地球上に存在する全動植物種の4分の1が2050年までに絶滅すると予測している（Thomas et al., 2004）．

以下に，温暖化によって強い影響を受けると考えられている代表的な野生生物について説明する．

メスに偏るウミガメ　涙（実際は体内の塩分調節のための生理現象）を流しながら陸上で産卵することでよく知られるウミガメが，温暖化の影響を大きく受けることはあまり知られていない．①海面上昇による産卵場所である砂浜の消失，②気温上昇によって起こる海流・気候の変化による生活史への影響，③海岸の砂の温度上昇によって起こる子ガメのメス化（図4-21），などが温暖化の影響としてあげられる．現在ウミガメは，開発や護岸工事によって砂浜が失われて産卵場所が激減しているうえに，ベッコウの原料として捕獲されてその個体数を減少させている．これに温暖化が加わり，絶滅に追い込まれてしまうことが危惧されている（以上は亀崎，1997を参考）．

北へ移動する南のチョウ　近年，暖かい地方に生息している昆虫が北へ移動して，定着しているという報告が多くなっている．

たとえば，ナガサキアゲハの分布の北限は，以前は本来九州や南四国であったが，1970年代頃から分布域が北上し始め，今では関東にまで達している（北原ほ

か，2001：北原，2006）
(図4-22)．

氷河期の生き残りナキウサギ　日本では北海道の中央山岳地帯にのみに生息するナキウサギ（エゾナキウサギ）は，最終氷期に陸続きであったシベリア大陸から北海道にわたってきた動物である．その後，気温が上昇して氷が融けて海面が上昇すると，標高の高い涼しい山岳地帯へと移り，現在の生息地に取り残された分布となった．
「氷河期の生き残り」と呼ばれるように寒さに適応した動物のため，温暖化がナキウサギにとって脅威となることはいうまでもない．もし気温が2℃上がれば1000m未満の生息地の多くが将来的に失われ，約20％の生息地面積が消失すると予

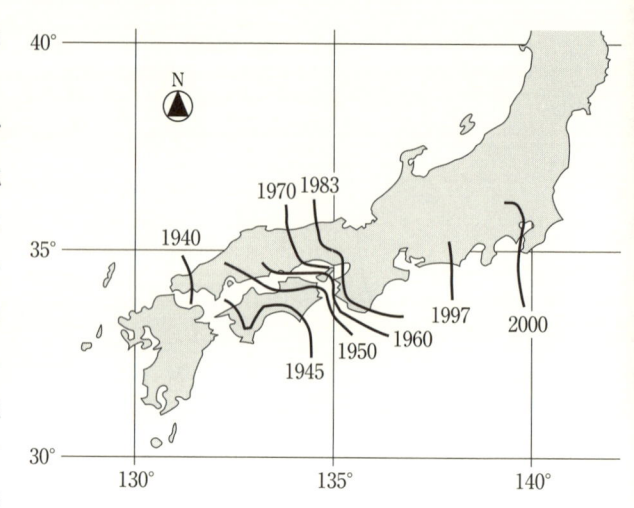

図4-22　ナガサキアゲハの分布域北上の様子（北原［2006］を改変）

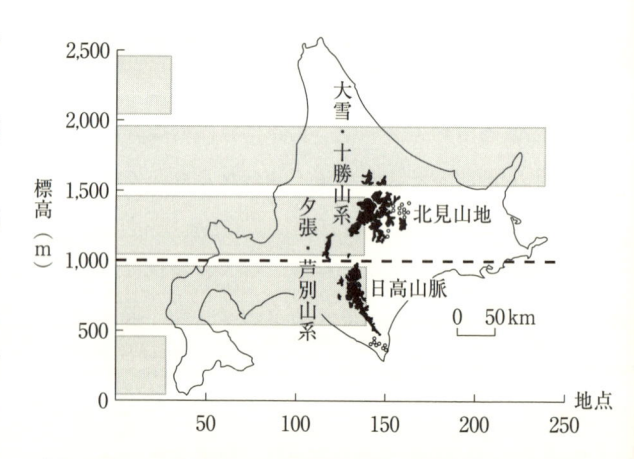

図4-23　エゾナキウサギの将来の予想分布域（小野山・宮崎［1991］と川道［1997］をもとに作成）
　黒色の部分は現在の分布域の1000m以上の範囲．白丸は標高1000m未満にある現在の生息地域．温暖化によって白丸は消失していくと予測される（川道，1997）．

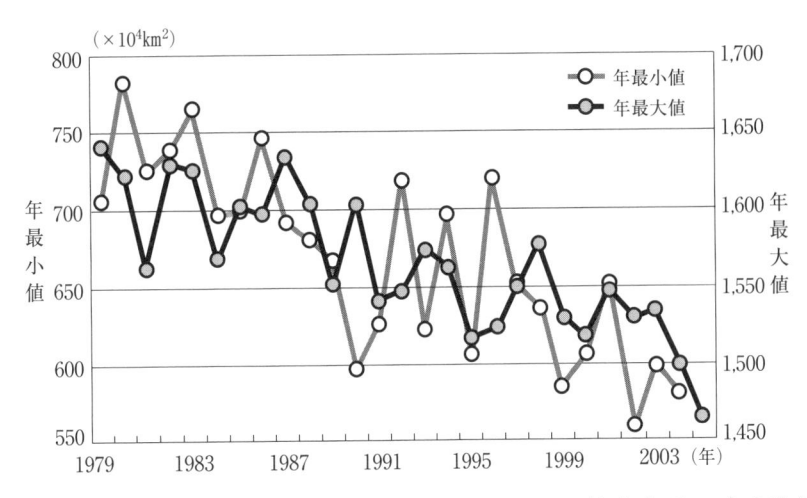

図4-24 北極域の海氷域面積の年最小値と年最大値の減少（気象庁［2005］を改変）

測されている（川道，1997）（図4-23）．アメリカにすむナキウサギ（アメリカナキウサギ）についても，これまでの生息地のなかで，温暖化の影響によって絶滅してしまった場所が報告されている（Beever et al., 2003）．このように，温暖化はナキウサギ個体群の孤立化を進め，絶滅の危険性を飛躍的に高めてしまうと考えられている．

減少する氷に翻弄されるホッキョクグマ　北極圏を覆う氷の減少が，地上最大の肉食哺乳類であるホッキョクグマの生息を脅かしており，このままの状態が続けば，21世紀半ばに生息数は現在の3分の1になると予測されている（WWF, 2007）（図4-24）．ホッキョクグマは氷の上を移動して，氷にあいた穴から顔を出すアザラシをハンティングするため，夏になって氷が融けてしまうとアザラシを獲ることができなくなり，ほぼ絶食の状態のまま再び海の凍る季節がくるのを待つ．そのため，氷の張らない状態が長く続くと，生存に深刻な影響を及ぼすことになる．近年の報告では，氷が融ける期間が1週間早まると体重が10kg軽くなった，親が栄養不足で十分に授乳ができず，冬に生まれた子グマが秋までに半分も生き残ることができなかったとの危機的状況を示す結果が明らかにされている（北川，2006）．温暖化による影響が引き金となって，2006年のIUCNのレッドリス

トではホッキョクグマは「絶滅危惧Ⅱ類（VU）」に指定された（WWF，2007）．

　野生生物のおかれている現在のこのような危機的状況は，長期間，かつ広範囲にわたって繰り返されてきた破壊的な開発行為の積み重ねによって回復もままならないほど疲弊した自然に，温暖化が追い討ちをかけていると考えるべきだ．その原因には，熱帯多雨林をはじめ，サンゴや湿原など温暖化を防ぐ生態系システムへの負荷の増大や，それら生態系の劣化や減少にあることが容易に推測できる．ここで強く認識しておかなければならないのは，温暖化を招いたのは私たち人間であり，そして温暖化による自然への影響をより強める原因をつくったのもまた私たち人間であるという事実である．同じ過ちを繰り返さないためにも，人類の存続のために温暖化に歯止めをかけ，その進行を抑えるといった，これまでのような人間中心主義的な考え方や姿勢をとるべきではない．これまで犠牲にしてきた生物多様性の回復や維持を温暖化対策の重要な取り組みに位置づけて，実践していくことこそが温暖化対策への正しい理解の一助となっていくのではないだろうか．

〈風車の増加とバードストライク〉

　新エネルギーの象徴といわれる風力発電は，温暖化に有効でクリーンなエネルギーとして注目され，近年，国内の設置が増加している．その一方で，野鳥に与える以下の影響が問題となっている．①風車への衝突事故の発生，②施設設置にともなう人間活動の増加によって生じる忌避的移動，③施設を回避する行動や飛翔ルート変更，④施設設置による生息地の消失や変化，の4つに分けられる（Drewitt and Langston，2006：白木，2007）．そのうち，風車への鳥の衝突（バードストライク）は特に深刻である．

　日本野鳥の会（2003，2006）は，風力発電の建設（風車だけでなく送電線などの付属施設も含む）が直接的間接的に生息地の消失や減少につながること，特に希少猛禽類などの事故死は直接的に種の絶滅につながる危険性が高いこと，渡り鳥の渡りのルート上に風車を設置すると衝突事故の確率が跳ね上がること，などを指摘している．実際，北海道では「絶滅危惧ⅠB類」のオジロワシが，2004年

2月から2009年4月までの約5年間で17羽衝突死している．

　偶然発見されたにすぎない数でこれだけの被害が出ていることについて，行政，関係業界ともに危機意識は低く，対策はほとんど進んでいない（たとえば齊藤，2008）．その背景には，風力発電の建設は環境影響調査法の対象外であるため十分な調査が行なわれていない，ガイドライン（NEDO, 2005）はあっても事業者の不十分な自主調査に任されている，設置場所の規制がほとんどない，電力業界の隠ぺい体質がデータ公開を妨げている可能性が高い，などがあげられる．関係者のなかには，鳥と温暖化のどちらが重要かといった稚拙な議論をする者がいるが，環境への配慮が著しく欠けていたことが温暖化を招いたとの理解ができていないのだろう．環境にやさしいクリーンなエネルギーだからといってやみくもに風車を設置することは，風力発電に関する問題をかえって深刻化させ，イメージを悪くすることにもなりかねないのではないだろうか．

　風車の設置場所については，渡りのルート上にかかる場所を禁止し，十分な調査のもと慎重に協議を重ねて，その過程での環境アセス法の適用（改正アセス法では適用予定）や厳格なガイドラインの策定を早急に進める必要がある．

〈自然エネルギーと原子力発電〉

　太陽光や風力，水力など発電時にCO_2を出さないエネルギーは，自然エネルギーと呼ばれ，温暖化対策の有効な手段として注目を集めている．既存の水力発電や火力発電を含めた発電方法には，それぞれ長所と短所がある（図4-25）が，なかでも特に注意しなければならないのが原子力発電である．原子力発電はCO_2を出さないエコエネルギーであるとか，コストが安定しているなどと喧伝されている（電気事業連合会，2009）が，これは都合の悪い部分を隠した狭猾な表現である．

　なぜなら，①核燃料の製造過程における，天然ウランの採掘・精錬・濃縮・加工・輸送などの段階でエネルギー（石油や石炭などの化石燃料）を大量に消費する，②原子力発電に使用した後の核廃棄物は処理方法が確立されておらず，とりあえず地下に貯蔵するしかない，③寿命を迎えた施設の解体作業（廃炉）に大量のエネルギーを消費する，④施設の補修や解体を行なう作業員が実際にどのてい

	発電方法	判定	環境への影響等について
太陽光発電	シリコン半導体を利用して太陽光を電気に変換する	◎	発電時に CO_2 が出ない
地熱発電	地中のマグマなどの熱と蒸気でタービンを回す	◎	発電時に CO_2 が出ない
小規模水力発電	ダムをつくらず、川の流れなどを利用してタービンを回す	◎	発電時に CO_2 が出ない
バイオマス発電	木くずやワラなどを燃やした熱でタービンを回す	○	発電時に CO_2 が出るが、燃やすものが植物で元々大気中にあった CO_2 なので、温暖化にはつながらない
風力発電	風の力でタービンを回す	△	発電時に CO_2 は出ないが、バードストライクの問題が解消されておらず、課題が残る
ゴミ発電	産業廃棄物や都市のゴミを燃やした熱と蒸気でタービンを回す	△	発電時に CO_2 が出る。単にゴミを燃やすよりは有効利用だが、ダイオキシンなど汚染物質が発生する
大規模水力発電	ダムに貯めた水を高いところから落とす力でタービンを回す	×	発電時に CO_2 が出ないが、ダムの建設は、河川の自然環境を大規模かつ確実に破壊する
火力発電	石油、石炭を燃やした熱と蒸気でタービンを回す	×	大量の CO_2 のほか、NOx や SOx などの有害物質が出る
原子力発電	ウランの核分裂エネルギーで熱と蒸気を発生させてタービンを回す	×	発電時に CO_2 が出ないが、原子力事故などが起きた際の環境や人体への被害は甚大となる

図4-25 発電方法とエネルギー源、および環境にやさしいエネルギーとしての評価（WWF［2003］を改変）

どの放射線にさらされているのか、などを説明していないからである.

　原子力発電は、原子力技術体系全体に投入されるエネルギー収支や使用済み核燃料の長期保管、廃炉に費やすエネルギーなどを考慮すると、火力発電など既存の発電方法と変わらないか、それ以上の経費がかかることが明らかとなっている（室田, 1983：鈴木, 1983）. つまり、原発は独占許可や原賠法[2]、電源3法[3] など国の特別な優遇措置があってはじめて成立する不経済な発電方法なのである（室田, 1983）.

　さらに、電力会社は長年、データの改ざんや捏造、隠ぺい工作、虚偽報告、法令違反、安全無視を繰り返し、大惨事につながりかねない事件・事故を幾度となく引き起こしている（たとえば高木, 2000：原子力資料情報室, 2002）. ただでさえ制御するのが難しく、かつ危険なエネルギーである原子力を、このような反省のない隠ぺい体質の企業が扱っていること自体に疑念を感じざるを得ない. つねに被曝に脅かされる、自然にも人にもやさしくないのが原子力発電の本質である.

2007年に世界銀行が各国の温暖化対策について評価した報告書（Environment Department The World Bank, 2007）のなかで，日本は70カ国中「62位」[4]で，先進国中最下位であった．この不名誉な評価は，おもに，①CO2削減の流れに逆行する石炭発電への依存を続けてきた，②官民一体となって電力会社の独占状態を許し，電力会社に対してグリーンエネルギー（再生可能な自然エネルギー）への買い取り制度の義務づけ[5]や，既存エネルギーからグリーンエネルギーへの転換を怠ってきた，③「CO2排出量を規制することは経済成長を阻害する」として総量削減に反対してきた産業界に対して，強い態度で具体的な取り組みを進めてこなかった（WWF, 2003），などが原因と考えられる．日本政府が産業界への効果的なCO2削減対策を行なわず，CO2排出量全体のなかでわずかな割合を占めるにすぎない個人や家庭への省エネばかりを奨励してきた当然の結果といえるだろう．

　未完の技術である核燃料サイクル技術[6]を含め，原子力ありきを前提としたこれまでの日本のエネルギー政策がもはや通用しないことは明らかである（大島，2004）．環境先進国などという内実のともなわない幻想を捨て，日本はグリーンエネルギーへの転換を積極的に図るべきである．そのためには，電力会社からの送電線分割，地熱発電など地の利を生かした発電施設への資金投入，太陽光発電による電力の公正な買い取りの強化，天下りを含めた行政と電力会社との癒着からの決別，は必須であろう．

注）
1) 地球温暖化について最新の科学的・技術的・社会的な知見を集約し，評価や助言を行なっている国際機関．
2) 原子力損害賠償法のこと．原子力事故などが生じた際の民間の賠償責任限度額を低く設けて，原発の推進を容易にし，実際に事故が起こった場合には莫大な税金が投入されることになる．場合よって事業者はまったく責任を問われないこともあり，国による手厚い保護を受けていることがわかる．
3) 電源開発促進税法，電源開発促進特別会計法，発電用施設周辺地域整備法のこと．この3つの法律の大部分が原発の建設を進めるための予算根拠となる．いわゆる迷惑施設としての原発設置への見返り料，原子力産業関連事業への支出，電気料金への原発推進費の負担の取り決めなど，バラマキ予算として非難されている．
4) 上位3国は，1位から順に「ウクライナ」「ルーマニア」「デンマーク」．ちなみに，「アメ

リカ」は21位,「中国」は31位,「韓国」は39位,最下位は「サウジアラビア」となっている.
5）電力会社は「新エネルギー利用特別措置法」によって,自然エネルギーからの一定量の電力調達が義務づけられていたが,これまで課せられていた電力量が少なく,自然エネルギーの普及は足踏み状態となっていた.2009年7月に「太陽電力のみ」固定価格で買い取る制度が導入されたため,多少は改善されるかもしれない.ただし,自然エネルギーの伸びを妨げている根本的な問題は電力会社による送電線の整備・運用の独占支配にある.送電線の自由化は,原子力のような不経済ながら莫大な利益を生む発電所の設置ができなくなることにつながるため,拒否しているのだ.自然エネルギーへの転換が円滑に進まない原因は電力会社にあるといってよい.
6）天然ウランを加工した燃料が原子力発電所で使用された後,その使用済の燃料からウランやプルトニウムを取り出して加工し,原子力発電所で再度利用する技術.再処理を繰り返して使用するため,核燃料サイクルと呼ばれる.1995年,高速増殖炉「もんじゅ」のナトリウム漏れ事故以来中断されていたが,運転再開に向けて調整が進んでいる.

　このまま地球温暖化が進むならば,地球上にすむ多くの生物の絶滅は避けられない.「人類の存続のため」に温暖化対策を行なう人間中心主義的な考え方や姿勢をとるのではなく,これまで犠牲にしてきた「生物多様性の維持や回復」を温暖化対策の取り組みの中心として位置づけ,実践していくことこそが地球温暖化問題への正しい理解の一助となっていくのではないだろうか.

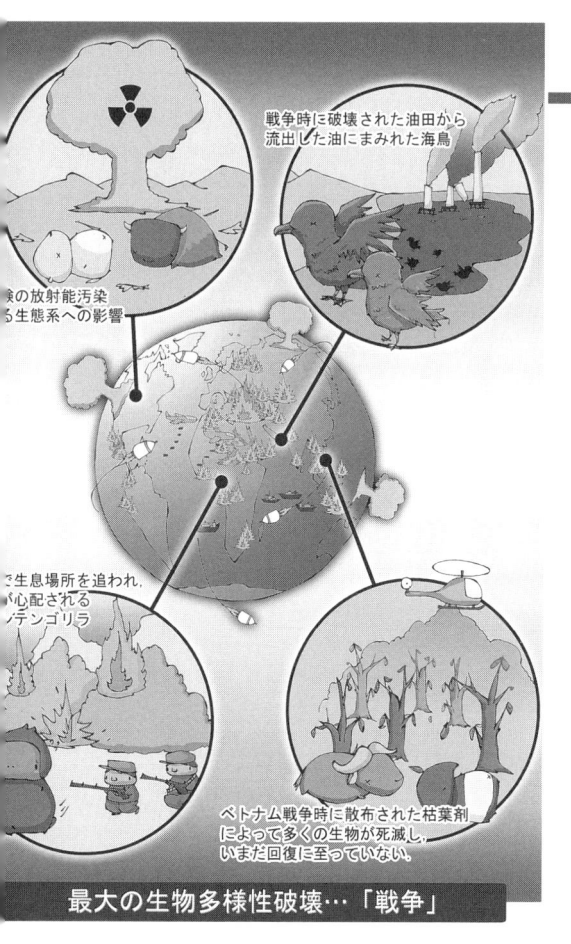

最大の生物多様性破壊「戦争」

多くの生物種を，さらにはそれらの生息地を地上から一瞬に消滅させる，あるいは致命的な打撃を与えるもっとも凶悪かつ破壊的な行為は「戦争」である．その被害は，時間や空間を超えて，さらに戦闘員・非戦闘員を問わずに拡大していく．交戦時はいうまでもなく，武器製造時の天然資源の多大な浪費をはじめ，兵器の試験使用や配備ミスによる汚染物質の流出，軍事基地の設置による周辺地域への影響など，武装状態を維持しているだけで自然に対して多大な悪影響を与える．軍事活動は生物多様性保全とはまったく相容れない，対極に位置するものといえる（Dudley et al., 2002）．

〈沖縄米軍基地建設がジュゴンに与える影響〉

軍事基地は，弾薬庫や兵器格納庫などのさまざまな設備をもつ軍事活動の拠点という性質上，軍事標的となる可能性が高く，周辺一帯はその被害に巻き込まれる危険につねにさらされているといってよい．騒音・振動に加え，事故による燃料や重金属などの流出，化学・生物兵器や核兵器などの汚染物質漏れによる被害

によって，基地周辺の住民や自然はつねに脅かされ，かつ実害を多大に受けている（図4-26）（大島ほか，2003）．しかも，それらに関する情報の多くは軍事機密として秘匿あるいは隠匿されているために，対処の遅れを招き効果的な対応ができないなど，問題をより深刻なものとしている（大島・除本，2003）．このような傾向は，国内では特に米軍基地で強くみられ，在日米軍のおよそ4分の3が集中する沖縄県[1]では，軍事行動だけでなく米軍関係者による犯罪[2]に対しても周辺住民の不安が増大している．

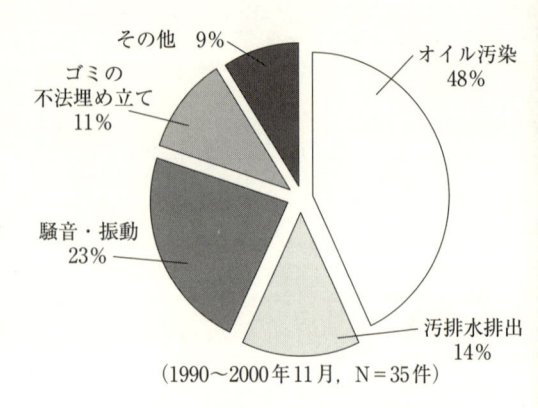

図4-26 米軍基地による環境汚染の類型（尹［2002］より）
韓国の市民団体「緑色連合」の調査結果による．

　基地の建設そのものが直接周辺環境へ与える影響も無視できない．たとえば，日本政府が辺野古に計画している米軍の飛行場建設のために，集落の海岸から約1km沖合にあるサンゴ礁の埋め立てが予定されている．自然に甚大な影響を与えると指摘されるこの建設計画は，特にジュゴンを保護するうえで大きな障害となることが懸念されている[3]．2010年8月に日米両政府は建設区域を，辺野古側，大浦湾側それぞれにV字に延びる滑走路の「V字案」と，滑走路1本の「I字案」のいずれかを採用することで合意した（朝日新聞，2010）．
　しかし，この計画案には肝心の沖縄県が反対しており，計画の今後の行方が問われている．しかも依然として辺野古側のサンゴ礁海域に埋め立て部分がかかっているうえ，これまで計画予定地ではなかった藻場やサンゴ礁が存在する大浦湾側までもが建設区域となっており，問題は何ひとつ解決されていない．さらに，那覇防衛施設局（現沖縄防衛局）が行なった環境アセスは，環境アセス法にもとづかない，あるいは違反している疑いが強く，多くの批判が寄せられている．サンゴなどへの悪影響が指摘された調査を強行しただけでなく（真善，2004），その

調査が不当であるとして阻止行動や座り込みを行なった地域住民や市民団体に対して自衛隊の艦船で威嚇し，自衛隊員を調査員として参加させるなど，常軌を逸した行為が目立つ．日本政府は，これらの調査方法，調査結果ともに十分な公表をしておらず，説明責任も果たしていない．

直接兵器を使用することによる影響だけではなく，このような軍関連施設の建設によって間接的に生物多様性が脅かされる現実を私たちは知る必要がある．

〈戦争による油汚染〉

1991年に起こったイラク戦争では，アメリカを中心とする多国籍軍によって42日間の短期間に8万8000 t もの爆弾が集中投下された（青山，1992）．その結果，クェートの石油基地破壊にともなって1000万バレル以上もの原油がペルシャ湾に流出したといわれ，海岸線が650kmにもわたって汚染された．この地域の沿岸に見られるマングローブ林やサンゴ礁の一部は付着した油によって死滅し，魚介類はもちろん，ジュゴン，クジラ，カワウソ，ウミガメ，海鳥など一帯に生息する生物も壊滅的なダメージを受けた．その際，各国からボランティアが集まり，海鳥に付着した油を取り除く作業が懸命に行なわれた（表4-4）．被害はこれら油汚染だけではなく，油田の炎上にともなう煤煙やCO_2，有害ガスなどの発生による大気汚染が重なり，被害はさらに拡大，深刻化し，甚大な環境被害がもたらされたとみられている．これらの複合汚染のダメージから生態系がもとへ回復するにはいったいどれほど長い年月がかかるのか見当もつかないほどであるという（以上は野鳥の会，1991：Tawfiq and Olsen，1995を参考）．

表4-4 イラク戦争における海鳥の油汚染被害と死亡率

種名	個体数（羽）	死亡率（%）
カイツブリ	7,000-10,000	50
オオウ	24,000-30,000	22-34
ペルシャウ	30,000-35,000	25
カモメ・アジサシ	60,000	98
合計		32

（Symens and Suhaibani, 1994）
Tawfiq and Olsen（1995）より

〈戦火に追われる霊長類〉

霊長類のなかでもっとも人間に近いとされる類人猿のチンパ

ンジーやボノボ，ゴリラ，オランウータンなどの6種はすべて絶滅危惧種となっており，危機的状況に陥っている．その原因として，開発行為による生息地の破壊や劣化，密猟や密輸，病気の蔓延，武力紛争（戦争）があげられる．なかでも，戦争は，森林を焼き払う，野生生物を食料にするなどの直接的な破壊行為だけでなく，政治的混乱に乗じての，管理施設の破壊や管理者の殺害，密猟・密売などの不法・不正行為が，あらゆる野生生物への脅威となっている．

アフリカ中央部のコンゴ，ルワンダ，ウガンダにまたがるヴィルンガ火山群地域に生息するマウンテンゴリラは，民族紛争に起因する内戦によって絶滅の危機に瀕している．かつては，密猟や密売などによって減少していたマウンテンゴリラの個体数は，国際NPOの協力やレンジャーによるパトロールの強化，厳しい条件のエコツアーの実施などによって徐々に回復し安定してきていた．しかし，1990年に，内戦によって国立公園内に軍隊が侵入する事態が起こり，それ以降，レンジャーの殺害や違法な伐採，密猟が頻発して個体数が激減したとみられている．政治的不安定な情勢は現在も続いており，国立公園の保全機能が事実上中断

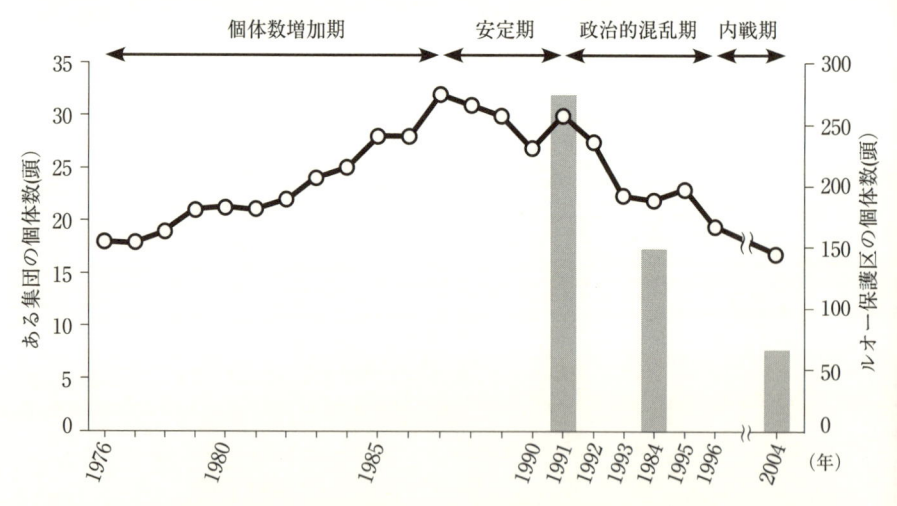

図4-27 コンゴのサロンガ国立公園ワンバ地区におけるある集団のボノボの個体数（折れ線グラフ）とルオー保護区北地区に生息するボノボの個体数（棒グラフ）の変遷（古市［2004］を改変）
いずれも政治的混乱期から内戦期にかけて著しく個体数が減少した．

した状態となっている．(以上はWWF, 2002, 2009を参考)．

　コンゴに位置するサロンガ国立公園に生息するボノボもまた同様に，不安定な政治情勢や内戦などの混乱のさなかに多発する密猟によって，その数を減らしている（図4-27）．

　これらの殺戮の矛先は類人猿に対してのみ向けられているわけではない．人間側の勝手な都合や判断次第で，無慈悲に無差別にあらゆる生命が犠牲になっていく．戦争の狂気は人間同士だけでなく，争いにまったく関係のない野生生物にも向けられるのである．

〈ベトナムにおける枯葉剤の影響〉

　ベトナム戦争時に使用された枯葉剤の散布量は，米国防省が詳細な情報を開示していないため，明確な数値は今もわかっていない．ただし，おおよそではあるが，南ベトナムを中心に約7200万lが250万ha以上に散布されたと推測されている．枯葉剤には，直接毒として働く「直接作用」と，食物や隠れ場所である森林の破壊を通して野生生物を衰弱させる「間接作用」とがある[4]．その影響として，①広範囲にわたる植生の徹底的破壊，②植生に食物と隠れ場所を依存していた動物への大打撃，③栄養塩の過剰放出[5]，④長期間にわたる生態系の衰弱化，があげられる．以上のような生態系への壊滅的なまでのダメージは戦後も長く続き，地域の農林水産業の疲弊へとつながっていった．

　もちろん，自然への影響だけではなく，汚染された水や食物を摂取した住民の流産や奇形，先天異常などの異常出産がいまだに続いており，今も深い傷跡を残している（綿貫・吉田，2005）．アメリカ軍の枯葉剤による攻撃は，人間の生命のみならずベトナムの生物多様性をも奪い去ったのである（以上はストックホルム国際平和研究所，1979を参考）．

注）
1）日本の国土の1％にも満たない沖縄県に，国内の75％もの米軍基地を集中させている（大島・除本，2003）異常さは，依然として改善されていない．
2）治外法権のため日本の法律で米軍の犯人を裁くことができず，そもそも米軍自体が事件の

捜査にも協力的ではない.
3）59-60ページ参照.
4）枯葉剤攻撃の後，森のなかにはしばらく動けなくなる野鳥が出て，特に小型鳥類では死ぬものがいたとの住民の証言や，一部の二枚貝や軟体動物は絶滅寸前にまで激減したとの調査結果が報告されている（ストックホルム国際平和研究所，1979）.
5）栄養が土壌にある一般的な森林とは異なり，枝や葉など樹木そのものに栄養が含まれている熱帯多雨林では，その栄養源である植物が枯葉剤によって枯らされてしまうと栄養は一気に流れ出てしまう．その結果，ベトナム戦争が終了して30年以上が経過した現在も森林が形成されず，いまだ回復に至っていない場所も多い．

　　多くの生物種を，さらにはそれらの生息地を地上から一瞬に消滅させる，あるいは，致命的な打撃を与えるもっとも凶悪かつ破壊的な行為は「戦争」であろう．戦争に向けて常時備えられている兵器や施設，軍関係者によって周辺環境の破壊・汚染が引き起こされている．戦闘時のみならず，休戦または和平状態でも継続的に被害が生み出される．

第1の危機…
間の開発行為による
然破壊

第2の危機…
人為的に維持されてきた
里山や身近な自然の荒廃

第3の危機…
外来生物や化学物質による生態系の破壊

マングース
ノクロウサギ

日本の生物多様性の危機的状況

生物多様性国家戦略

「生物多様性に関する条約（生物多様性条約）」を締結した国は，この条約の目的である「生物多様性の保全」「持続可能な利用」「遺伝子資源からの利益の公平な分配」にもとづいて，政策の目標や取り組みの方向性などを示す"国家戦略"を策定することが求められている．日本はこれまで，1995年，2002年，2007年の3回にわたって「生物多様性国家戦略」を策定してきたが，はたして生物多様性保全への理解や取り組みは進んでいるのだろうか．

〈自然保護の高まりとともに〉

人間にとって生物多様性がどのくらい有用なのか（＝生態系サービス），それらがどのように変化しているのかについて，国連が2001～2005年に調査した「ミレニアム生態系評価」と呼ばれる報告書がある（Millennium Ecosystem Assessment, 2007）（図4-28）．この報告書の一部でみられるように，人間への福利から生物多様性の経済評価を行なうことは，理解しやすく説得力があり，保全が推進されるとの考えがある．しかしその一方で，経済価値や利用価値といった

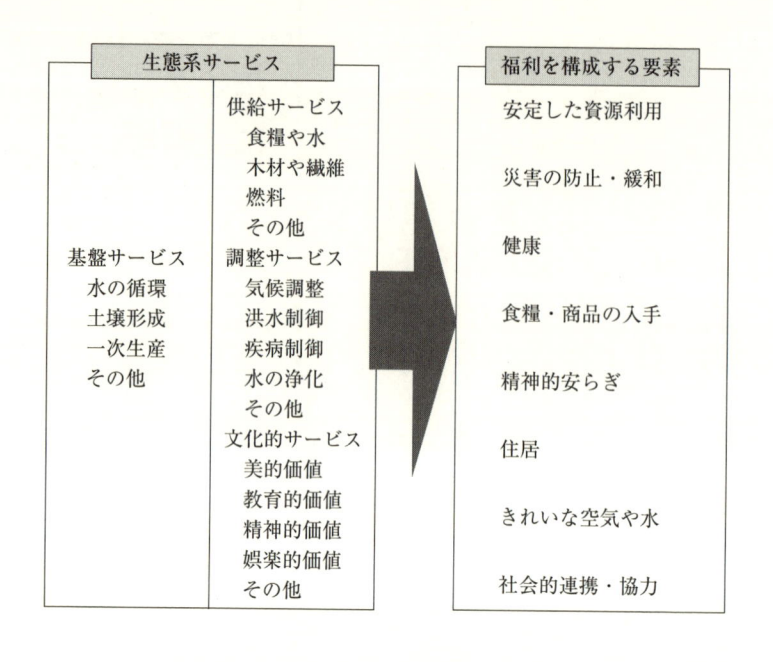

生態系サービス		福利を構成する要素
	供給サービス 　食糧や水 　木材や繊維 　燃料 　その他	安定した資源利用 災害の防止・緩和
基盤サービス 　水の循環 　土壌形成 　一次生産 　その他	調整サービス 　気候調整 　洪水制御 　疾病制御 　水の浄化 　その他	健康 食糧・商品の入手 精神的安らぎ
	文化的サービス 　美的価値 　教育的価値 　精神的価値 　娯楽的価値 　その他	住居 きれいな空気や水 社会的連携・協力

図4-28　生態系サービスと人間の福祉との関係（Millennium Ecosystem Assessment［2007］を改変）

視点でしか生物多用性をとらえることができなくなり，さらなる生物多様性の喪失が進むとの考えがあることにも留意しなければならない．そもそも生物多様性に経済評価を当てはめること自体が妥当であるかとの問いにさえ，答えが出されていないのである．

　これに対して筆者は，これまでの経済価値優先の考え方を見直していくこと，つまり，生物多様性の内在的価値（人間による利用の有無に関係なく何らかの内在する価値がある）や本質的価値（そこにいる，存在するだけで価値がある）など，経済価値とは一見無関係にみえる価値を再評価することこそが，現代社会に必要とされているのではないかと考えている．

　実際に，このような価値観の変化は近年の日本で起こりつつある．内閣府が1986年から5年ごとに行なってきた「自然の保護と利用に関する世論調査」のなかの，自然保護についてどのように考えるかとの問いに対して，2006年の調査で

はじめて「人間が生活していくためにもっとも必要なこと」が，過去4回の調査で一番回答人数の多かった「人間社会との調和を図りながら進めていくこと」を抜き最上位になったのである（内閣府Webサイト）．この結果の背景には，調和を図るといいながらも経済価値や利用価値に偏りすぎた社会への反発や，経済優先の価値観からの脱却といった反省の念が込められているのではないだろうか．

〈生物多様性国家戦略〉

　生物多様性国家戦略とは，生物多様性条約を締結した国に求められる，生物多様性保全に関する方針や取り組みについて定めた総合的な計画である．おもに，現状分析と課題，目標や基本方針，施策や取り組みから構成されている．日本は，1993年に生物多様性条約を締結した後に，1995年に「生物多様性国家戦略」，2002年に「新生物多様性国家戦略」，2007年に「第三次生物多様性国家戦略」の策定を行なってきた．ところが，2004年の調査では9割以上の国民がこれらの国家戦略の存在さえ知らないまま（生物多様性国家戦略関係省庁連絡会議，2004），さらにその効果も十分にみえてこないうちに，次々と更新されてきた感が否めない．知名度が著しく低い原因としては，①生物多様性についてのわかりやすい説明が不足している，②国家戦略と実際の保全計画との関係がみえない，③環境教育との関連が乏しい，などがあげられる．

　経済協力開発機構（OECD）は，最初の「生物多様性国家戦略」について，「日本における野生物の絶滅の危機は1990年代を通じてほとんど改善がみられなかった」「法律と責任が分散しているために，保護地域の効果的かつ効率的な管理がなされていない」などの厳しい評価を下している（OECD, 2002）．

　一方，最新の「第三次生物多様性国家戦略」は，これまでの2つの国家戦略への批判を踏まえてつくられており，内容の具体性については一定の進展がみられる．「絵に描いた餅」と揶揄された「新生物多様性国家戦略」と比較してみると，目立った特徴としては，日本の生物多様性の危機的状況を示す3つの項目に「地球温暖化」が加わったことや，具体的な数値目標が追加されたことがあげられる（環境省，2003，2008）（図4-29）．しかし，「新生物多様性国家戦略」での提案や

2002年
新生物多様性国家戦略（第二次）

```
現状                    目標                  施策
第1の危機                種・生態系の保全        野生生物の保護管理
第2の危機                絶滅防止と回復          里山・湿原の保全
第3の危機                持続可能な利用          自然再生・修復
                                              市民参加，環境教育
                                              国際協力，国際的取組み
                                              自然環境についての情報整備，研究・技術開発
                                              環境影響評価
```

2007年
第三次生物多様性国家戦略

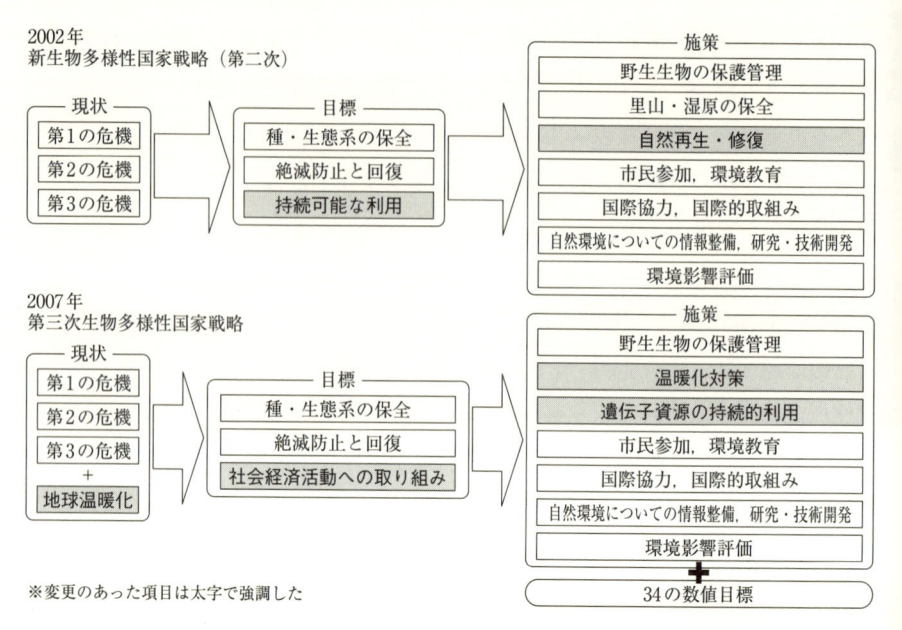

```
現状                    目標                  施策
第1の危機                種・生態系の保全        野生生物の保護管理
第2の危機                絶滅防止と回復          温暖化対策
第3の危機                社会経済活動への取り組み  遺伝子資源の持続的利用
   ＋                                         市民参加，環境教育
地球温暖化                                      国際協力，国際的取組み
                                              自然環境についての情報整備，研究・技術開発
                                              環境影響評価
                                                   ＋
                                              34の数値目標
```

※変更のあった項目は太字で強調した

図 4-29　第二次と第三次生物多様性国家戦略の比較（環境省［2003, 2008］をもとに作成）

その評価が十分でないまま新たな戦略を策定したため，個別方針や施策などの継続性や関連性などがわかりにくくなってしまった．さらに，数値目標として，ラムサール条約登録湿地を33から43カ所に，国内希少種を73から88種に，特定鳥獣保護管理計画を90から170計画に増やすなどの具体的な数値があげられてはいるが，単に数を増やせばよいのではない．むしろもっとも肝心などのように保全するのかという議論の中身が抜け落ちてしまっている．

　もし数値化するのであれば，戦略作成側のさじ加減ひとつで簡単に増減できないもの，たとえば，明確に期限を定めたうえで，減少傾向となっている干潟の総面積（人工干潟を含めない）の減少率を０にする，木材自給率を70％以上にする，地熱・太陽光発電による発電量を総電力量の30％以上にする，など現状の生物多様性を損なう破壊行為や人為的影響について，どのように歯止めをかけるかという危機感をもった数値設定を設けるべきだろう．現在の数値目標は，自然破壊が生じる原因の除去，省庁間の連携や企業・市民参画の促進，環境教育の推進など，

生物多様性保全のための取り組みを後押しするものとはなっておらず，その効果については疑問が残る．

そのほか，①生物多様性保全のための政策が他省庁の政策より優先されず，かつ具体策へ十分に反映されていない，②横断的な取り組みが不十分である，③企業の果たす役割が示されておらず戦略のなかでの位置づけが曖昧である，④市民参加の仕組みづくりの視点が欠落している，などが国家戦略の効果のあがらない要因となっていることは容易に見当がつく．これらを改善するポイントとしては，あらゆる社会活動を対象に，生物間のつながりをどのように守っていくのか，自然と地域社会とのかかわり方のあるべき姿をどのように模索していけばよいのか，農林水産業における生態系サービスの可視化をわかりやすいかたちで行なうにはどういった方法がよいのかなど，「生物多様性保全のまなざし」を通して考えるきっかけづくりや環境教育を出発点にするとよいだろう．

そして，ここで明確にしておきたいことがひとつある．国内の生物多様性を急速に減少させている主原因は土木開発型「公共事業」にあるという事実である．つまり，これら事業の推進と関係所管省庁の利益拡大とが密接に結びついている仕組みこそが，生物多様性の低下を招く元凶といえる．生物多様性を守るために国家戦略を策定するのであれば，戦略のなかに，このような悪循環を変えるための指針が含まれていて当然なはずだ．しかし実際には，これらの公共事業を止めるための仕組みづくりについては一切言及されていない．これでは，生物多様性の破壊に歯止めをかける効果など期待できるはずがない．

〈なぜ生物多様性を保全しなければならないのか〉

最後にまとめとして，生物多様性の重要性とは何か，そしてなぜ守らなければならないのかについて考えたい．

生物多様性の意義は，経済的価値と倫理的価値の両面から考えるとわかりやすい．経済的価値としては，食用や薬用となる生物利用による直接的な経済価値に加え，森林や干潟のもつ水質浄化や洪水防止の役割，ホエールウォッチングなどの観光による経済効果といった間接的な経済価値があげられる．倫理的価値とし

ては，生物多様性そのものの固有の価値や歴史遺産としての価値，そして多様な生物世界があってこそ心理的充足感や精神的安定感が得られ，人間自身が充実した生活をおくることができるといった経済的なものさしで図ることのできない価値があげられる（市野，1998）．

このような価値観を細分し整理したものとして，資源主義，経済主義，リベット主義，カナリア主義，尊厳主義の5つに代表される視点を取り上げ，以下に生物多様性の意義についての説明を試みる（加藤・太田，1993を参考）（図4-30）．

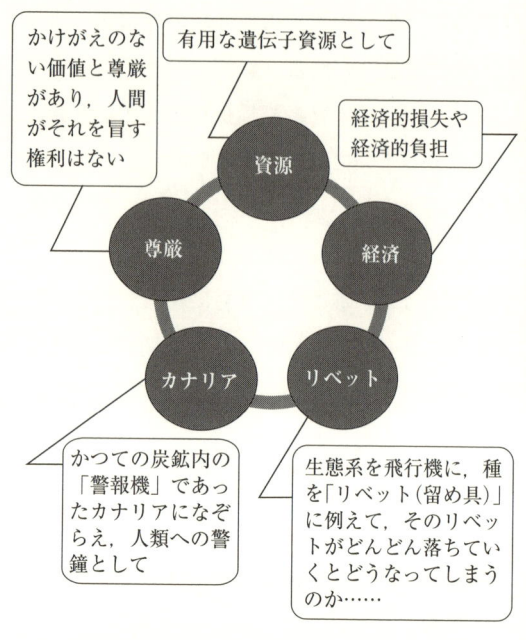

図4-30 生物多様性保全を考える視点（加藤・太田［1993］をもとに作成）

- 資源：有用な遺伝子資源として
- 経済：経済的損失や経済的負担
- リベット：生態系を飛行機に，種を「リベット（留め具）」に例えて，そのリベットがどんどん落ちていくとどうなってしまうのか……
- カナリア：かつての炭鉱内の「警報機」であったカナリアになぞらえ，人類への警鐘として
- 尊厳：かけがえのない価値と尊厳があり，人間がそれを冒す権利はない

資源主義的視点 生物多様性を有用な遺伝子資源としてとらえる考え方．生物の多様性が失われるならば，食糧面では，品種改良や新たな作物が見出される可能性が，医療面では，ガンやエイズなどの難病への特効薬が生み出される可能性が，産業面では，新たな天然素材の発見などの可能性が，閉ざされてしまう．遺伝子資源がもつ将来性や潜在性を重視した実用的な考え方である．

経済主義的視点 生物多様性が生み出す経済的利益に注目する考え方．生物多様性を健全な農林水産業を支える公益的機能をもつもの，あるいは国土保全の要として位置づける，有益な生物や景観などに経済的価値を見出すなど，存在することで利益に，あるいは失われることで損失につながるために保全すべき，といった非常に実利的で，おそらく一般的にもっとも説得力をもった考え方といえるかもしれない．

リベット主義的視点　生態系を飛行機に，種をその飛行機の留め具(リベット)にたとえた考え方．ひとつやふたつが落ちたていどでは飛行機が飛ぶのに支障はないが，抜け落ちていく数が増えてくるといずれ飛行機は分解して墜落してしまう．実際の生態系における種の役割は留め具ほど明確ではないが，種同士のつながりが希薄になっていくにしたがい，その地域の自然が次第に崩壊していくのは確かであろう．役割に注目して生物多様性を表現するのは，その考え方自体が人間中心的ではないかとの指摘もある．

カナリア主義的視点　種の絶滅を，炭鉱の「カナリアの死」にたとえた考え方．昔，炭鉱では酸欠や有毒ガスの発生を感知させるためにカナリアを連れて坑道へ入り，その様子の変化で危険の有無を察知していた．ある特定の種の消失や減少は，人間にも危険が差し迫っている予兆である，とする人類に対して警鐘を鳴らす考え方である．

尊厳主義的視点　長い進化の歴史を経た結果である生物の多様性そのものに固有の価値と尊厳があり，それらは冒されるべきものでないとの考え方．人間中心の考え方を否定する．生命の大切さや慈しみを重視した豊かな感情をもった人間ならではの考え方といえる．

以上のような視点と，それによって示される価値観から，「生物多様性」とは，突き詰めていけば，人間のために必要不可欠ではあるが，人間のためだけに存在しているのではないとの結論に行きつく．「あらゆるものがつながっている．私たちがこの生命の織物を織ったのではない．私たちはそのなかの一本の糸にすぎないのだ」というネイティブアメリカンの言葉は，生物多様性の本質を的確にあらわしている．

生物多様性国家戦略は，生物多様性条約を締結した国に求められる，国として生物多様性保全に関する方針や取り組みについて定めた総合的な計画である．日本はこれまでこの戦略を2度改定したが，ほとんど効果をあげていない．縦割り行政・経済優先・生命軽視の日本政府の姿勢が変わらない限り，決して実を結ぶことはないだろう．

引用・参考文献

1章

〈生物多様性とは〉
- 外務省Webサイト 〈http://www.mofa.go.jp/mofaj/index.html〉
- 内閣府Webサイト 〈http://www8.cao.go.jp/survey/index.html〉
- 生物多様性国家戦略関係省庁連絡会議（2004）新・生物多様性国家戦略の実施状況の点検結果（第2回）．
- Willson, E. O.（1992）The Diversity of Life. The Belknap Press of Harvard University Press, Cambridge.

〈遺伝子の多様性，種の多様性〉
- フツイマ，D. J.（1991）『進化生物学（原書第二版）』岸由二他訳．蒼樹書房．
- 東正彦（1998）生物間相互作用と生物多様性『岩波講座地球環境学5 生物多様性とその保全』井上民二・和田英太郎編．pp.97-131, 岩波書店．
- 本川達雄（2008）『サンゴとサンゴ礁のはなし』中央公論新社．
- 岩槻邦夫（2003）生物の進化とゲノム生物学『ゲノム生物学―生物科学革命と21世紀の社会』岩槻邦夫・近藤喜代太郎編．pp.186-199, 放送大学教育振興会．
- リチャード B. プリマック・小堀洋美（1997）『保全生物学のすすめ―生物多様性保全のためのニューサイエンス』文一総合出版．
- 生物多様性センター（2001）遺伝的多様性とは．
- Willson, E. O.（1992）The Diversity of Life. The Belknap Press of Harvard University Press, Cambridge.

〈生態系の多様性〉
- 藤巻裕三（1994）海峡を越えて―混交の動物相―『北海道自然のなりたち』石城謙吉・福田正巳編．pp.167-179, 北海道図書刊行会．
- 小池文人（2003）バイオーム『生態学事典』巌佐庸・菊沢喜八郎・松本忠夫・日本生態学会編．pp.462-463, 共立出版．
- 松本忠夫（1993）『生態と環境』岩波書店．
- 百瀬邦泰（1998）熱帯林の生物多様性をなぜ，どのようにして保全するのか．地球環境 3 (1): 21-27.
- Pullin, A. S.（2004）『保全生物学―生物多様性のための科学と実践』井田秀行・大窪久美子・倉本宣・夏原由博訳．丸善．
- WWFジャパン（1997）『WWFネイチャーシリーズ⑤生物の多様性』

〈コラム 生物多様性の宝庫「熱帯多雨林」破壊のシンボル〉
- Barry, B.（2006）Sendje's story. TUNZA 3 (3): 18.
- Great Apes Survival Project（2007）GRASP Activity and Finance Plan: Plan it for the Apes. Great Apes Survival Project Partnership.
- 前田琢（1996）生態系の破壊と生物多様性の減少『保全生物学』樋口広芳編．pp.40-70, 東京大学出版会．
- Morley, E.（2005）Relative Importance. Our Planet 16 (2): 4-5.
- Whitmore, T. C.（1975）Tropical Rain Forest of the Far East. Clarendom Press. Oxford.

- 安田雅俊・長田典之・松林尚志・沼田真也（2008）『熱帯多雨林の自然史——東南アジアのフィールドから』東海大学出版会．

2章

〈里山〉
- 有岡利幸（2004）見捨てられた里山『ものと人間の文化史118——Ⅱ　里山Ⅱ』法政大学出版局．
- 東淳樹（2001）里山と谷津田を利用する猛禽類——印旛沼・手賀沼のサシバを例に『里山の環境学』武内和彦・鷲谷いづみ・恒川篤志編．pp.112-123，東京大学出版会．
- 東淳樹（2005）事例：サシバの生息地利用からみた谷津田のある里山の重要性『生態学からみた里やまの自然と保護』石井実監修・日本自然保護協会編．pp.110-113，講談社サイエンティフィック．
- 環境省（2002）いのちは創れない——新・生物多様性国家戦略．
- 守山弘（1997）『自然環境とのつきあい方6　むらの自然をいかす』岩波書店．
- 清水矩宏（1998）水田生態系における植物の多様性とは何か『農環研シリーズ　水田生態系における生物多様性』農林水産省農業環境技術研究所編．pp.82-126，養賢堂．
- 上田哲行（1998）水田のトンボ群集『水辺環境の保全——生物群集の視点から』江崎保男・田中哲夫編．pp.93-110，朝倉書店．

〈森林〉
- 朝日新聞（2006）環境ルネサンス　クマと生きる道．2006年11月26日朝刊．
- 地球生物会議（2006）クマたちからのSOS——クマと共に生きていける社会を．
- 藤巻裕三（1994）海峡を越えて——混交の動物相——『北海道自然のなりたち』石城謙吉・福田正巳編．pp.167-179，北海道図書刊行会．
- 石原明子（2005）クマを飲む日本人——クマノイ（熊の胆）の取引調査——．トラフィックイーストアジアジャパン．
- 村井宏・岩崎勇作（1975）隣地の水および土壌保全機能に関する研究（第1報）．林業試験場研究報告 274：23-84．
- 野口俊邦（2001）緑のダムの経済効果『治水とダム——河川と共生する治水』信州大学自然災害・環境保全研究会編．pp.126-142，川辺書林．

〈河川〉
- Friends of the Earth Japan and International Rivers Network（2003）ダムが川と暮らしをこわす——水支配体制が知られたくない事実．
- 藤田恵（2004）『脱ダムから緑の国へ』緑風出版．
- 古谷桂信（2009）『どうしてもダムなんですか？——淀川流域委員会奮闘記』岩波書店．
- 畠山武道（2002）自然環境保護法制の今後の課題『環境法学の挑戦——淡路剛久教授・阿部泰隆教授還暦記念』大塚直・北村喜宣編．pp.306-322，日本評論社．
- 久居宣夫（1985）環境の変化を調べるための指標生物『指標生物——自然をみるものさし』日本自然保護協会編．思索社．
- 保母武彦（2001）『公共事業をどう変えるか』岩波書店．
- 環境省（2003）『平成15年度版環境白書』大蔵省印刷局．
- 笠原俊則（2001）ダムの建設と環境変化『人間活動と環境変化』吉越昭久編．pp.47-62，古今書院．

- 小林一郎（1989）生態系を考えた改良ヒューム管．淡水魚保護 89：56-58．
- 国土交通省（2007）目で見るダム事業．ダム技術センター．
- 松井三郎（1999）きれいな川はとりもどせるか．科学 69 (12)：1052-1059．
- 丸山博（2006）『内発的発展と地域社会の可能性―徳島県木頭村の開発と住民自治』法律文化社．
- 水利科学研究所（2002）ダムか森林かという選択『地球環境時代の水と森―どうまもり・はぐくめばいいのか』太田猛彦・服部重昭監修．pp.175-180，日本林業調査会．
- Rivers Watch East, Southeast Asia and International Rivers Network, Friends of the Earth Japan（2003）Development Disasters: Japanese-funded dam projects in Asia 開発惨禍―日本が支援するアジアのダム―．
- 富山和子（1979）『水と緑と土―伝統を捨てた社会の行方』中央公論新社．
- 鷲見一夫（2004）『住民泣かせの「援助」―コトパンジャン・ダムによる人権侵害と環境破壊』明窓出版．

〈湿原〉

- 藤原公・臼杵崇広・根本守仁（1998）ニゴロブナ資源を育む場としてのヨシ群落の重要性とその管理のあり方．琵琶湖研究所所報第16：86-93．
- 細見正明（1999）湿原生態系の創出技術『地球・人間・環境シリーズ　地球環境・創出のための生態工学』岡田光正・大沢雅彦・鈴木基之編．pp.149-159，丸善．
- 細見正明（2003）ヨシ『現代日本生物誌10　メダカとヨシ―水辺の健康度をはかる生き物』佐原雄二・細見正明著．pp.83-166，岩波書店
- 環境省「ラムサール条約と条約湿地」Webサイト〈www.env.go.jp/nature/ramsar/conv/2-2.html
- 釧路湿原自然再生プロジェクトデータセンターWebサイト〈http://kushiro.env.gr.jp/saisei/〉
- 中嶋繁雄（1978）『戦国武将100話』桑田忠親監修．立風書房．
- 西川嘉廣（2002）『淡海文庫24　ヨシの文化史―水辺から見た近江の暮らし』サンライズ出版．
- 佐々木寧・浜端悦治（1996）湖岸生態系における水生植物の役割『河川環境と水辺植物―植生の保全と管理』奥田重俊・佐々木寧編．pp.175-182，ソフトサイエンス社．
- 下田路子（1996）抽水植物の利用と管理『河川環境と水辺植物―植生の保全と管理』奥田重俊・佐々木寧編．pp.52-53，ソフトサイエンス社．
- 鈴木邦雄（2003）泥炭湿原『生態学事典』巌佐庸・菊沢喜八郎・松本忠夫・日本生態学会編．pp.253-254，共立出版．

〈干潟〉

- 藤前干潟を守る会Webサイト〈http://fujimae.org〉
- 羽生洋三（2006）総括―市民による「時のアセス」結果―『市民による諫早干拓「時のアセス」2006―水門開放を求めて』pp.92-136，有明海漁民・市民ネットワーク/諫早干潟緊急救済東京事務所．
- 堀良一（2006）有明海異変をめぐる訴訟等の結果と到達点『市民による諫早干拓「時のアセス」2006―水門開放を求めて』pp.30-32，有明海漁民・市民ネットワーク/諫早干潟緊急救済東京事務所．
- 稲盛悠平・木村真子・須藤隆一（1994）干潟における底生生物の役割と保全のための対策のあり方．用水と廃水 36 (1)：15-20．
- 陣内隆之（2006）諫早湾干拓事業の変遷と社会経済情勢の変化『市民による諫早干拓「時の

アセス」2006―水門開放を求めて』pp.6-15, 有明海漁民・市民ネットワーク/諫早干潟緊急救済東京事務所.
- 環境省（1997〜2006）平成9年度版環境白書〜平成18年度版環境白書. 大蔵省印刷局.
- 環境省（1998）第5回自然環境保全基礎調査　海辺調査総合報告書.
- 環境省（2002）いのちは創れない―新・生物多様性国家戦略. 環境省自然保護局.
- 加藤真（1999）『日本の渚』岩波書店.
- 宮入興一（2006）諫早湾干拓事業における費用対効果分析の基本的問題点『市民による諫早干拓「時のアセス」2006―水門開放を求めて』pp.66-91, 有明海漁民・市民ネットワーク/諫早干潟緊急救済東京事務所.
- 佐々木克之（1998）内湾および干潟における物質循環と生物生産 (26) ―干潟・浅場の浄化機能の経済的評価―. 海洋と生物 20 (2): 132-137.
- 佐々木克之（2005）有明海の環境変化と生態系異変の総括『有明海の生態系再生をめざして』日本海洋学会編. pp.167-173, 恒星社厚生閣.
- 佐藤正典・東幹夫・佐藤慎一・加藤夏絵・市川敏弘（2001）諫早湾・有明海で何がおこっているのか？. 科学 71 (7): 882-894.
- 山下弘文（1993）『ラムサール条約と日本の湿地―湿地の保護と共生への提言』信山社出版.

〈サンゴ礁〉
- 加藤真（1999）『日本の渚』岩波書店.
- 川道武男（1997）『レッドデータ日本の哺乳類』日本哺乳類学会編. 文一総合出版.
- 茅根創・宮城豊彦（2002）『サンゴとマングローブ』岩波書店.
- 前田琢（1996）生態系の破壊と生物多様性の減少『保全生物学』樋口広芳編. pp.40-70, 東京大学出版会.
- 松本忠夫（2008）生物群集の成り立ち『初歩からの生物学』星元紀・松本忠夫・二河成男著. pp.180-188, 放送大学教育振興会.
- Marsh, H., Penrose, H., Eros, C. and Hugues, J. (2002) Dugong: status report and action plans for countries and territories. UNEP.
- 中村崇・神木隆行・山崎秀雄（2003）海洋生態系への影響―サンゴ礁生態系を中心にして―. 遺伝別冊 17: 128-136.
- 生物多様性政策研究会（2002）『生物多様性キーワード事典』生物多様性政策研究会編. 中央法規出版.
- Spalding, M. D., Ravilious, C. and Green, E. P. (2001) World Atlas of Coral Reefs. Prepared at the UNEP World Conservation Monitoring Centre. University of California Press, Berkeley.
- Wilkinson, C. R. (1992) Coral Reefs of the world are facing widespread devastation: Can we prevent this through sustainable management practices?. Proceedings of the 7th International Coral Reef Symposium, Guam 1: 11-21.

〈コラム　国敗れて山河なし〉
- 姫野雅義（2004）吉野川における「緑のダム」研究―森の手入れで洪水はどのくらい防げるか. 高木基金助成金報告集1：50-54.
- 丸山博（2006）『内発的発展と地域社会の可能性―徳島県木頭村の開発と住民自治』法律文化社.
- 白石則彦（2004）日本の林業はなぜ苦境に陥ったのか―日本の森林・林業の現状『人と森の

環境学』井上真・酒井秀夫・下村彰男・白石則彦・鈴木雅一著．pp.7-30，東京大学出版会．

3章

〈レッドデータブックと絶滅危惧種〉
- 羽山伸一（2001）『野生動物問題』地人書館．
- International Union for Conservation of Nature and Natural Resources Web Site（IUCN2009年版レッドリスト）〈http://www.redlist.org/〉
- 環境省（2009）平成21年度版環境統計集．日本統計協会．
- 川道武男（1997）『レッドデータ日本の哺乳類』日本哺乳類学会編．文一総合出版．
- 国際自然保護連合日本委員会（2009）レッドリスト2009—生命の多様さとその危機．
- Raup, D. M., and Stanley, S. M.（1978）Principles of Paleontology. W. H. Freeman and Co., San Francisco.
- 坂本雅行（2003）海生哺乳類にかかわる法制度『生態学からみた野生生物の保護と法律』日本自然保護協会編．講談社．
- Willson, E. O.（1992）The Diversity of Life. The Belknap Press of Harvard University Press, Cambridge.
- WWF-Japan Webサイト〈http://www.wwf.or.jp/activity/wildlife/cat1014/cat1085/〉

〈生物多様性保全にかかわる国内法〉
- 畠山武道（2001）『自然保護法講義』北海道大学図書刊行会．
- 畠山武道（2008）生物多様性基本法の制定．ジュリスト 1363：52-59．
- 環境省（2009）平成21年度版環境統計集．日本統計協会．
- 草刈秀紀（2008）市民による生物多様性基本法の成立と今後の課題．環境と公害38 (2)：59-65．
- 高橋満彦（2006）野生生物の保護・管理と地方分権．環境研究 142：161-164．

〈野生生物の保護増殖事業〉
- 環境省（2008）平成20年のトキの繁殖結果等に関について（お知らせ）．
- 環境省「種の保存法解説」Webサイト〈www.env.go.jp/nature/yasei/hozonho/index.html〉
- 環境省・新潟県（2006）トキ野生復帰シンポジウム．
- 環境省・新潟市・佐渡市（2008）トキ放鳥記念．
- 環境省・農林水産省（1995）ツシマヤマネコ保護増殖事業計画．
- 中川元（2007）陸域生態系の保全とそこに暮らすいきもの（シマフクロウ，ワシ類）．遺伝 61 (5)：22-25．
- 蘇雲山・河合明宣（2004）地域住民参加によるトキと生息地の保護—中国洋県草ハ村と佐渡新穂村の事例研究—．放送大学研究年報 22：57-70．
- 竹中健（1996）シマフクロウにとっての川と河畔林．自然保護 410：7．
- 竹中健（2003）事例：シマフクロウ（生息環境保護），『生態学からみた野生生物の保護と法律』日本自然保護協会編．pp.80-81，講談社サイエンティフィック．
- ツシマヤマネコPVA実行委員会（2006）ツシマヤマネコ保全計画づくり国際ワークショップ ワークショップ最終報告書．
- 対馬野生生物保護センターWebサイト〈http://twcc.cool.ne.jp〉

〈飼育される野生生物たち〉
- CITES Web Site〈http://www.cites.org/〉

- 福本一彦・勝呂尚之・丸山隆（2008）羽田ミヤコタナゴ生息地保護区に生息するマツカサガイ *Pronodularia japanensis* 及びシジミ属 *Corbicula* spp.の産卵母貝適性実験. 保全生態学研究 13 (1)：47-53.
- 伊ити光男・小川淳・園部俊明・中南元・石田紀郎・渡辺信英・稲垣晴久・和秀雄（1988）ニホンザルの四肢奇形と有機塩素系農薬の関連について. 霊長類研究 4 (2)：103-113.
- 川道武男（2007）動物による災害『人とわざわい—持続的幸福へのメッセージ（下巻）』村井俊治監修・人とわざわい編集委員会編. pp.3-27, エス・ビー・ビー.
- 和秀雄（1996）環境汚染がらみの野生動物の疾病—ニホンザルの四肢奇形とスギ花粉症を中心に—. 日本野生動物医学会誌 1 (1)：8-12.
- 仁和岳史・鈴木智・黒沢令子・阿部永・三部あすか・宇根有美・泉谷秀昌・渡辺治雄・岡谷友三アレシャンドレ・加藤行男（2008）北海道のスズメおよびその生息環境における *Salmonella Typhimurium* の汚染状況. 獣医畜産新報 61 (3)：213-214.
- Rolshausen, G., Segelbacher, G., Hobson, K. A., and Schaefer, H. M.（2009）Contemporary evolution of reproductive divergence in sympatry along a migratory divide. Current Biology 19 (24)：2097-2101.
- 佐藤謙（2004）．希少植物・高山植物の販売について．北海道の自然 42：49-54.
- 高橋健一（2007）野生哺乳類におけるエキノコックス流行の現状と対策. 哺乳類科学 47 (1)：168-170.
- Tsukada, H.（1997）Acquisition of food begging behavior by red foxes in the Shiretoko National Park, Hokkaido, Japan. Mammal Study 22：71-80.
- Une, U., Sanbe, A., Suzuki, S., Niwa, T., Kawakami, K., Kurosawa, R., Izumiya, H., Watanabe, H. and Kato, Y.（2008）*Salmonella enterica* Serotype Typhimurium Infection Causing Mortality in Eurasian Tree Sparrows（*Passer montanus*）in Hokkaido. Japanese Journal of Infectious Diseases 61 (2)：166-167.
- WWF-Japan（1999）ワシントン条約対象動植物の取引動向に関する調査研究.
- 和田一雄（1989）ニホンザルの餌付け論序説—志賀高原地獄谷野猿公苑を中心に—. 哺乳類科学 29：1-16.
- 野生生物保全論研究会（2007）スローロリス類登録事務に関する要望書
- 読売新聞（2009）スローロリス密輸防げ. 2009年2月6日朝刊.

〈生物多様性と農業〉
- デビット・ウィヤー＆マーク・シャピロ（1983）『農薬スキャンダル—毒は循環する』鶴見宗之介訳. 三一書房刊.
- 日鷹一雅（1994）「ただの虫」なれど「ただならぬ虫」［１］. インセクタリウム31：240-245.
- Hunt, E. G. and Bischoff, A. I.（1960）Inimical effects on wildlife of periodic DDD applications to Clear Lake. California Fish and Game 46：91-106.
- 金澤純（1992）『農薬の環境科学』合同出版.
- 桐谷圭治（2004）『「ただの虫」を無視しない農業—生物多様性管理』築地書館.
- Newton, I.（1998）Population limitation in birds. Academic Press, London.
- 農山漁村文化協会（2009）『自然力を生かす　農家の技術早分かり事典』農山漁村文化協会編. 農山漁村文化協会.
- レイチェル・カーソン（1974）『沈黙の春』青木簗一訳. 新潮社.

- 宇根豊（2000）百姓仕事が，自然をつくる，自然を認識する—「農」からの新しいまなざし．「農」への新しいまなざし『講座人間と環境 第3巻 自然と結ぶ—「農」にみる多様性』田中耕司編．pp.250-275，昭和堂．
- 宇根豊（2004）『虫見板で豊かな田んぼへ』創森社．
- 宇根豊（2007）『天地有情の農学』コモンズ．

〈遺伝子組み換え作物〉

- 天笠啓祐（2008）『世界食料戦争 増補改訂版』緑風出版．
- 朝日新聞（2000）米国からの輸入の組み換えトウモロコシは大半が加工・消費．2000年12月28日朝刊．
- 朝日新聞（2006a）米産長粒米，輸入停止措置．2006年8月20日朝刊．
- 朝日新聞（2006b）遺伝子組み換え作物，10都道府県で独自規制．2006年8月19日朝刊．
- クリスティン・ドウキンズ（2006）『遺伝子戦争—世界の食糧を脅かしているのは誰か』浜田徹訳．新評論．
- Friends of the Earth International（2007）Who benefits from gm crops?: an analysis of the global performance of gm crops（1996-2006）．
- 久野秀二（2005a）遺伝子組換え作物の社会科学：科学技術が社会に受け入れられるには？．イリューム33：4-21．
- 久野秀二（2005b）遺伝子組換え作物：農薬会社主導で進められる商品開発とその社会的妥当性．科学 75 (1)：31-38．
- James, C.（2007）Global Status of Commercialized Biotech/GM Crops: 2007. ISAAA Briefs No.37. ISAAA: Ithaca, New York.
- 松井博和（2006）北海道「遺伝子組換え作物に関する条例」の背景と経緯．遺伝 60 (2)：30-33．
- 農林水産省（2008）「遺伝子組み換え農作物を知るために」ステップアップ編．農林水産先端技術産業振興センター．
- 大塚善樹（2001）緑の遺伝子機械：物と人の政治学．現代思想 29 (10)：129-143．
- Quist, D. and Chapela, I. H.（2001）Transgenic DNA introgressed into traditional maize iandraces in Oaxaca, Mexico. Nature 414: 541-543.
- 齋藤哲夫・宮田正（2005）遺伝子組換えによる害虫防除の現状と問題点．日本応用動物昆虫学会誌 49 (4)：171-185．
- 嶋野武志（2005）カルタヘナ法制定の経緯と概要．遺伝 59 (3)：53-37．
- 白井洋一（2003）害虫抵抗性遺伝子組み換え作物が非標的昆虫に及ぼす影響：現在までの研究事例．日本応用動物昆虫学会誌 47 (1)：1-11．
- 田部井豊（2006）日本における遺伝子組み換え生物等の取扱いルール．生物科学 58 (1)：12-20．
- 滝川康治（2005）遺伝子組み換え作物や在来種をめぐる北海道の動き．技術と人間：1・2月合併号：70-77．
- 玉木雅紀（2005）インタビュー：遺伝子組み換え作物の何が問題か．科学 75 (1)：18-26．
- U.S. Fish & Wildlife Service（2005）Why Save Endangered Species?.

〈林業の衰退と森林の荒廃〉

- 朝日新聞（2007a）緑資源機構，3月に廃止．2007年6月26日朝刊．
- 朝日新聞（2007b）ニュースがわからん！独立行政法人って何しているの？，2007年7月12日朝刊．

- 藤田恵（2004）『脱ダムから緑の国へ』緑風出版.
- 藤原信・金井塚務・寺島一男・東瀬紘一・原敬一（2005）〔座談会〕日本の森はどうなっているのか　大規模林道の現場から．世界 736：240-249.
- Friends of Earth Japan（2005）平成16年度　環境省民間活動支援室請負事業　環境政策提言「世界の森林環境保全のため国内各層での"フェアウッド"利用推進」最終報告書．環境省
- 陽捷行（2001）『自然の中の人間シリーズ　農業と人間編10　日本列島の自然のなかで』農山漁村文化協会.
- 農林水産省農林水産技術会議事務局（2004）研究成果第423「集林産物貿易自由化が持続可能な森林経営に与える影響評価」.
- 農林水産省Webサイト農林水産統計情報総合データベース
  〈http://www.maff.go.jp/j/tokei/index.html〉
- 林野庁（2003）大規模林道事業再編整備調査報告書〔大規模林業圏域の森林整備の方向と林道の役割〕
- 佐々木高明（1972）わが国の焼畑作物とその輪作形態『日本の焼畑』pp.92-155, 古今書院.
- 佐藤謙（2005）大規模林道平取・えりも線の「様似・えりも区間」の植物的自然について．北海道の自然 43：42-60.
- 佐藤謙（2006）緑資源幹線林道（大規模林道）置戸・阿寒線の植物的自然について．北海道の自然 44：22-35.
- 佐藤謙（2007）国有林における天然林伐採の実態とそれに関する考察．北海道の自然 45：28-49.
- 佐藤謙（2009）北海道国有林における生物多様性の現状と課題．北海道の自然 47：65-81.
- Seneca Creek Associates, LLC and Wood Resources International (2004) "Illegal" Logging and Global Wood Markets: The Competitive Impacts on the U.S. Wood Products Industry, Poolesville, Maryland: Seneca Creek Associates.
- 白石則彦（2004）日本の林業はなぜ苦境に陥ったのか―日本の森林・林業の現状『人と森の環境学』井上真・酒井秀夫・下村彰男・白石則彦・鈴木雅一著．pp.7-30, 東京大学出版会.
- 寺島一男（2005）大規模林道は本当に必要か．北海道の自然 43：37-41.
- 寺島一男（2010）全面中止になった北海道の大規模林道．Nature Conservation Society of Hokkaido 144: 6-7.
- WWF（2004）Scale of Illegal Logging around the World -Currently Available Estimataes.
- WWF（2007）Illegal Logging-Cut It Out!: The UK's role in the trade in illegal timber and wood products.

〈捕鯨問題をとらえなおす〉
- 朝日新聞（2002）本音の議論始めるとき NGO模索（焦点！捕鯨論争の深層：下）. 2002年4月23日.
- 遠藤秀紀・千石正一（2004）動物概論『改定新版　世界文化生物大図鑑　哺乳類・爬虫類・両生類』pp.7-3, 世界文化社.
- Frederic B., Theo, C., Richard, D., Jared, D., Sylvia, E., Edgardo, G., Roger, G., Sir, A. K., Masakazu, K., Jane, L., Alan, M., Laurence, M., Eliot, N., Giuseppe, N. di S., Gordon, O., Roger, P., Carl, S., David, S., John, T., Edward, O. W. and George, W. (2002) An open letter to the government of Japan.

- Gales, N. J., Kasuya, T., Clapham, P. J., and Brownell, R. L. Jr. (2005) Japan's whaling plan under scrutiny. Nature 435: 883-884.
- 原口浩一 (1999) 鯨食品における重金属・有機塩素系化合物の汚染状態：安全性と問題点．1999年プレリリース資料．
- 原口浩一・遠藤哲也・阪田正勝・増田義人 (2000) 市販鯨肉製品における重金属及び有機塩素系化合物の汚染実態調査．食衛誌 41 (4)：287-296.
- 平田恵子 (2005) 捕鯨問題：日本政府による国際規範拒否の考察．社会科学研究 57 (2)：162-190.
- 本谷勲 (2002) 商業捕鯨を問う．JWCS Newsletter Vol.2/2002: 3-4.
- 北海道 (2007) エゾシカ保護管理計画総括．
- IFAW (2006) Slaughtering Science. The case against Japanese: whaling in the Antarctic. IFAW Asia Pacific, Australia.
- 石井敦 (2008a) なぜ調査捕鯨論争は繰り返されるのか．世界 776：194-203.
- 石井敦 (2008b) 調査捕鯨における「科学」の欠如は漁業資源交渉に悪影響を及ぼしかねない．科学 78 (7)：704-705.
- 近藤勲 (2001) 『日本沿岸捕鯨の興亡』山洋社．
- 内閣府Webサイト〈http://www.8.cao.go.jp/survey/index.html〉
- 日本鯨類研究所 (2004) クジラの調査はなぜやるの？
- 坂本雅行 (2002) 捕鯨に関する論争の経過．JWCS Newsletter Vol.2/2002: 5-26.
- 坂本雅行 (2003) 商業利用による種の絶滅の歴史『生態学から見た野生生物の保護と法律』日本自然保護協会編．pp.201-209，講談社．
- 田辺信介・立川涼 (1990) 環境汚染と鯨類—有機塩素化合物を中心に—『海の哺乳類』pp.231-241，サイエンティスト社．
- 渡邊洋之 (2006) 『捕鯨問題の歴史社会学—近現代日本におけるクジラと人間』東信堂．
- WWF (2002)「〔特集1〕クジラ」WWF 288：1-9.

〈生態学からみた水俣病〉

- 朝日新聞 (2009) 環境省部長解任　水俣病巡り要求．2009年8月21日．
- 原田正純 (1985) 『水俣病は終わっていない』岩波新書．
- 原田正純 (1995) 『水俣病と世界の水銀汚染』実教出版．
- 原田正純 (2003) 公害の原点としての水俣病『新訂　環境社会学』舩橋晴俊・宮内泰介編．pp.66-90，放送大学教育振興会．
- 原田正純 (2005) 水俣病の歴史と現実は何を問いかけているのか—『水俣学』の取り組みから—．環境と公害 35 (1)：10-14.
- 熊本県水産試験場 (1996) 熊本県水産試験場『水俣病事件資料集〔上巻〕1926-1959』水俣病研究会編．pp.849-858，葦書房．
- 水俣病に関する社会科学的研究会 (2000) 『水俣病の悲劇を繰り返さないために：水俣病の経験から学ぶもの』橋本道夫編．中央法規．
- 宮本憲一 (2009) 歴史の教訓に学ばぬ失政—「水俣病被害者救済特別措置法」を検討する—．環境と公害 39 (2)：3-7.
- 西村肇・岡村達明 (2001) 『水俣病の科学』日本評論社．
- 綿貫礼子・吉田由布子 (2005) 『未来世代への「戦争」が始まっている　ミナマタ・ベトナ

ム・チェルノブイリ』岩波書店.

〈環境ホルモン〉
- 井上麻夕里・鈴木淳・野原昌人・菅浩伸・エドワードアッシャー・川幡穂高（2004）危険化学物質による環境汚染，その3　ミクロネシア連邦ポンペイ島における船底塗料による海洋汚染の歴史的変遷——サンゴ骨格中の銅とスズを指標として—. 地質ニュース 604：8-14.
- International Programme on Chemical Safety（2002）Global Assessment of the State-of-the-Science of Endocrine Disruptors. WHO/PCS/EDC/02.2. Eds. Damstra, T., Barlow, S., Bergman, A., Kavlock, R. and Van Der Kraak, G. Geneva, Switzerland: World Health Organization.
- 外務省Webサイト〈http://www.mofa.go.jp/mofaj/index.html〉
- 環境庁（2000）内分泌撹乱化学物質問題への環境庁の対応方針について：環境ホルモン戦略計画SPEED'98.
- 環境省（2004）POPs：残留性有機汚染物質.
- 環境省（2005）化学物質の内分泌かく乱作用に関する環境省の今後の対応方針について—ExTEND2005.
- 川合真一郎（2004）『環境ホルモンと水生生物』日本水産学会監修．成山堂書店.
- 三浦敏明（2003）環境ホルモンの生態系への影響『地球環境サイエンスシリーズ⑭環境ホルモンと人類の未来』吉沢逸雄・三浦敏明・伊藤慎二著．pp.83-96，三共出版.
- 田辺信介（1998）有害物質による海棲哺乳動物の汚染と影響．日本生態学会誌 48：305-311.
- WWF（2004）化学物質汚染：未来の世代と地球のために今，行動しなければならないこと．
- WWF（2005）Stockholm Convention: "New POPs" Screening additional POPs candidates.
- WWF（2006a）しのびよる死……北極地方の野生動物の健康被害と化学物質（要約版）.
- WWF（2006b）The tip of the iceberg: chemical contamination in the Arctic. WWF International Arctic Programme.

〈コラム　ロード・キル〉
- 環境省那覇自然環境事務所（2009）2009年交通事故確認状況.

4章

〈野生生物保護対策にみる日米の比較〉
- 畠山武道（1992）『アメリカの環境保護法』北海道大学図書刊行会.
- 畠山武道（2001）『自然保護法講義』北海道大学図書刊行会.
- 畠山武道（2008）『アメリカの環境訴訟』北海道大学出版会.
- 羽山伸一（2001）『野生動物問題』地人書館.
- 環境省（2009）平成21年度版環境統計集．日本統計協会.
- 環境省「種の保存法解説」Webサイト〈www.env.go.jp/nature/yasei/hozonho/index.html〉
- Master, L. L., Stein, B. A., Kutner, L. S. and Hammerson, G. A.（2000）Vanishing assets, conservation status of U.S. Species. In: Precious Heritage; the Status of Biodiversity in the United States. (eds. B. A. Stein, L. S. Kutner and J. S. Adams), pp.93-157. Oxford University Press, New York.
- 日本環境協会（2008）『平成20年度版環境NGO総覧』環境再生保全機構監修・日本環境協会編．環境再生保全機構.

- U.S. Fish & Wildlife Service（2008）Report to Congress on the Recovery of Threatened and Endangered Species Fiscal Years 2005-2006.
- U.S. Fish & Wildlife Service Web Site〈http://ecos.fws.gov/tess_public/TESSBoxscore〉
- 渡邊敦子・鷲谷いづみ（2004）生物多様性保全に資する政策の日米比較（Ⅰ）：絶滅危惧種・外来種・遺伝子組み換え生物．保全生態学研究9 (1)：65-76.
- WWF（2006）Living Planet Report 2006. World-Wide Fund for Nature, Gland, Switzerland.

〈環境アセスメント〉

- 原科幸彦（2005a）諸事業の環境インパクト評価Ⅲ：環境アセスメントにおける住民参加『人間活動の環境影響』鈴木基之・原科幸彦．pp.185-206，日本放送大学教育振興会．
- 原科幸彦（2005b）諸事業の環境インパクト評価Ⅱ：環境アセスメントにおける科学的方法としてのシステム分析『人間活動の環境影響』鈴木基之・原科幸彦．pp.165-184，日本放送大学教育振興会．
- 原科幸彦（2005c）諸事業の環境インパクト評価Ⅴ：戦略的アセスメント『人間活動の環境影響』鈴木基之・原科幸彦．pp.231-253，日本放送大学教育振興会．
- 原科幸彦（2006）シンポジウムⅡ（報告2）国際水準からみた愛知万博の環境アセスメント．環境アセスメント学会誌4 (1)：46-49.
- 原科幸彦（2007）戦略的環境アセスメント（SEA）制度化の動向：環境省の共通ガイドラインの制定と今後．環境と公害 37 (1)：231-253.
- 畠山武道（1998）サンセット法の成果と展望．会計検査研究 17: 23-38.
- 宇佐美大司（2005）万博アセスメント「失敗」の教訓―何のためのアセスか『市民参加方社会とは―愛知万博計画過程と公共圏の再創造』町村敬志・吉見俊哉編．pp.309-313，有斐閣．
- 読売新聞（2005）野鳥の会，愛知万博ボイコット　周辺環境保護で協会と対立．読売新聞 2005年3月8日．

〈自然の権利〉

- 畠山武道（1998）樹木の当事者適格―自然物の法的権利について（クリストファー・ストーン／岡崎修・山田敏雄訳／畠山武道解説）『報告　日本における［自然の権利］運動』自然の権利セミナー報告書作成委員会編．pp.255-275，山羊社．
- 畠山武道（2008）『アメリカの環境訴訟』北海道大学出版会．
- 籠橋隆明（1998）「自然の権利」訴訟と市民の権利『報告　日本における［自然の権利］運動』自然の権利セミナー報告書作成委員会編．pp.157-162，山羊社．
- 鬼頭秀一（2004）日本における「自然の権利」運動を環境倫理学・環境社会学から意味づける．『報告　日本における[自然の権利]運動第2集』自然の権利セミナー報告書作成委員会編．pp.97-122，山羊社．
- 小島望・小野山敬一（2000）象徴種としてのエゾナキウサギ『検証　時のアセスと士幌高原道路』pp.126-146，北海道新聞社．
- 小島望・関礼子（1999）ナキウサギが変えた自然保護運動．技術と人間 296：53-61.
- 自然の権利セミナー報告書作成委員会（2004）自然の権利訴訟マップ『報告　日本における［自然の権利］運動第2集』自然の権利セミナー報告書作成委員会編．pp.8-13，山羊社．

〈外来生物が及ぼす影響〉

- 阿久沢正夫（2002）ヤマネコとFIV（ネコ免疫不全ウイルス）感染症．『外来種ハンドブック』鷲谷いづみ・村上興正監修・日本生態学会編．pp.222-223，地人書館．

- 荒谷邦雄（2002）外来カブトムシ・クワガタムシ～人気ペット昆虫の新たなる脅威『外来種ハンドブック』鷲谷いづみ・村上興正監修・日本生態学会編．pp.158-159，地人書館．
- 五箇公一（2008）輸入昆虫のリスク評価とリスク管理―特定外来生物西洋大マルハナバチのリスク管理―『外来生物のリスク管理と有効利用』日本農学会編．pp.187-203，養賢堂．
- Harrison, J. L. (1968) The effect of forest clearance on small mammals. In Conservation in tropical South Fast Asia. IUCN Publication N.S. 10. Morges, Switzerland.
- 北海道環境生活部（2006）平成18年度アライグマ対策行動計画．
- 細谷忠嗣・荒谷邦雄（2007）クワガタ・カブトムシ類の外来種問題．遺伝 61 (3)：54-58．
- 神谷正男・巌城隆・横畑泰志（2002）エキノコックス―宿主の移動とともに広がる病原体『外来種ハンドブック』鷲谷いづみ・村上興正監修・日本生態学会編．pp.224-225，地人書館．
- 神奈川県環境農政部（2006）神奈川県アライグマ防除実施計画．
- 環境省（2004）外来種，知ってますか？～身近な生態系が危ない～．オンライン広報通信．
- 環境省外来生物法Webサイト 〈http://www.env.go.jp/nature/intro〉
- 関西野生生物研究所Webサイト 〈http://www.h3.dion.ne.jp/~invasive/kansai〉
- 川道美枝子（2007）外来生物のもたらす災害『人とわざわい―持続的幸福へのメッセージ（下巻）』村井俊治監修・人とわざわい編集委員会編．pp.19-53，エス・ビー・ビー．
- 河本芳・河本咲江・河合静（2005）下北半島におけるタイワンザルとニホンザルの交雑．霊長類研究 21：11-18．
- 丸山隆（2002）バスフィッシングと行政対応の在り方『川と湖沼の侵略者ブラックバス―その生物学と生態系への影響』日本魚類学会・自然保護委員会編．pp.99-125，恒星社厚生閣．
- 小野理（2002）北海道のアライグマ対策の経緯と課題『外来種ハンドブック』鷲谷いづみ・村上興正監修・日本生態学会編．pp.26-27，地人書館．
- 高橋満彦（2001）法律による移入種からの防衛『移入・外来・侵入種―生物多様性を脅かすもの』川道美枝子・岩槻邦男・堂本暁子編．pp.215-233，築地書館．
- 鷲谷いづみ・村上興正（2002）日本における外来種問題，『外来種ハンドブック』鷲谷いづみ・村上興正監修・日本生態学会編．pp.6-9，地人書館．
- 横山潤（2003）事例：セイヨウオオマルハナバチ（野生化と駆除）『生態学からみた野生生物の保護と法律』日本自然保護協会編．pp.120-121，講談社サイエンティフィック．

〈自然再生〉
- 荒木佐智子・安島美穂・鷲谷いづみ（2003）土壌シードバンクを自然再生事業に活かす『自然再生事業―生物多様性の回復をめざして』鷲谷いづみ・草刈秀紀編．pp.187-211，築地書館．
- アサザプロジェクトWebサイト 〈http://www.kasumigaura.net./asaza/〉
- 飯島博（1999）湖と森と人とを結ぶ霞ヶ浦アサザプロジェクト『よみがえれアサザ咲く水辺』鷲谷いづみ・飯島博編．文一総合出版．
- 飯島博（2003）公共事業と自然の再生―アサザプロジェクトのデザインと実践『自然再生事業―生物多様性の回復をめざして』鷲谷いづみ・草刈秀紀編．築地書館．
- 環境省（2003a）忘れてきた未来．
- 環境省（2003b）自然再生 釧路方式―釧路からはじまる．
- 環境省Webサイト 〈http://www.env.go.jp/〉
- 沖縄タイムス（2007）やんばる再生協 解散 基地扱いで意見割れ．沖縄タイムス2007年1月21日．
- 総務省（2008）自然再生の推進に関する政策評価書．

- 杉沢拓男（2004）釧路自然再生事業，長い旅のはじまり．北海道の自然 42：33-36.
- 鷲谷いづみ・矢原徹一（1996）『保全生態学入門―遺伝子から景観まで』文一総合出版.
- 読売新聞（2006）「くぬぎ山」産廃業者が拡張計画　再生協，住民ら危機感．2006年7月3日朝刊埼玉南版．

〈ビオトープをつくるということ〉
- 角野康郎（2001）侵入する水生植物『移入・外来・侵入種―生物多様性を脅かすもの』川道美枝子・岩槻邦男・堂本暁子編．pp.105-118，築地書館.
- 大場信義（1988）『日本の昆虫12　ゲンジボタル』文一総合出版.
- 酒泉満（1997）淡水魚地方個体群の遺伝的特性と系統保存『日本の希少淡水魚の現状と系統保存』長田芳和・細谷和海編．pp.218-227，緑書房.
- 桜井善雄（1998）『生き物の水辺―水辺の環境学3』新日本出版社.
- 鈴木浩文・東京ホタル会議（2001）ホタルの保護・復元における移植の三原則．全国ホタル研究会誌 34：5-9.
- 全国ホタル研究会（1996）日本産ホタル目録．全国ホタル研究会誌 29：36-37.

〈森は海の恋人，川は仲人〉
- 天野礼子（1997）編集ノート『海からの贈り物』天野礼子編．pp.142-147．東京書籍.
- Cederholm, C. J., Johnson, D. H., Bilby, R. E., Dominguez, L. G., Garrett, A. M., Graeber, W. H., Greda, E. L., Kunze, M. D., Marcot, B. G., Palmisano, J. F., Plotnikoff, R. W., Pearcy, W. G., Simenstad, C. A. and Trotter, P. C.（2000）Pacific Salmon and Wildlife - Ecological Contexts, Relationships, and Implications for Management. Special Edition Technical Report, Prepared for D. H. Johnson and T. A. O'Neil（Managing directors），Wildlife-Habitat Relationships in Oregon and Washington. Washington Department of Fish and Wildlife, Olympia, Washington.
- 陀安一郎（2007）あなたの同位体はいくつ？―同位体でわかる生物のつながり『生物の多様性ってなんだろう？―生命のジグゾーパズル』京都大学総合博物館・京都大学生態学研究センター編．pp.165-188．京都大学大学出版会.
- 福島路生（2005）ダムによる流域分断と淡水魚の多様性低下―北海道全域での過去半世紀のデータから言えること．日本生態学会誌 55：349-357.
- Helfield, J. M. and Naiman, R. J.（2002）Salmon and alder as nitrogen sources to riparian forests in a boreal Alaskan watershed. Oecologia 133: 537-582.
- 程木義邦・村上哲夫・東幹夫（2003）球磨川水系におけるアユの成魚の体系と胃内容物の比較『日本自然保護協会報告書第94号』pp.11-20．日本自然保護協会.
- 伊藤富子・中島美由紀・長販晶子・長坂有（2006）サケマスのホッチャレが川とその周囲の生態系で果たしている役割―2005年頃までの文献レビュー―『魚類環境生態学入門―渓流から深海まで，魚と棲みかのインターアクション』猿渡敏郎編．pp.244-260．東海大学出版会.
- 帰山雅秀（2002）『最新のサケ学』日本水産学界監修．成山書店.
- 帰山雅秀（2005）水辺生態系の物質輸送に果たす遡河回遊魚の役割．日本生態学会誌 55：51-59.
- 帰山雅秀（2008）サケから考える水産食料資源の展望『岩波ブックレットNo.724　北海道からみる地球温暖化』大崎満・帰山雅秀・中野渡拓也・山中康裕・吉田文和著．pp.11-25．岩波書店.
- 科学・経済・環境のためのハインツセンター（2004）『ダム撤去』青山己織訳．岩波書店.

- 川道武男（1999）渓流のオオサンショウウオなどと砂防工事『渓流生態砂防学』太田猛彦・高橋剛一郎編．pp.105-116．東大出版会．
- 国土交通省川辺工事事務所（2003）川辺川ダム事業における環境保全への取り組みについての説明資料．第6回川辺川ダムを考える住民討論集会配布資料．
- 熊本県Webサイト〈http://www.pref.kumamoto.jp/〉
- 栗倉輝彦（1969）カワシンジュガイの年令組成とサケ科魚類の資源変動との相関性について．北海道立水産孵化場研究報告 24：55-88．
- 森田健太郎・山本祥一郎（2004）ダム構築による河川分断化がもたらすもの『サケ・マスの生態と進化』前川光司編．pp.281-307，文一総合出版．
- 向井宏（2002）森と海の相互作用．月刊海洋 34(6)：389-435．
- 室田武（2001）『物質循環のエコロジー』晃洋書房．
- 永田光博・山本俊昭（2004）サケ属魚類における「人工孵化」の展望『サケ・マスの生態と進化』前川光司編．pp.213-241．文一総合出版．
- 中島美由紀（2002）サケが森と川を豊かにする―「サケ」が「海洋由来栄養物質」と名前を変えるとき―．北水試だより56：37-38．
- 更科源蔵・更科光（1976）『コタン生物記 Ⅱ野獣・海獣・魚族篇』法政大学出版会．
- 山本祥一郎（2001）魚類と河川『日本の水環境Ⅰ 北海道編』日本水環境学会編．pp.85-89．技報堂出版．

〈世界遺産〉
- 愛甲哲也（2001）オーバーユースとは？―シリーズ山のトイレから国立公園を考える2．日本ヒマラヤン・アドベンチャー・トラストニュース41：14-15．
- 畠山武道（2001）『自然保護法講義』北海道大学図書刊行会．
- 北海道新聞（2004）川が壊れる：砂防ダムの功罪2．2004年11月9日北海道新聞朝刊．
- 環境省・林野庁（2003）第4回世界自然遺産候補地に関する検討会．
- 鬼頭秀一（1996）『自然保護を問い直す―環境倫理とネットワーク』筑摩書房．
- 小森繁樹（2008）ガラパゴス諸島はいかにして危機遺産になったのか．環境と公害 38(2)：30-36．
- 宮崎信之（2001）バイカル湖の生物多様性と環境―バイカルアザラシから地球規模の水汚染を考える―．地球環境6(1)：79-86．
- 奈良市Webサイト
  〈http://www.city.nara.nara.jp/www/toppage/0000000000000/APM03000.html〉
- 根深誠（2005）白神山地世界遺産登録がもたらしたものとは．都市問題 96(6)：14-19．
- 大久保規子（2008）自然遺産の保全と管理制度―自然保護法からみた意義と課題―．環境と公害38(2)：16-22．
- 高橋正征（1997）地球温暖化で激変するアイス・アルジーの運命『温暖化に追われる生き物たち―生物多様性からの視点』堂本暁子・岩槻邦男編．pp.224-225，築地書館．
- 土屋俊幸（2001）白神山地と地域住民―世界自然遺産の地元から『コモンズの社会学―森・川・海の資源共同管理を考える』井上真・宮内泰介編．pp.74-94，新曜社．
- UNESCO World Heritage Center Official Web Site〈http://whc.unesco.org/〉
- 山中正実（2008）知床国立公園の世界遺産登録の課題と今後．環境と公害 38(2)：37-43．

〈温暖化に追われる生き物たち〉

- Beever, E. A., Brussard, P. F., and Berger, J. (2003) Patterns of apparent extirpation among isolated populations of pikas (*Ochotona princeps*) in the Great Basin. Journal of Mammalogy 84 (1) : 37-54.
- 電気事業連合会（2009）原子力2009［コンセンサス］.
- Drewitt, A. L. and Langston, R. H. W. (2006) Assessing the impacts of wind farms on birds. Ibis 148: 29-42.
- Environment Department The World Bank (2007) Growth and CO_2 Emissions: How do Different Countries Fare?
- 原子力資料情報室（2002）『岩波ブックレットNo.582　検証東電原発トラブル隠し』岩波書店.
- 亀崎直樹（1997）地球温暖化によるウミガメへの影響『温暖化に追われる生き物たち―生物多様性からの視点』堂本暁子・岩槻邦男編．pp.254-272，築地書館.
- 環境省（2008）STOP温暖化2008.
- 川道武男（1997）ナキウサギは温暖化に耐えられるか『温暖化に追われる生き物たち―生物多様性からの視点』堂本暁子・岩槻邦男編．pp.350-361，築地書館.
- 気象庁（2005）異常気象レポート2005―近年における世界の異常気象と気候変動～その実態と見通し～（Ⅶ）.
- 北川貴士（2006）ホッキョクグマと地球温暖化―激減する北極の氷『海の環境100の危機』東京大学海洋研究所編．pp.22-23，東京書籍.
- 北原正彦（2006）チョウの分布域北上現象と温暖化の関係．地球環境研究センターニュース 17 (9) : 7-8.
- 北原正彦・入來正躬躬・清水剛（2001）日本におけるナガサキアゲハ（*Papilio memnon* Linnaeus）の分布拡大と気候温暖化の関係．蝶と蛾 52 (4) : 253-264.
- 文部科学省・気象庁・環境省・経済産業省（2007）気候変動2007：統合報告書　政策決定者向け要約.
- 室田武（1983）経済面から見た原子力エネルギー．日本物理学会誌 38 (4) : 298-303.
- New Energy and Industrial Technology Development Organization (2005) 風力発電導入ガイドブック（2005年5月改訂第8版）.
- 日本野鳥の会（2003）風力発電設置の設置基準についての(財)日本野鳥の会の基本的な意見.
- 日本野鳥の会（2006）野鳥と風車．野鳥保護資料集21集（野鳥の会編）.
- 小野山敬一・宮崎達也（1991）北海道における分布『野生動物分布等実態調査報告書―ナキウサギ生態等調査報告書』pp.25-55，北海道保健環境部自然保護課.
- 大島賢一（2004）21世紀のエネルギー政策と日本の課題．環境と公害 34 (1) : 2-8.
- 齋藤慶輔（2008）希少猛禽類の保全医学的活動．日本獣医生命科学大学研究報告 57：31-37.
- 白木彩子（2007）風力発電施設と鳥類の保全．北海道の自然 45：56-60.
- 鈴木岑二（1983）原子力発電の経済性について．日本物理学会誌 38 (4) : 295-298.
- 高木仁三郎（2000）『原発事故はなぜくりかえすのか』岩波書店.
- Thomas, C. D., Cameron, A., Green, R. E., Bakkenes, M., Beaumont, L. J., Collingham, Y. C., Erasmus, B. F. N., de Siqueira, M. F., Grainger, A., Hannah, L., Hughes, L., Huntley, L., Huntly, B., van Jaarsveld, A. S., Midgley, G. F., Miles, L., Ortega-Huerta, M. A., Peterson, A. T., Phillips, O. L., and Williams, S. E. (2004) Extinction risk from climate change. Nature 427: 145-148.

- WWF（2003）STOP！地球温暖化―グリーン電力の普及をめざして．WWF 299：4-9．
- WWF（2007）ホッキョクグマの危機―変わりゆく北極の自然．WWF 339：11-14．
- WWF-Japan Webサイト〈http://www.wwf.or.jp/activity/2009/10/766516.html〉

〈最大の生物多様性破壊「戦争」〉
- 青山貞一（1992）湾岸戦争と大気汚染．公害研究 21 (3)：9-15．
- 朝日新聞（2010）辺野古空路図示せず．2010年8月29日朝刊．
- Dudley, J. P., Ginsberg, J. R., Plumptre, A. J., Hart, J. A. and Campos, L. C. (2002) Effects of war and civil strife on wildlife and wildlife habitats. Conservataion Biology 16 (2)：319-329.
- 古市剛史（2004）危機に瀕するボノボの現状．霊長類研究 20：67-70．
- 真善志好一（2004）沖縄・辺野古の海上基地建設問題・ジュゴン訴訟・環境アセスの今．環境と公害 34 (1)：65-66．
- 大島賢一・除本理史（2003）アジア各国の軍事環境問題の現状と課題．環境と公害 32 (4)：10-13．
- 大島賢一・除本理史・谷洋一・千曉娥・林公則・羅星仁（2003）軍事活動と環境問題―「平和と環境保全の世紀」をめざして―『アジア環境白書2003/04』日本環境会議・「アジア環境白書」編集委員会．東洋経済新報社．
- ストックホルム国際平和研究所（1979）『ベトナム戦争と生態系破壊』岸由二・伊藤嘉昭訳．岩波書店．
- Tawfiq, N. I. and Olsen, D. A. (1995) International cooperation during the 1991 Arabian Gulf War oil spill. Meteorology and environmental protection administration. King of Saudi Arabia.
- 綿貫礼子・吉田由布子（2005）『未来世代への「戦争」が始まっている　ミナマタ・ベトナム・チェルノブイリ』岩波書店．
- WWF（2002）特集WWF〔世界からの，フィールドノート〕．WWF 289：1-8．
- WWF（2009）PROJECT NOTE 活動50年の軌跡：翻弄され続ける命　マウンテンゴリラ保護プロジェクト．WWF 349：13-14．
- 野鳥の会国際協力室アジアクラブ（1991）湾岸戦争におけるペルシャ湾原油汚染．
- 尹尭王（2002）韓国における米軍基地による環境破壊．環境と公害 32 (1)：17-23．

〈生物多様性国家戦略〉
- 市野隆雄（1998）生物多様性の保全にむけて『岩波講座地球環境学5　生物多様性とその保全』井上民二・和田英太郎編．pp.197-229, 岩波書店．
- 環境省（2003）いのちは創れない―新・生物多様性国家戦略．環境省自然保護局．
- 環境省（2008）いのちは支えあう―第3次生物多様性国家戦略．環境省自然保護局．
- 加藤辰巳・太田英利（1993）『エコロジーガイド　日本の絶滅危惧種』保育社．
- Millennium Ecosystem Assessment（2007）『国連ミレニアムエコシステム評価―生態系サービスと人類の将来』横浜国立大学21世紀COE翻訳委員会監訳．オーム社．
- 内閣府Webサイト〈http://www8.cao.go.jp/survey/index.html〉
- OECD（2002）『新版OECDレポート：日本の環境政策』中央法規出版．
- 生物多様性国家戦略関係省庁連絡会議（2004）新・生物多様性国家戦略の実施状況の点検結果（第2回）．

あとがき

　私たちの周りにある自然はどんどん悪化している．かつての田畑や空き地には駐車場やマンションが建設され，海岸や川岸はコンクリートで固められ，森林は伐り倒されて道路やダムがつくられている．このような惨状が身近で容赦なく現実に起こっているのに，子どもたちは大人たちから「自然は大切」と教えられて何を思うのだろうか．のどかな田園風景を残す努力よりも産業廃棄物を運び込むことが，美しい海岸を残すよりもリゾートホテルを建設することが，原始林を残すよりも伐採して道路をつくり少しでも移動時間を短縮させることが優先される．利益や利便性を至上とする世の中を見ながら，逆のことを教わってなぜ納得できるのだろうか．少なくとも私は幼少の頃からつねづねそう感じてきた．その想いが私の環境問題へ関与する原動力となり，今の私をかたちづくっている．それは，歪んだ社会システムや不当な権力に対する「怒り」であり，失われた膨大な生命への「悲しみ」である．それが，そのまま本書の理念につながっている．

　環境問題の深層には，社会的責任を省みず，つねに既得権益に執着する行政や企業の影がつきまとう．実際に，公共のためといいながらも自らの組織の肥大と権限の拡大のために公共を無視する行政や，社会貢献を考えず自社の利益のみを追求する企業，私欲にまみれた政治家，強欲な学者などによる「政官財学」の腐敗と癒着が環境破壊の元凶となっているのである．このような体制と対峙する際，前述の「怒り」や「悲しみ」抜きに，深い暗闇を直視することなど決してできない，というのが私の持論である．それは，これまでに失われた多くの生命に対する謝罪の念をつねに心に留めおくことにほかならない．

　「生物多様性保全」は，この腐敗体制や仕組みを改善させるための，さらには私たちを含めた生命のつながりや循環を取り戻すための最後の砦であり，それをあらわすシンボリックな言葉である．ここに人類の英知を集結させなければもう後はないのだ，というメッセージを本書から汲み取っていただければ幸いである．

謝　　辞

　本書の原稿作成にあたっては，多くの方々に本書の全文，または一部に目を通していただき，的確なご指摘や貴重なアドバイスをいただいた．特に，私の生物多様性にかかわる研究を長年指導してくださった，川道武男（関西野生生物研究所主任研究員），小野山敬一（元帯広畜産大学教授）の両氏には，絶えず貴重な助言や励ましをいただき，心からお礼申し上げる．畠山武道（早稲田大学大学院法務研究科教授），佐藤謙（北海学園大学教授）の両氏には，事実関係について多くの有益なご教示をいただき，大変お世話になった．

　また，視野を広げるきっかけとなった，鬼頭秀一（東京大学大学院教授），丸山博（室蘭工業大学教授），関礼子（立教大学教授），藤田恵（元徳島県木頭村村長），各氏との出会いは私にとって非常に幸運であった．川道美枝子（関西野生生物研究所代表），野上ふさ子（地球生物会議代表），高橋満彦（富山大学准教授），中野真樹子（ひげとしっぽ企画代表），大野正人（日本自然保護協会保護プロジェクト部部長），舟橋直子（IFAW日本事務所代表），佐々木克之（元中央水産研究所室長），草刈秀紀（WWFジャパン事務局長付），石原明子（トラフィックイーストアジアジャパン代表），飯島博（アサザ基金代表）の各氏からはさまざまな貴重な資料を提供していただいた．

　なお，本書の特徴のひとつである豊富なイラストや図は，前者を田中遼馬（デザイナー），後者の一部を大石真奈美（北海道教育大学岩見沢校）の両氏に作成していただいた．

　本書の刊行にあたっては，（社）農山漁村文化協会編集局の金成政博氏と清水悟氏にこまやかな出版作業や的確な示唆をいただいた．また，校正では同僚の大國眞希氏に大変お世話になった．

　その他，多くの方々のお力添えがあってからこそ本書が完成したのであり，すべての方々に謝辞を申し上げるべきなのだが，すべての掲載は難しく略させていただくことをお赦しいただきたい．最後に，筆者をさまざまなかたちで支えてくださった皆様に，心から深く感謝申し上げる．

　なお，本書で述べた意見は筆者個人の責任において記述したものであり，謝辞を記した方々の意見と異なる場合は少なくない．したがって，本書に対するご批判は筆者宛にいただきたい．

キーワード索引

※生物多様性を理解するのに重要なキーワードであると筆者が判断した用語について，その解説文や関連する内容が記載されているページを示した（注釈，図表，コラムを含む）．

〈あ〉

赤潮	52-53
アサザプロジェクト	173-176
天下り	109，111
アンダーパス	137
安定同位体	185-186，191-192
諫早湾干拓事業	53-54
遺伝子の多様性	14-15
違法伐採	107-108
イラク戦争	213
エキノコックス	83，163-164
エコロード	137
エコロジカル・フットプリント	140-141
餌づけ	82-86
オーバーブリッジ	137
オーバーユース	73，194-195

〈か〉

外来生物	161-166
外来生物法	166-168
閣議アセス	147，153
拡大造林	34，60-61，107
褐虫藻	56-57
核廃棄物	207-208
核燃料サイクル	209，210
カルタヘナ議定書	101
カルタヘナ法	101
枯葉剤	215，216
環境アセスメント（環境アセスメント法）	146-153，212
環境アセスメント条例	147
環境基本法	70-71
環境デ・カップリング政策	95，96
環境ホルモン（外因性内分泌かく乱物質）	129-136
危機遺産	194，198-199
釧路湿原	46，171-173
釧路湿原自然再生事業	171-173，176
原告適格	157，159
原子力発電	207-209，210
グリーンエネルギー	209，210
個体数管理	116-117
52年判断基準	124-126，128

〈さ〉

在来生物	161，168
里山	26-30
サンゴ礁	56-60，212-213
サンセット法	153，154
事業アセス	149-154
雌性化（現象）	131，133
自然遺産	193-194，195-199
自然エネルギー	207-209，210
自然環境保全法	73-74
自然公園法	73
自然再生（自然再生事業）	169-177
自然再生協議会	170，172-173，175，177
自然再生法	170，171，174，176-177
自然の権利（自然の権利訴訟）	155-159，160
湿原	45-49
湿地	45，48-49
指標生物	38-39
市民訴訟条項	143，145，159
商業捕鯨	113-114，116，118-119
種の絶滅	64-67，69
種の多様性	15，17
種の分化（種分化）	16-17
種の保存法	71-72，76，77，141-143
獣害	83-86
植物防疫法	87，167，168
白神山地	195-197
知床国有林伐採問題	197-198
人工孵化放流	187-190
青秋林道	196
生態系	18
生態系サービス	217-218
生態系の多様性	18
生物多様性（生物多様性保全）	

	9-12, 17, 221-223
生物多様性基本法	74-75
生物多様性国家戦略	217, 219-221
生物多様性条約	9-10, 217
生物濃縮	91-92, 115, 129
世界遺産（世界遺産条約）	193-199
説明責任	144, 145
絶滅危惧種（絶滅のおそれのある種）	
	29, 64-69, 84, 214
絶滅危惧ⅠA類（CR）	59 67-68, 77, 81
絶滅危惧ⅠB類（EN）	67-68, 206
絶滅危惧Ⅱ類（VU）	67-68, 188, 206
戦争	211-215, 216
戦略的アセス（SEA）	
	147, 148, 149-150, 151, 152

〈た〉

ダイオキシン	115, 131-132, 134, 136, 191
大規模林道	108-110
地域個体群	15, 17, 71-72, 181-183
地球温暖化	201-209, 210
調査捕鯨	114, 117, 118, 119
鳥獣保護法	72, 88, 159
天然記念物	59 72, 77, 81, 188
時のアセス	153, 154
特定鳥獣管理計画	72
土壌シードバンク	170-171

〈な〉

熱帯多雨林	20-21, 22, 23, 57, 66

〈は〉

バードストライク	206-207
バイオーム	18-22
白化現象	58
パブリックコメント	144, 145
ビオトープ	179-184
干潟	45, 50-54
複合遺産	193-194, 199
付属書	86-88
文化遺産	193-194
文化財保護法	72-73
ベトナム戦争	215, 216
辺野古	49, 59-60, 212

保護増殖（保護増殖事業）	76-81

〈ま〉

緑の革命	99, 103-104
緑のダム	31, 33-34
水俣病	120-128, 135-136
水俣病特別措置法	126, 128
ミレニアム生態系評価	217-219
虫見板	94
メチル水銀	120-122
木材自給率	107-108

〈や〉

焼畑	106-107, 111
有害鳥獣駆除	72, 84
有機スズ化合物	133
雄性化（現象）	131, 133
ヨシ	46-48, 49
予防原則	135-136

〈ら〉

ラムサール条約	48-49
類人猿	21, 23, 213-215
レッドデータブック	66
レッドリスト	66-69, 71, 77, 141-142
ロード・キル	137

〈わ〉

ワシントン条約	86-87
渡り（渡り鳥）	48, 83, 86

〈A-Z〉

Biodiversity	9
DDT	90, 91, 115, 129, 131-133, 134, 136
ESA（Endangered Species Act）	
	141-143, 145
FSC森林認証	108
GM作物（遺伝子組み換え作物）	97-103, 104
MDN（海由来栄養物質）	185-186
IPCC（気候変動に関する政府間パネル）	
	201, 209
IUCN（国際自然保護連合）	64-68, 69
IWC（国際捕鯨委員会）	114
PCB	115, 129, 131-132, 134, 136, 191
POPs（残留性有機汚染物質）	134-135
POPs条約	134-135

【著者紹介】

小島　望（こじま　のぞむ）
　1971年生まれ．1998年帯広畜産大学大学院修士課程修了．2002年岩手大学大学院連合農学研究科博士課程単位満了退学．2004年博士（農学）取得．北海道教育大学教育学部の非常勤講師，東京大学大学院農学生命科学研究科COE特別研究員などを経て，現在，川口短期大学ビジネス実務学科准教授．

　幼少期，身近な自然がことごとく破壊されていく悲しさと悔しさから，自然保護に生涯をかけることを誓う．大学院時代からエゾナキウサギの生態調査を通じて自然保護運動に関与，近年では生物多様性の考え方を導入したまちづくり活動を展開するなど，現場での実践にこそ問題解決の糸口があるはずと現場主義に徹してきた．

　生物多様性保全を目的とする保全生態学を専門とする一方で，特に学際領域を得意とし，環境関連法の分析や政策立案などの理論的実証的な研究を進めている．他方，環境教育の重要性に着目し，問題解決能力の育成を目的とした環境教育プログラムの開発に力を入れるなど，研究範囲を人文社会学系分野へと拡げている．

　おもな著書に，『ナキウサギの声が聞きたい』（日本評論社・共著），『検証　時のアセスと士幌高原道路』（北海道新聞社・共著），『ようこそ自然保護の舞台へ』（地人書館・共著）などがある．

〈図説〉生物多様性と現代社会
「生命の環(いのち)」30の物語

2010年9月25日　第1刷発行
2016年4月10日　第3刷発行

著者　小島　望

発　行　所　　一般社団法人　農山漁村文化協会
郵便番号　107-8668　　　　東京都港区赤坂7丁目6―1
電　話　03（3585）1141（営業）　　03（3585）1145（編集）
FAX．03（3585）3668　　　　振替　00120-3-144478
URL　http://www.ruralnet.or.jp/

ISBN978-4-540-09299-2　　　DTP制作／㈲池田編集事務所
〈検印廃止〉　　　　　　　　　　　印刷／㈱平文社
Ⓒ小島　望 2010 Printed in Japan　製本／根本製本㈱
定価はカバーに表示
乱丁・落丁本はお取りかえいたします。

———— 農文協・図書案内 ————

生物多様性と農業
進化と育種そして人間を地域からとらえる

藤本文弘著
1,857 円＋税

農業・育種は人間が関わった生物の進化、人間と生物の共進化だとする見方から農業のあり方を問う。育種研究者による進化理論の創造的整理であり、地域での生物間の認め合いを基点に自然と人間の調和を考える異色作。

水田を守るとはどういうことか
生物相の視点から　〈人間選書204〉

守山弘著
1,619 円＋税

水田が豊かな生物相を、多様な生物相が水田を豊かにした。虫、魚、貝、両生類、鳥類、これらはいつどのように日本の水田に棲みつきどんな働きをしてきたか、水田生物相貧困化のもたらすものと豊かさ復元の具体策。

多様性と関係性の生態学　〈人間選書228〉

小原秀雄・川那部浩哉著
1,619 円＋税

生態学・保全生物学の分野の両頭脳が、曖昧と複雑、「生態系から遺伝子へ」、「風土」の復権、自然「保護」は正しいか、自己人為淘汰＝自己家畜化、などをめぐって交わした20世紀の生物学を総括する白熱の討論。

Q&A　豊かな日本の生物環境資源

藤巻宏・齋尾恭子・木村滋著
1,505 円＋税

クリーンでリサイカブルなエネルギー、素材としてますます重要になる生物資源。わが国が世界にもまれな生物資源に恵まれた国という認識を新たにさせ、その保全と活用の方向を、豊富な図とわかりやすい解説で示す。

日本の有機農業――政策と法制度の課題

本城昇著
6,095 円＋税

生産者と消費者が理解、協力、責任を分かちあって食と農のありようを追求する"提携型有機農業"として形成されてきた日本の有機農業の経緯と特徴を踏まえ、そのさらなる発展のために必要な政策と法制度の諸課題を解明。

東アジア四千年の永続農業――中国・朝鮮・日本（上・下）

F.H.キング著／杉本俊朗訳／解説　久馬一剛・古沢広祐
上、下とも 3,048 円＋税

アメリカで機械化、化学化など工業的農業が幅を利かせだす黎明期、1909年2月から7月まで中国、朝鮮、日本を旅して「永続的な農業」が実践されているのを驚嘆の眼で見たアメリカ人土壌学者による視察記。

（価格は、改定の場合もございます。）

― 農文協・図書案内 ―

地域生物資源活用大事典

藤巻宏編
19,048 円＋税

物産づくり、地域の活性化に役だつ希少、未利用、新資源、地方品種を収録。植物資源253種、動物85種、きのこ・微生物47種の生物特性、栽培・飼育法、利用法から問い合わせ先まで。併せて活用事例49を紹介。

里地里山文化論（上・下）

養父志乃夫著
上、下とも 2,500 円＋税

上巻では、日本文化の基層に、縄文晩期から昭和30年代まで続いた持続的循環型の暮らしと生態系を育んだ東アジアの「里地里山文化」にあることを、中国や韓国の源流に訪ねて実証し、これからのサスティナブル社会を展望。
下巻は、昭和20～30年代の里山の暮らしと動植物の実態を全国18カ所でヒアリング調査。薪炭・草、茅、下肥、堆廐肥の使用量から萌芽更新等の伝統管理法、さらにその暮らしが多くの生きものを育んでいたことを実証。

景観形成と地域コミュニティ
地域資本を増やす景観政策

鳥越皓之・家中茂・藤村美穂著
2,600 円＋税

安直な政策的景観形成への動向に警鐘を鳴らし、人々の生活や時代の変化のなかで、生活と景観の維持・創造に住民らがどのように関わってきたのか。地域資本を増大させる地域コミュニティの役割を解明。

現代のむら
むら論と日本社会の展望

坪井伸広・大内雅利・小田切徳美編著
2,800 円＋税

地域資源管理とむら、農業生産活動とむら、外的インパクトとむら、広域連携とむらの新たな可能性など現代のむらの実相を明らかにし、日本社会全体のありかたを展望するヒントも得る。むら・共同体論の整理、総括も。

三澤勝衛著作集
風土の発見と創造　全4巻

三澤勝衛著
全巻揃価 28,000 円＋税

地域の自然と歴史に秘められた力＝「風土」の発見とそれを生かした「風土産業」「風土生活」「郷土教育」を提唱し、その手法を豊富な事例とともに示す。現代の地域づくり・教育創造に豊かな着想をもたらしてくれる。

第1巻	地域個性と地域力の探求 6,500 円＋税	第2巻	地域からの教育創造 8,000 円＋税
第3巻	風土産業 6,500 円＋税	第4巻	暮らしと景観 7,000 円＋税

（価格は、改定の場合もございます。）

農文協・図書案内

絵本　自然の中の人間シリーズ

以下の各編とも、全10巻　　各編揃価 20,000円＋税／各巻 2,000円＋税

川と人間 編

科学者と画家が協力、情感あふれる絵と文で川の歴史と働きを説き、川と人間の調和を訴える。

①川が大地をつくる／②文明を生み出す川／③水をはぐくむ／④みのりをもたらす／⑤くらしに生きる川／⑥あばれ川とたたかう／⑦地下を流れる川／⑧川にすむ生き物／⑨きれいな川　よごれた川／⑩川は友だち

森と人間 編

フィトンチッドのふしぎな効果、森を育てる努力など、森をとおして自然の大切さを描く。

①世界の森とくらし／②森のおいたち／③たたかう森／④くらしを守る森／⑤森のふしぎな働き／⑥森に生きる動物たち／⑦森にすむ小さな敵／⑧森に生まれたきのこ／⑨良い木を育てる／⑩木は万能選手

海と人間 編

魚からみた海、川、湖沼という環境から、魚法、漁業資源の管理、養殖、調理・加工までを解説。

①人間にとっての海／②魚からみた海／③淡水にすむ魚たち／④海で育つ植物／⑤魚をとるくふう／⑥豊かな海をつくる／⑦海の幸を育てる／⑧魚という生物／⑨海の幸をいかす／⑩海の幸と日本人

土と人間 編

農業の歴史をふりかえり、作物や家畜、水や土の利用、害虫防除、バイテクなど多方面から未来を展望。

①土との対話／②イネという作物（品切）／③水を生かす知恵／④害虫とのたたかい／⑤作物がたどった道／⑥タネとり作戦（品切）／⑦ハウスの中の作物／⑧絹を生むカイコ（品切）／⑨人間を助けた動物／⑩土にとりくむ人

微生物と人間 編

食べ物、身体・健康、農業・産業、自然・環境を微生物から描き、生活と産業の近未来を提案する。

①微生物が地球をつくった／②微生物が森を育てる／③からだのなかの微生物／④微生物が食べものをつくる／⑤微生物が食べものを守る／⑥微生物は安全な工場／⑦未来に広がる微生物利用／⑧畑をつくる微生物／⑨水田をつくる微生物／⑩地球環境を守る微生物

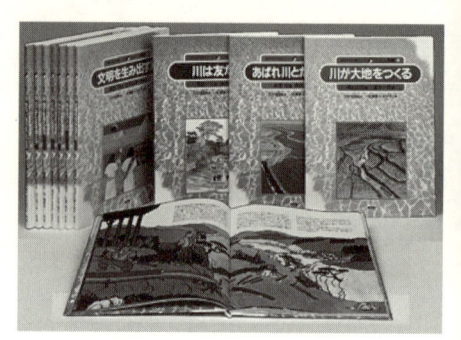

【写真】自然の中の「川と人間編」

昆虫と人間 編

地上最大の未利用資源として注目される昆虫の能力と、暮らし・産業に生かす知恵・近未来を描く。

①昆虫たちの超能力／②暮らしの中の昆虫たち／③ミツバチ利用の昔と今／④カイコでつくる新産業／⑤虫で虫を退治する／⑥昆虫のにおいの信号／⑦昆虫が身を守るふしぎな力／⑧昆虫のバイオテクノロジー／⑨昆虫ロボットの夢／⑩都市の昆虫・田畑の昆虫

農業と人間 編

工業の原理と根本的に違う農業の本質と豊かさを描き、環境と人間のかかわりを考えるビジュアルサイエンス。

①農業は生きている／②農業が歩んできた道／③農業は風土とともに／④地形が育む農業／⑤生きものたち楽園／⑥生きものとつくるハーモニー1　作物／⑦生きものとつくるハーモニー2　家畜／⑧生きものと人間をつなぐ／⑨農業のおくりもの／⑩日本列島の自然の中で

花と人間 編

花の科学や品種改良、栽培技術、流通の仕組みも取り上げながら、未来に向けて花と人間の新しい関係をさぐっていく。

①暮らしのなかの花／②植物はなぜ花を咲かすのか／③四季に花を咲かせる／④花をつくる、花をとどける／⑤花と人間の新しい関係を求めて／⑥花と人間のかかわり／⑦花に魅せられた人々／⑧花を生ける／⑨日本の庭・世界の庭／⑩環境をつくる花

（価格は、改定の場合もございます。）